粤港澳大湾区 X 波段双偏振相控阵天气雷达组网建设及业务应用

陈炳洪　敖振浪　主编

气象出版社
China Meteorological Press

内 容 简 介

本书不仅介绍了目前国内外相控阵雷达技术进展,更是 2017 年以来粤港澳大湾区相控阵雷达业务实践的成果和总结。全书从相控阵雷达探测的基本原理、技术特点、网络传输、模式同化、数据质控、产品分析、天气特征、预警应用、雷达组网等方面进行了初步的讨论,并提出未来发展的建议。全书汇聚了新型雷达设备技术应用和发展上的探索,是广东的气象工作者践行"实现提前 1 小时预警局地强天气"的努力和尝试。本书可供从事天气预报预警业务、预报技术研究以及水文、航空等工作者参考使用。

图书在版编目（ＣＩＰ）数据

粤港澳大湾区X波段双偏振相控阵天气雷达组网建设及业务应用 / 陈炳洪,敖振浪主编. -- 北京 : 气象出版社, 2024.6
　　ISBN 978-7-5029-8117-4

Ⅰ. ①粤… Ⅱ. ①陈… ②敖… Ⅲ. ①气象雷达—组网技术 Ⅳ. ①TN959.4

中国国家版本馆CIP数据核字(2023)第228869号

粤港澳大湾区 X 波段双偏振相控阵天气雷达组网建设及业务应用
YUE GANG AO DAWAN QU X BODUAN SHUANGPIANZHEN XIANGKONGZHEN TIANQI LEIDA ZUWANG JIANSHE JI YEWU YINGYONG

出版发行:气象出版社

地　　　址:北京市海淀区中关村南大街 46 号　邮政编码:100081
电　　　话:010-68407112(总编室)　010-68408042(发行部)
网　　　址:http://www.qxcbs.com　　E-mail:qxcbs@cma.gov.cn
责任编辑:刘瑞婷　　　　　　　　　　终　　审:张　斌
责任校对:张硕杰　　　　　　　　　　责任技编:赵相宁
封面设计:地大彩印设计中心
印　　　刷:中煤(北京)印务有限公司
开　　　本:787 mm×1092 mm　1/16　　印　　张:22.75
字　　　数:585 千字
版　　　次:2024 年 6 月第 1 版　　　　印　　次:2024 年 6 月第 1 次印刷
定　　　价:198.00 元

编委会

序

新中国气象事业经历了74年的发展,特别是党的十八大以来,在党中央的坚强领导下,我国的气象事业取得显著成就。党的二十大提出的全面建设社会主义现代化国家、以中国式现代化全面推进中华民族伟大复兴的使命任务,在保障生命安全和赋能生产发展方面对气象的要求越来越高,在促进生活富裕和建设生态文明上对气象的支撑保障依赖越来越强,国家和人民对气象服务的需求更加迫切和多元。广东省气象局认真贯彻落实习近平总书记关于气象工作重要指示精神和对广东工作系列重要讲话指示批示精神,主动作为,发挥粤港澳大湾区在新发展格局中的战略支点地位,率先在大湾区建设X波段双偏振相控阵雷达试验组网,在新型雷达设备技术应用和发展上勇于探索,取得了令人鼓舞的成果。欣闻《粤港澳大湾区X波段双偏振相控阵天气雷达组网建设及业务应用》书成,书中总结集成了2017年以来相控阵雷达建设的宝贵经验,以及预报预警业务应用的实践经验,谨向参与此书撰写工作的专家致以敬意。

广东,地处祖国大陆的最南端,北依南岭,南临南海,是中国第一人口大省和经济大省。建设粤港澳大湾区,是习近平总书记亲自谋划、亲自部署、亲自推动的国家战略。2020年,中国气象局正式印发的《粤港澳大湾区气象发展规划(2020—2035年)》中提出,粤港澳共建由相控阵雷达和其他天气雷达组成高密度监测网。2021年《雷达气象业务改革发展工作方案》中明确要求"充分发挥气象雷达在气象防灾减灾中的'大国重器'作用"。广东一直以来都是对外开放和创新发展的前沿阵地,早在观测手段缺乏的20世纪80年代,便开展"两广联防"强对流天气监测业务;2000年,广州建成了新一代多普勒天气雷达并投入业务使用;"十三五"期间,完成广东全省11部S波段新一代天气雷达双偏振技术升级并组网示范应用;2017年,首部X波段双偏振相控阵雷达在广州落成,2019年率先实现组网业务运行。2021年9月,《广东省粤东西北X波段双极化相控阵天气雷达网建设可行性研究报告》通过论证,粤东粤西粤北地区的相控阵天气雷达建设工作正在稳步推进。在面对亚热带季风区复杂多变的天气气候,广东气象人充分发挥"敢为人先"精神,以创新为驱动力,在强对流监测预报预警和雷达应用上脚踏实地,积累了大量的经验,是当之无愧的先行者。

2022年国务院印发的《气象高质量发展纲要(2022—2035年)》中的"实现提前1小时预警局地强天气"目标,对气象工作者提出了更高的要求。高时空分辨率的相控阵雷达,在灾害性天气变化规律的认识上,对预报员来说犹如打开新的一扇窗,精密的监测揭示了新的科学事实。海量的观测数据与产品,一方面必然推动管理机制和业务流程的变革,另一方面也催生人工智能、图像识别等新技术的融入。广东气象工作者在这方面开展了大胆的探索实践,但这仅仅是第一步,要实现"预报精准"将是一项长期而艰巨的任务。"立志欲坚不欲锐,成功在久不在速",希望广东气象工作者继续坚守初心与使命,坚持"人民至上 生命至上"理念,久久为功,在实践中不断探索新技术新方法,推动广东气象高质量发展继续走在全国前列。

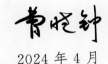

2024 年 4 月

前　言

粤港澳大湾区(广东、香港、澳门)地处低纬,属亚热带季风气候,同时也是典型的气候脆弱区。湾区内气象灾害多发频发,受台风、暴雨、雷电、大风、高温等灾害影响巨大,造成的经济损失占自然灾害总损失的 80% 以上。与世界上著名的三大湾区经济体相比,具有人口密度最大、土地面积最多、海港群空港群众多、基础设施密集、人均 GDP 最低等特点,这更加突显了天气监测、预报与灾害防御的重要性。

自远古以来,人类认识大自然,首先立足于观测,再总结规律,最后提升认识。2001 年广东省气象局在广州建成了省内第一部新一代多普勒天气(CINRAD/SA)雷达,踏出了监测精密的一步。2017 年,第一台 X 波段相控阵雷达在广州部署,在织密强对流天气监测网的路上又迈进了一大步。2021 年中国气象局将广东省气象局列为气象高质量发展试点省和 X 波段双偏振相控阵天气雷达现代化示范省,开启广东气象高质量发展的新征程。相控阵雷达所拥有的对强对流天气纤毫毕现的监测能力,对预报员来说既欣喜也倍感压力,如何在实际业务中用好它成为广东气象工作者再一次"做吃螃蟹第一人"的驱动力。广东省气象局组织大湾区各市骨干力量,从业务实践出发,对相控阵雷达站点选址与建设、网络设施配套、雷达定标等内容进行全面梳理,深入分析过去几年典型天气个例,凝练业务应用指标,所取得的成果在本书中分 11 章进行阐述。

第 1 章介绍了美国和日本相控阵雷达从军用到民用的发展历程以及未来规划。我国在20 世纪 70 年代成功研制了第一台相控阵雷达,经过长期发展各方面的技术和工程经验日趋成熟,相关的科研所和企业研制的产品相继在气象部门投入使用。本章还介绍了相控阵雷达的主要技术路线。

第 2 章介绍了粤港澳大湾区 9 个市 2017—2023 年相控阵雷达建设总体情况,以及各市雷达站的前期规划、选址等情况。广州与珠海市在雷达建设上先行先试,边应用边总结,所形成的经验和优秀做法在其他市的建设中发挥了重要参考作用。大湾区部分市在财政支撑、项目立项和后期维护上也有值得借鉴参考的做法。

第 3 章介绍了相控阵雷达的基本技术特点、产品显示系统及可视化技术。同时,介绍了广州市气象局在雷达定标方面开展的工作以及初步分析结果,可以了解其探测性能的优劣。

第 4 章介绍了相控阵雷达在业务使用中数据存储和网络支撑方面的需求,包括数据传输所需要的网络设备、数据采集、分发、传输和下载等配套系统的建设情况。

第 5 章介绍了相控阵雷达资料在模式同化上的试验,包括雷达数据的质控、同化方案和同化结果分析。针对佛山某次局地强对流天气进行了多次敏感性试验,尽管改进效果有限,但一系列的敏感性试验发现了增加 Nudging 的频率和调整温度湿度场这两个显著提高预测技能的因素,对下一步同化工作具有一定的参考价值。

第 6 章介绍了相控阵雷达数据质控方法。利用金属球法和小雨法对雷达系统进行定标,降低观测偏振。利用 K_{dp} 参数对反射率 Z 和差分反射率 Z_{dr} 进行订正,降低衰减影响。通过地物杂波抑制处理,径向速度退模糊处理,Φ_{DP} 质控处理,反卷积技术应用等进一步提高数据质量。利用 S 波段业务雷达、地面雨滴谱观测与相控阵雷达进行对比观测。

第 7 章介绍了相控阵雷达的基本观测产品和二次产品,基本产品包括反射率因子 Z、径向速度 V、速度谱宽 W、差分反射率 Z_{dr}、差分传播相移 Φ_{DP}、差分传播相移率 K_{dp}、相关系数 C_C。二次产品包括粒子相态识别产品、定量降水估测产品、三维回波显示产品、风暴追踪产品、龙卷识别产品等。

第 8 章介绍了 2018 年以来相控阵雷达在强对流天气过程中的主要观测特征和应用实例,按照雷暴大风、短时强降水、冰雹和龙卷四个分类,分析了包括广州、深圳、佛山、江门等大湾区各市灾害性天气的环流背景、雷达探测特征、雷达产品应用等方面的内容,并就相控阵雷达在应用中存在的优势与短板进行初步探讨。

第 9 章介绍了天气个例和海量数据中凝练成出来的预警关键因子和重要指标,从而初步实现强对流天气的智能识别和自动提醒,成果也集成到广州市气象局市区一体化短临监测预警平台中,并对一体化平台的基本功能进行介绍。

第 10 章介绍了相控阵雷达在重大活动现场保障和林火监测上的成功经验,其高时空分辨率和探测敏感性在非强对流天气中也能有所作为。

第 11 章介绍了广东省相控阵雷达未来的组网计划和粤港澳大湾区雷达网的运行效果,粤港澳大湾区的成功经验为相控阵雷达组网工作打下坚实的基础。最后针对多波段雷达在业务应用、科研合同、协同观测、管理制度等方面,进行了初步的讨论,提出未来发展的建议。

本书是编写组集体智慧的体现,其中第 1 章、2 章由陈炳洪执笔;第 3 章、4 章由陈炳洪执笔,吕雪芹参与;第 5 章由钟水新执笔,徐道生和张诚忠参与;第 6 章、7 章由张羽执笔;第 8 章由周芯玉执笔,张兰、梁之彦、傅佩玲、苏冉、曾琳、肖柳斯和高美谭等人参与个例的分析与撰写;第 9 章由李怀宇执笔,田聪聪参与业务系统功能介绍的撰写;第 10 章由钱嘉星执笔;第 11 章由陈炳洪执笔。

本书在编写和出版过程中,得到了广东省气象局各职能处室的大力支持,以及大湾区各市气象局和预报员的积极配合,编写组对此十分感谢。另外,本书部分内容参考了前人的研究成果,在此一并对胡东明、吴少峰、王蓓蕾、伍光胜、黄华栋、孙伟忠等专家的帮助与支持表示感谢。

相控阵雷达为新型探测设备,技术发展一日千里,业务应用涉及领域广,编写组水平有限,且编写时间仓促,本书所谈仅为业务实践中的一得之见,旨在抛砖引玉,错漏之处恳请读者们批评指正。

本书编写组
2024 年 4 月

目　录

第1章

引　言

天气雷达属于主动式大气遥感探测设备,在应对突发性、实时性极强的天气系统时具有其他监测设备无法比拟的优势,尤其是其覆盖区域广、观测不受复杂地势和恶劣环境影响、全天候 24 h 不间断实时监测等优势,使其成为国内外对灾害性天气进行监测和预警最重要的设备之一。

从 20 世纪 90 年代开始,为了提高我国的灾害性天气监测预警能力,全国各地的气象部门先后架设并投入业务运行的 S 波段和 C 波段多普勒天气雷达超过 200 部,雷达监测网在强对流天气的监测、识别以及预警上发挥了重要的作用(俞小鼎,2006)。以广东为例,新一代多普勒天气雷达(CINRAD/SA)是使用机械扫描的方式,垂直扫描层数为 14 层,扫描速度慢,完成一个精度体扫时间需要 6 min 左右。剧烈的对流活动生消演变时间极快,时间尺度为 6 min 的观测方式对快速变化的对流单体显得"心有余而力不足",导致三维结构上出现失真。基于相控阵技术的天气雷达以其高时空分辨率的探测能力为强对流天气监测打开了新的一扇窗。相控阵天气雷达采用电子扫描方式,可形成多个波束对多个区域同时观测,一次数据信息的更新频率最快可达 1 min 级(Leslie,2003)。美国俄克拉荷马大学的科学家多恩-伯吉斯(Don Burgess)称这一技术是天气雷达在体制上的一场革命,也是未来天气雷达探测技术发展主要方向之一。

1.1　国外相控阵雷达技术进展

1.1.1　美国相控阵雷达进展

2000 年,美国开始研究如何将相控阵雷达(PAR)以用作天气雷达。2006 年,美国强风暴实验室(NSSL)、雷达保障中心(ROC)、俄克拉荷马大学(Oklahoma University)和美国海军等 9 个单位合作,完成了对退役的宙斯盾(SPY-1)相控阵雷达的气象探测改造,改装成一台相控阵天气雷达(NWRT-PAR)。该雷达使用海军备用的 SPY-1 阵面,开发一个机械扫描的相控阵雷达,水平扫描靠机械扫描完成,垂直扫描靠相控阵技术完成。它由一个 WSR-88D 发射机、接收机和信号处理系统及一个脉冲压缩系统相连接,形成整个相控阵雷达系统(Maese,2001,Forsyth,2002)。这部新改装的相控阵天气雷达安装在俄克拉荷马州诺曼(Norman)市,并进行了观测试验,这是天气雷达历史上的第一部具有相控阵快速扫描的雷达。该雷达由 4352 个 T/R 组件构成,阵面法向正负 45°内的区域均可使用电扫描,并在一维水平基座的控制下完成全方位的观测。在试验过程中,NWRT-PAR 既可使用类似 WSR-88D 的单波束做旋转体扫描,在 258 s 内完成 14 层仰角观测。同时,NWRT-PAR 还可通过波束复用技术(Beam

Multiplexing)降低气象信息的积累时间,在短时间内完成体积或垂直剖面扫描。通过与附近WSR-88D多普勒天气雷达的大量对比观测试验表明,NWRT-PAR的快速扫描能力对于强对流天气过程的预警非常有用,较常规天气雷达能更快、更准确地获取天气过程的详细信息,对于龙卷过程的分辨时间仅需20~30 s(Zrnic,2007;Rasmussen,2000;刘黎平,2016)。2004年5月29日,NWRT-PAR捕获到第一场龙卷过程。

美国还讨论了在相控阵天线上如何实现双极化技术的问题,并制定了实现气象和导航等多任务功能(MPAR)的相控阵雷达可行性及性能指标(Zhang,2009)。根据制定的计划,美国采用由近20000个T/R组件组成的4个面阵的两维相扫技术体制,波瓣宽度为1°,满足气象探测的要求;采用3个通道,其中2个通道为气象观测和导航,另外1个通道为跟踪飞行目标,采用偏振体制,以提高降水估测和协同识别能力。

2003年,美国国家科学基金会设立了由马萨诸塞大学牵头的工程研究中心开展大气协同自适应探测(the Collaborative Adaptive Sensing of the Atmosphere,CASA),提出了网络化和协同观测的天气雷达概念(程元慧,2020)。利用多部X波段小功率短程天气雷达组成网络化雷达系统,通过分布式协同自适应探测(distributed collaborative adaptive sensing,DCAS)模式(McLaughlin,2005),实现对关注区域进行高时空分辨率的探测,弥补现有长程雷达的探测盲区,这是天气雷达一个新的发展方向。CASA设立了一个十年的目标——创建一个协作、低成本、双极化、相控阵雷达网络,旨在实时自动动态适应不断变化的天气和终端用户需求。为了实现这一目标,CASA开发了一系列试验台,称为综合项目Integrative Projects(IPs),以演示和测试这些新技术。第一个试验平台IP1由4部位于俄克拉何马州西南部的双极化X波段雷达组成(Chandrasekar,2010),如图1.1所示。雷达于2006年5月1日安装完毕,相关的信号处理、探测算法和显示软件于2006年夏天安装完毕;IP1于2006年9月1日投入使用。IP1中的4部雷达分布在近似菱形的顶点,雷达间相距约25 km,可实时自适应扫描观测,每30 s更新一次协同扫描策略,并可根据快速变化的天气和最终用户优先级进行修改。数据实时传输给研究人员、美国天气局和应急管理人员(如图1.2),数据也可用于模式同化(Brotzge,J,2007)。2007年,IP2安装在美国得克萨斯州的休斯敦,主要目的是改进城市洪水的监测和预报。2010年1月,IP3成功安装在波多黎各,研究复杂地形下的热带降水和由此引发的山洪和山体滑坡。IP4主要研究无降水大气中的风场测量,以改进关于对流发源地和污染物输送的预报。IP5是IP1的升级试验平台,综合采用CASA工程中发展的技术。经过不断试验和改进,CASA网络化雷达通过DCAS模式实现了对关注区域进行高时空分辨率的探测。

从美国国家强风暴实验室(National Severe Storms Laboratory,NSSL)2021年会议报告可知(Kurt Hondl,2021;Daniel Wasielewski,2021;Sebastian Torres,2021;Charles Kuster,2021;),2007—2009年,美国新研制的一维X波段车载相控阵天气雷达MWR-05XP参与了VORTEX2的风暴观测实验,与移动X波段、W波段天气雷达联合观测,得到了龙卷、超级单体等强对流天气的精细结构。MWR-05XP的观测资料质量与其他雷达相当,但扫描速度远远高于WSR-88D雷达。该雷达波瓣宽度为2.0°,最大脉冲重复频率为10 K,距离分辨率为75 m,采用了垂直方向电扫描、有限的方位电扫描和快速的方位机械扫描的工作模式。观测时,采用了两种工作模式:一种是与常规多普勒雷达类似的工作模式,但扫描速度比WSR-88D快10倍,25 s完成一个规定扇面的体扫,在天线快速转动时,方位上的电扫描方向和天线的机械扫描方向相反,保证在一定时间段内扫描方向不变,这样就避免了方位上的雷达波束平均造成的"污染";另外一种模式为规定扇面上的连续方位变化的垂直扫描模式,先扫垂直方向,然后

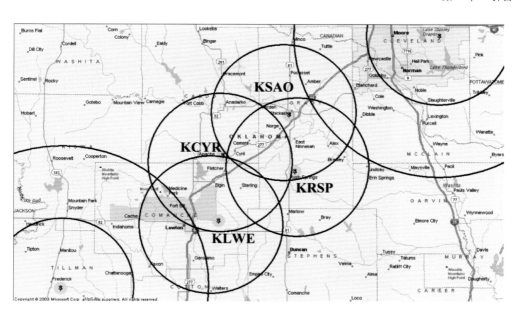

图 1.1　IP1 试验中 4 台雷达位置示意图

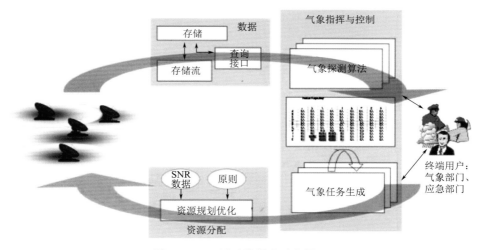

图 1.2　IP1 试验数据流示意图

改变方位,用 13 s 就可以完成 90°扇面、垂直方向 10 层的扫描。

继 SPY-1 的成功之后,由 NOAA(美国国家海洋大气局)、联邦航空管理局、林肯实验室、通用动力任务系统和俄克拉荷马大学联合开发了第一个用于天气观测的全尺寸 S 波段、双极化相控阵雷达——Advanced Technology Demonstrator(ATD),见图 1.3。与现有 S 波段业务雷达不同,其不采用真空管作为发射源,采用固态发射技术,利用脉冲压缩波形来满足灵敏度和距离分辨 率要求。ATD 是一个雷达验证平台,美国计划基于现有 ATD 系统再开发二代系统,支持美国国家气象局(NWS)主导的相控阵雷达运行评估,为探讨下一代用于国家雷达网的相控阵雷达技术和业务建立提供支撑。

ATD 内部由 76 个面板组成的 ATD 天线,模块化面板架构使其具有可维护性和可扩展性。ATD 天线的背面通过两千多个连接点(connections)和总长为 1 英里(1 英里≈1.6 km)

图 1.3　美国第一代 S 波段双极化相控阵雷达（ATD）

长的电缆连接在底座的设备上，见图 1.4。完整系统安装在天线罩内，升降基座上的设备架用作配重，并通过移动接口最大限度地减少连接。ATD 发展历程：2014 年全尺度 ATD 获得许可，2015 年完成双偏振相控阵原型，2018 年 ATD 在 Norman 安装，2019 年生成第一张天气图像；2021 年系统测试成功并运行。

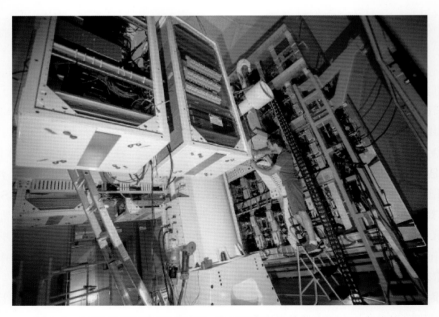

图 1.4　ATD 内部结构（图片来源：美国国家强风暴实验室 2021 年会议）

值得一提的是,ATD 有专门的校准基础设施(Calibration Infrastructure)。通过一个校准塔(calibration tower)接收、传输甚至模拟远程目标,并通过地下光纤通信和射频将雷达与校准塔相连,利用层云降水过程中对双偏振量进行校准,见图 1.5。

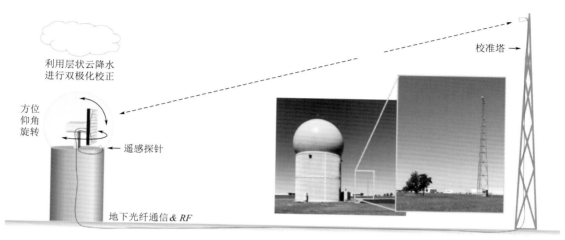

利用层状云降水进行双极化校正

方位仰角旋转

遥感探针

地下光纤通信 & RF

校准塔 →

图 1.5   ATD 校准基础设施(雷达与校准塔)

在《从第 39 届国际气象雷达会议看相控阵天气雷达发展》(高玉春,2020)文中介绍了除 ATD 外的其他短程探测相控阵天气雷达,这些雷达有双偏振雷达和单偏振雷达,有 X 波段雷达,也有 C 波段和 S 波段雷达。这些相控阵雷达有一些共同特点:径向探测范围为几十千米;峰值发射功率不大,在几百瓦量级;采用有源天线体制;采用数字波束形成技术(DBF);一维相控阵(俯仰电扫,方位机械扫描);体扫时间几十秒。

美国俄克拉荷马大学的高级雷达研究中心研发了一种移动式 X 波段相控阵雷达(AIR),AIR 使用数字波束成形技术(DBF)来进行垂直方向扫描,在方位角上通过机械转向。该雷达在 110°(方位角)×20°(仰角扇)区体积上以 7 s 的时间分辨率获得观测数据。俄克拉荷马大学的高级雷达研究中心正在与 NOAA 的国家强风暴实验室合作,开发 S 波段数字波束双偏振相控阵移动天气雷达(Horus)。Horus 雷达具有 1024(32×32)个双偏振信道,在自适应波束形成等方面将具有极大的灵活性。每个信道将产生 10 多瓦的峰值功率,支持 10% 的占空比,在 50 km 处的灵敏度约为 12.5 dBZ。

由美国国家科学基金会资助的移动 C 波段相控阵天气雷达系统(PAIR),借鉴了 AIR 和其他雷达系统的开发和部署中的经验教训,提高了可靠性、可维护性、易用性、安全性和可现场快速部署能力等。PAIR 的体系结构提供了独特的扫描灵活性,以及双偏振探测,具有快速的体扫时间,通过机械旋转实现方位角覆盖。最快体扫时间为 6~10 s。

NSSL 开展了相控阵雷达创新传感实验(Phased Array Radar Innovative Sensing Experiment,PARISE),目标是想看看雷达更新时间对预报员发预警来说是否重要。本次实验共有 30 名美国天气局(NWS)参与,预报员分成 3 组,每组看到的雷达数据更新时间分别为 1 min、2 min 和 5 min,并以此为参考发布恶劣天气危险警告。实验还设有焦点小组收集反馈和见解。实验结果表明:使用快速更新的雷达数据改进了所有龙卷的警告指标,"1 min 组"预警提前量优于"2 min 组";提高了预报员对预警决策的信心;发出警告提前量改变,但发出的方式没有改变。由此证明相控阵技术对预警发布起到积极的作用。

1.1.2　日本相控阵雷达进展

日本东芝(Toshiba)公司从早期就一直是气象雷达系统制造的引领者。东芝拥有世界一流的半导体制造技术,已将"固态"(solid-state)发射器用于国防和空中交通管制设备。其中最重要的成就之一是机场监视雷达(Airport Surveillance Radar,ASR)。ASR所用的固态技术,现在已在全世界广泛流行。固态技术有足够高的稳定性,可以实现一天24 h运行雷达系统。更重要的是,基于稳定的固态发射器技术,东芝公司在2012年成功开发了相控阵天气雷达(PAWR),如图1.6,从而能够快速观测不断增长的积雨云。这种雷达的成本通常是传统碟形雷达的十倍以上,但由于器件密集集成等先进核心技术,制造成本正逐渐接近传统雷达(Wada,2016)。

图1.6　日本相控阵雷达PAWR

关于雷达观测性能,2015年日本对安装在大阪大学的单极化相控阵天气雷达进行了现场测试,以确认其具备实时监测强降雨的巨大潜力。与此同时,东芝公司也一直在开发双偏振相控阵天气雷达,并在2018年进行了双偏振雷达的现场测试,以展示其具备在2020年东京奥运会作为气象保障业务雷达的能力。

东芝公司的三种新型雷达包括固态双极化天气雷达、单极化相控阵天气雷达和双极化(双偏振)相控阵天气雷达。

固态双极化天气雷达。东芝公司于2007年为气象研究所(MRI,Meteorological Research Institute)开发了世界上第一台固态C波段业务气象雷达。之后,东芝公司向国土、基础设施、交通及文化和旅游部(MLIT,Ministry of Land,Infrastructure,Transport and Tourism)交付了超过10部X波段和5部C波段固态天气雷达系统。截至2016年,东芝公司总共向多家客户提供了25套固态天气雷达系统。实现固态双极化天气雷达的两个关键技术是:大功率输出(High Power Output)技术和脉冲压缩(Pulse Compression)技术。

自2007年首次发布以来,MRI一直在开展固态C波段双偏振天气雷达观测方面的研究(Yamauchi,2012;Adachi,2013,2015)。这种类型的雷达使用长脉冲和脉冲压缩技术来提高平均功率。由于雷达采用长脉冲扫描时存在近距离观测盲区,因此该雷达交替发射短脉冲和长脉冲,以覆盖与长脉冲观测相关的盲区。研究表明,固态雷达数据质量较好,远距离长脉冲和近距离短脉冲探测数据质量差异不大。

在可维护性方面,固态设备的使用寿命要比至少两年一更换的电子管设备要长得多,从而大大降低了运行成本。东芝公司的固态发射器通常合成 8 个 PA(Power Amplifier)单元模块,即使 H/V 通道中某一个模块发生故障,也可以通过稍微降低一个通道的输出功率继续进行可靠的观测,从而实现稳定运行。此外,故障模块可以在系统运行时直接更换为备用模块。以上特点相比于 S/C 波段雷达系统,固态双极化雷达因此能获得非常高质量的观测数据。

单极化相控阵天气雷达。图 1.7 显示了 2009—2012 年间东芝公司、大阪大学和 NICT(国家信息和通信技术研究所)联合开发并安装在大阪大学校园顶部的单极化相控阵天气雷达。这是世界上第一台通过多角度同时扫描实现快速三维观测的相控阵气象雷达。雷达有一个一维垂直排列的阵列天线。天线系统在 AZ 方向上进行机械转向,同时在 EL 方向上发射电子束。截至 2016 年,日本有四台相控阵天气雷达投入使用。

有源相控阵天线

左:雷达处理器

右:雷达控制器

部署在日本大阪大学的相控阵天气雷达

图 1.7 单极化相控阵天气雷达

如图 1.8 所示,单极化相控阵雷达具有高分辨率和快速观测的特点:垂直观测仰角为 0°到 90°,各层仰角的水平发射扇形波束采用无缝隙扫描方式;通过 DBF 处理,同时形成多个仰角的接收信号,每个仰角的波束宽度为 1°,水平径向扫描波束宽度为 1°。

相控阵雷达中使用的扇形波束使旁瓣隔离度下降远大于传统雷达,考虑到旁瓣导致的地面杂波将直接影响观测质量,这是一个需要解决的问题。通过使用 MMSE(最小均方误差)方法(Yoshikawa,2013)改进了相关性能。图 1.10(a)是傅立叶波束形成技术的结果,在 10 km 到 15 km 范围内出现了强烈的地物杂波信号,而图 1.10(b)使用 MMSE 对杂波信号进行处理,地物杂波被显著抑制。

图 1.9 所展示的是雷达实际观测的数据,对流云团回波约 3 km 宽、8 km 高,每隔 30 s 就

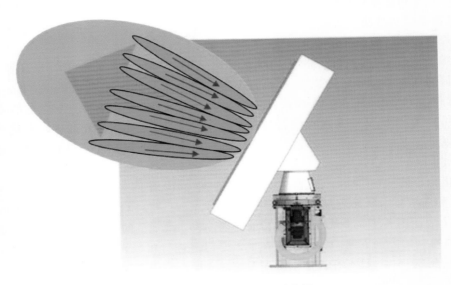

图 1.8　日本相控阵雷达示意图

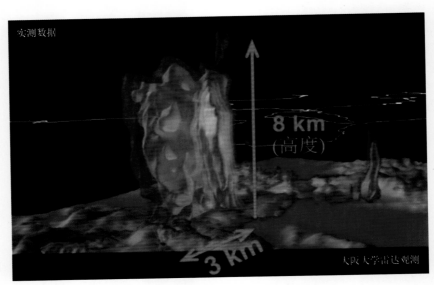

图 1.9　相控阵雷达观测数据三维展示

可获取一张三维的图像。

　　双极化相控阵天气雷达。跨部委战略创新推进计划（Cross-ministerial Strategic Innova-tion Promotion Program，SIP）是由科学、技术和创新委员会牵头的项目。SIP 确定了 10 个主题，这些主题都是围绕如何解决日本面临的最重要的社会问题。双极化相控阵天气雷达与"增强社会抗灾能力"计划相关，其使命是"开发与大地震、海啸、暴雨、龙卷和其他自然灾害有关的信息的实时数据共享系统"。自 2014 年以来，东芝公司一直在 SIP 框架下开发由日本政府资助的双极化相控阵天气雷达。在开发双极化雷达的过程中，在确保双偏振观测所需的必要性能的前提下，如何实现紧凑性和低成本极为重要。解决这一矛盾的关键技术就是 RF-CMOS

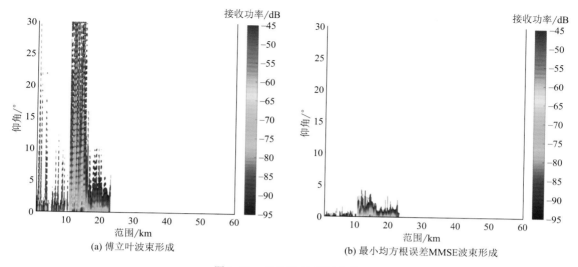

(a) 傅立叶波束形成　　　　　　　　　(b) 最小均方根误差MMSE波束形成

图 1.10 地物杂波抑制效果

和贴片天线。东芝公司使用 RF-CMOS 研发了用于双极化相控阵天气雷达的雷达天线单元(图 1.11)。该技术也常用于蓝牙或 Wi-Fi 等高频无线电应用。另外一个技术就是使用针对双极化优化的贴片天线。天线元件很重要,因为它们直接影响偏振和波束扫描的特性。由于单极化相控阵雷达中使用的缝隙天线结构(slot antenna structure)难以应用于双极化,因此东芝公司采用了极化共享孔径缝隙耦合(polarized shared-aperture slot-coupled)贴片天线。贴片天线(如图 1.12)由 4×1 元件组成以进行模拟合成,因此无需为每个通道实施 RF-CMOS前端和 A/D 转换器,从而降低成本。通过这种方式,东芝公司也成功降低了整个系统的单位成本。

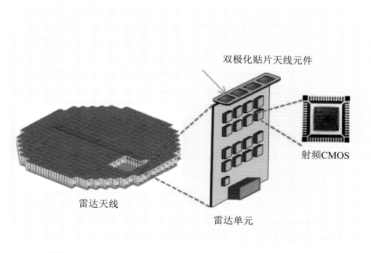

图 1.11 使用 RF-CMOS 的雷达天线单元结构示意图

图 1.12　X-Band 4×1 贴片天线原型(69.82 mm×15 mm,硬币直径为 23.5 mm)

1.2　国内相控阵雷达技术进展

从国外的多普勒天气雷达乃至相控阵天气雷达发展历程来看,都经历了从军用到民用的转变过程,我国的相控阵天气雷达技术历程亦是如此。在 20 世纪 70 年代,我国研制成功第一台地基相控阵雷达,经过长期的发展已经形成了多个系列、多台/套、多种用途的海、陆、空相控阵雷达产品,积累了丰富的经验,尤其在天线的工程设计、雷达的工作方式、高功率发射机、高速数字信号处理技术等方面积累了大量的工程经验。在相控阵雷达技术逐步成熟后,近年来气象部门与科研院所联合开展了相控阵天气雷达相关的研究工作。国内最先发展相控阵天气雷达的主要有中国电子科技集团公司第 14 研究所(简称 14 所)、第 38 研究所(简称 38 所)和航天科工第 23 所(简称 23 所)。

2007 年,中国气象科学研究院与 14 所合作,对军用相控阵雷达进行改造,研制了一部 S 波段相控阵天气雷达,观测试验证明相控阵天气雷达观测技术的可行性(张志强和刘黎平,2011),由于种种原因,未能实际用于强对流天气过程的精细观测。2020 年,14 所旗下国睿科技研制生产的全国首部 S 波段相控阵双偏振天气雷达在福建省福州市闽侯县大湖乡雪峰村架设完成。另外,大兴国际机场使用的也是国睿科技提供的全自主国产空管二次雷达和 C 波段全数字有源相控阵天气雷达,C 波段全数字有源相控阵天气雷达是世界上首次在民航领域业务化应用的相控阵天气雷达,是大兴机场精品工程之一。

2009 年,中国气象科学研究院灾害天气国家重点实验室与 38 所下属的四创电子股份有限公司合作,研发专门应用于快速变化的中尺度对流系统的车载 X 波段相控阵天气雷达系统(刘黎平等,2016)。雷达采用了垂直方向电控扫描、水平方向机械扫描的方式,而且该雷达采用有源数字 TR 组件、收发 DBF 体制、超低副瓣波导裂缝平面阵列天气、直接数字合成(DDS)波形技术、数字脉冲压缩技术等先进技术,波束控制灵活,并利用数字波束合成技术,可以在垂直方向形成多种不同宽度的波形,使用多波束多路的同时接收,提高相控阵天气雷达的观测速度。该雷达与 C 波段双线偏振雷达(CPOL)于 2013 年 4—6 月在广东省江门市鹤山站进行了对比观测试验。在第九届世界雷达博览会暨首届"雷达与未来"全球峰会中,四创公司推出最新产品可搬移式 X 波段全相参多普勒天气雷达。

中国气象局气象探测中心联合相控阵雷达企业,用 2 个 X 波段相控阵收发子阵,组成网络化天气雷达(马舒庆,2019),于 2017 年在长沙机场开展观测试验。

2018 年,中国气象局气象探测中心、上海市气象局和相控阵雷达企业在上海开展 AWR (Array-phase Weather Radar)探测试验(高玉春,2020)。AWR 是一种新型的分布式相控阵天气雷达,包括至少三个相控阵子阵(AWR 的前端),分别位于上海宝山、浦东和崇明三个地区,形成一个类似于等边三角形的观测网络。三个子阵列作为一个整体进行同步扫描,保证同一空间点的数据时差小于 5 s,从而利用子阵列的径向速度合成正确的流场。探测试验结果表明,与 S 波段雷达系统的初步比较,AWR 不仅可获得强度数据,并探测得到的高分辨率三维风场,获取了动力学信息,能更详细地反映降水的结构和动态过程。

2019 年 9 月,由中国航天科工二院 23 所研发国内首部 C 波段相控阵天气雷达在龙卷高发地区江苏省高邮市安装落户,用于对龙卷、冰雹、雷暴等灾害天气实时监测。2021 年,23 所下属航天新气象公司中标我国最大的海洋综合科考实习船"中山大学"号的船载 C 波段相控阵天气雷达项目,该雷达作为"移动实验室"的一个关键设备,主要进行区域范围内的降雨等天气观测。

近几年,部分民营企业也加入了相控阵雷达研发阵营,他们在技术上各有特点,呈现百花齐放的局面,技术特点主要有以下几点。

1.2.1　天线技术

微带贴片天线单元辐射单元。采用矩形微带双偏振孔径耦合天线单元。微带贴片天线是一种应用于高频段的低轮廓天线结构,由一矩形或方形的金属贴面置于接地平面上一片薄层电介质表面组成。微带贴片天线具有剖面低,结构紧凑,重量轻等优点,在不增加系统体积和重量的情况下,相控阵的每个收发通道上都实现了两个极化电磁波的独立收发、幅相控制、信号处理以及机内校准等功能。尤其对于双偏振技术的支持能力最优,能够保证双偏振应用的极化波束一致性,相位中心一致性,保证偏振量产品的准确性,目前是美、日等国实现先进的双偏振相控阵雷达的主流技术。

双偏振波导缝隙阵天线。波导缝隙阵天线作为偶极子天线的一种类型,通过在波导管上开出缝隙来改变电磁波的传播路径,不同的波导开缝的形式不同。双偏振天线是由脊波导和扁波导通过特定的规则排列组合而成。通过对设计、加工工艺等环节的严格把控,大幅降低电对称性或几何对称性受到的干扰,从而实现了通道间隔离度≥44 dB、水平垂直极化间隔离度≥35 dB 的优良指标(法线方向),充分满足双偏振测量精度。

1.2.2　宽发窄收数字多波束技术

采用宽发窄收数字多波束技术,发射时对每路发射信号的幅度相位进行加权控制,使每路天线单元辐射出去的信号都有特定的幅相特征,能够在空间中相互干涉形成具有一定宽度的波束。发射的波束宽度很宽这样便可以在短时间内完成较大的俯仰覆盖范围。接收时在数字域进行波束合成,同时形成多个窄波束来接收信号,这样便可以保证接收数据的空间分辨率不被降低,同时使接收能量最大化。

1.2.3　数据传输及加密技术

双极化相控阵雷达的高时空分辨率能力,将带来更庞大的精细化数据量,要求雷达系统所配套的软件处理能力、存储空间和数据传输带宽不能成为瓶颈。基于 FPGA 高速数据的流压缩传输及加密技术,通过将软件处理硬件化,发挥出软硬件的最大性能,提升数据传输的可靠性、稳定性以及安全性,保障了数据到达的低延时性,有效提高了系统数据的高吞吐量和数据安全。

1.2.4 校准技术

自适应极化校准技术。该技术通过自适应算法,提取双极化通道的差异性,再利用雷达系统内部校准通道,对雷达极化通道进行调整迭代,进而实现了极化通道的一致性校准。该技术能够实现雷达系统极化测量长期的稳定性,保证气象应用的探测精度。

自动幅相校准技术。通过特定的时序设计,在雷达运行期间定期对各通道进行幅相校准。雷达调试完成后对各通道的幅度相位存储基准值,在执行自动校准时系统会采集当前的各通道幅度相位值并与基准值进行比较得到各通道的幅相校正值,再将该值下发给各个通道进行修正,将各通道的幅相差异始终保持在正常范围内。

1.2.5 全固态有源相控阵

雷达发射机为固态分布式发射机,单个发射机采用基于半导体工艺的放大器芯片制作而成,低压电源驱动,结构简单,稳定性高。整个发射系统由多个发射机组成,每个天线单元都有一个发射机与其直接相连,系统损耗更小,噪声系数更低。

1.2.6 角度同步技术

雷达控制服务器内部有方位自动修正功能,保证方位指向不会产生累计误差,通过 GPS(全球定位系统)秒脉冲来提供同步时钟,保证多台雷达的协同控制精度,进入设定角度的时间误差≤10 ms。

1.2.7 方位同步技术

每 3 个相邻子阵一组完成同步探测,保证同一空间点资料时差极小,确保雷达各子阵在三维探测区中,探测同一天气目标时,能够实现满足三维风场合成所要求的极小数据时差,解决了协同组网雷达中由于时间差大带来的速度合成的有效性问题(见图 1.13)。

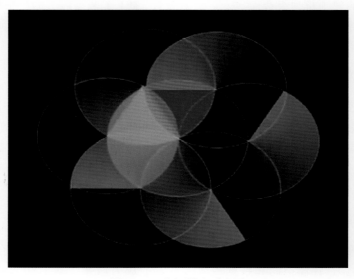

图 1.13　分组同步示意图

1.2.8　无球形状天线罩

天线罩对于 X 波段带来大雨下严重的偏振量污染和偏差问题,采用无球形天线罩的设计方法,可避免上述问题,保证偏振量测量的准确性以及探测距离的可靠性。雷达仅需供网供电即可使用,无须复杂的基础配套设施以及天线罩等附属装置。这些优点使得雷达安装和维护便捷、可露天或车载安装、全天候工作,无需专门的雷达站室。

1.2.9　分布式异构计算平台

分布式异构计算平台是用于相控阵天气雷达数据处理的软硬件一体化平台,主要功能是提供高速的数据存储服务和分布式计算资源,能对雷达海量数据进行快速处理。单套分布式异构计算平台具有处理 8 台雷达构成的协同式精细化相控阵雷达天气观测系统的数据处理能力,同时支持各单机雷达气象产品和网络化融合气象产品的计算处理。若超过 8 台雷达,通过扩展增加分布式异构计算平台套数,即可实现对分布式软件的有效支持,实现数据处理能力扩展,具有扩展成本低、扩展快速便捷,可靠性高,无扩展上限限制等特点,可有效地应对无限增长数据的计算处理能力。

1.2.10　预报预警配套技术

雷达厂商或公司除了研制相控阵雷达硬件系统,一般还提供支撑预警业务的配套软件或平台。这些平台通常支持相控阵天气雷达高精度、高时空分辨率数据快速处理、质控和二次气象产品生成,基于 WebGIS 技术,对多源资料进行三维立体化呈现,如多雷达三维风场合成及反演、多波段雷达数据融合、风暴自动识别、追踪和外推,风暴强天气分类、基于机器学习的多源数据融合的 QPE 和 QPF 等等。

第 2 章

粤港澳大湾区相控阵雷达建设概述

2.1　大湾区相控阵天气雷达组网概况

自 2017 年 7 月第一部 X 波段双偏振相控阵雷达落户广州并业务运行后,粤港澳大湾区的相控阵雷达建设进入高速发展期。根据规划,粤港澳大湾区雷达网由 39 部 X 波段双偏振相控阵雷达组成(图 2.1)。截至 2023 年 4 月,广东省气象局先后在粤港澳大湾区及周边地市部署了 35 部雷达,分别是广州市 6 部、佛山市 3 部、珠海市 4 部、中山市 2 部、深圳市 2 部、江门市 5 部、东莞市 3 部、惠州市 4 部、肇庆市 6 部,基本形成时间分辨率为 1 min、空间分辨率为 30 m×30 m 的覆盖湾区人口密集区域的雷达高时空分辨率协同观测网。针对原有的 12 部 CINRAD/SA 天气雷达监测网在近地面 1 km 附近的观测盲区,构建空间间隔为 30～40 km 的 X 波段双偏振相控阵雷达网,填补 CINRAD/SA 雷达网的近地层监测的不足。以等边三角形法则来构建 X 波段双偏振相控阵天气雷达网,确保粤港澳大湾区核心区域内的对流系统能够同时被 2～3 部 X 波段雷达所覆盖。

图 2.1　粤港澳大湾区已部署 35 部的双偏振相控阵雷达观测网(截至 2023 年 4 月)

从 2017 年起,广州市和珠海市率先开始推进 X 波段相控阵雷达建设的相关工作,并获得地方政府的大力支持。以广州为例,广州市委、市政府高度重视气象防灾减灾工作,相继出台了《广州市气象防灾减灾和公共气象服务体系建设方案》《关于加快全面推进我市气象现代化的实施意见》等文件。2017 年 8 月 25 日广州市政府组织召开了 2017 年全市气象现代化工作联席会议,提出了"气象综合实力居国内领先水平,接近世界先进水平,成为我省气象事业科学发展排头兵",对气象监测的准确性、可靠性与及时性提出更高的要求。2018 年 5 月 4 日下午,时任广州市市长温国辉在广州市气象局主持召开全市三防工作会议,要求气象部门提高预测预报预警能力,特别是对局部强对流天气导致的短时突发性暴雨洪水,要提高预报精准度,及时有效发布信息。此次会议对推动全省第一台 X 波段相控阵雷达的建设起到关键的作用。

深圳市通过深圳气象发展"十三五"规划中智慧气象服务系统工程项目的子项目——X 波段双偏振相控阵雷达系统,获得了深圳市政府在相控阵雷达建设上的政策资金支持。《深圳市发展和改革委员会关于调整智慧气象服务系统工程项目概算的批复》(深发改〔2018〕7 号)中审批的总投资估算为人民币 1500 万元,列入 2019 年投资计划。佛山市气象局于 2018 年 9 月向佛山市政府提出加快建设相控阵天气雷达网的请示。2019 年 1 月,佛山市人民政府常务会议同意佛山市气象局制定的《佛山市相控阵天气雷达网建设方案》,同月佛山市气象局成立相控阵天气雷达网建设工作组并快速推进相关工作。江门市气象局通过"江门平安海洋气象保障工程"项目,由市县两级财政共同承担,2018—2022 年先后共投入资金 4000 多万元建设了 4 部相控阵雷达。中山、惠州、肇庆等市也都通过粤港澳大湾区规划、省部合作备忘录等规划或项目落实了雷达的建设经费。

广东省气象局坚持"边建设边应用"的做法,凝练在项目规划、建设标准、强对流天气监测应用等方面的优秀做法,为后来者提供宝贵的经验。先行布设 X 波段相控阵雷达的地级市在"十三五"期间的强对流天气监测预警上取得良好的效果,争取到地方政府在"十四五"规划中支持继续加密雷达站网。2021 年,广州市气象局和广州市发展改革委员会联合印发的《广州市气象发展"十四五"规划》中,"重点任务二"明确提出了"完善气象灾害综合监测预报预警系统、X 波段相控阵雷达网"的要求。深圳市气象局在"十四五"期间规划了深汕特别合作区、深圳北部增设各 1 部相控阵雷达。江门市气象局根据《江门创建广东气象防灾减灾第一道防线先行示范市实施方案》,将由市级财政在 2021—2023 年投入资金 1200 万元建设第 5 部相控阵雷达(北峰山雷达)。肇庆市气象局通过《肇庆市人民政府关于印发〈落实推进粤港澳大湾区(广东部分)气象发展三年行动计划(2021—2023 年)工作方案〉的通知》(肇府函〔2021〕578 号),2023 年底前在高要区、四会等区县建设 6 部 X 波段相控阵天气雷达。

佛山市和江门市在雷达运维经费上也争取到地方财政的长期支持,佛山市从 2020 年起每年在预算中安排近百万元维持费。江门市通过《江门创建广东气象防灾减灾第一道防线先行示范市实施方案》,明确了建立气象设备运维费长效机制,按照以属地为主、兼顾建设主体的原则,由市县两级财政共同承担相控阵雷达的运维费,其中市本级补助 20%。

2.2　大湾区雷达站点情况

2.2.1　广州市相控阵雷达站点

2001 年,广州建成了省内第一部新一代多普勒天气(CINRAD/SA)雷达,并于 2016 年完成双偏振改造。广州 CINRAD/SA 雷达投入运行以来,在灾害性天气监测预警中发挥了重要作用,在气象防灾减灾、保障经济社会发展和人民生命及财产安全上做出了重大贡献。CIN-RAD/SA 雷达,优势是探测范围广,适用于观测台风等大尺度天气系统,但由于空间分辨率不够,难以捕捉小尺度天气系统;时间分辨率不够,也无法刻画天气系统发生、发展、成熟和消亡的细微过程,对致灾性极为严重的小尺度天气系统如短时强降水、冰雹、龙卷等监测能力较弱。作为粤港澳大湾区核心枢纽城市的广州,正是致灾性极强的中小尺度天气系统如冰雹、龙卷以及局地短时强降雨的多发区,所以需要能够提供快速扫描观测,更高时空分辨率的天气雷达设备,作为 CINRAD/SA 雷达的补充,弥补低层探测盲区,更有利于对中小尺度天气系统的监测,分析其生消变化及发展机理等,提供更为准确科学的预报预警服务,为城市安全运行和人民生命财产安全保驾护航。

2.2.1.1 广州市局观测场站

该站点位于广州市气象局大院内气象科普园西南角,所在区域为广州市主要城区之一,站点周边及雷达探测范围内,高层、超高层建筑比较多(图 2.2 和图 2.3)。经过实地以及周围环境考察,最低仰角以及次低仰角将会有遮挡,主要在于:北部白云山将会产生遮挡,以及西南方向会有遮挡;但由于北部有花都区的雷达作为补充,可以弥补北向遮挡问题;对于西南方向遮挡,由于不是天气系统主要来源方向,也可满足条件。此站点可以极好地对广州市人口密集主城区(越秀、荔湾、天河、海珠)进行有效的精细化天气系统观测服务。施工难度具有可行性,处于广州市气象局内,土地征用、电、光纤网络等非常方便,施工难度低。

图 2.2　番禺相控阵天气雷达

2.2.1.2 花都气象天文科普馆站

该站点位于花都区气象天文科普馆的小山坡上,经过实地以及周围环境考察,最低仰角将

四方位图

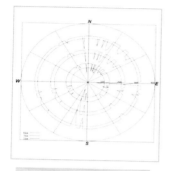

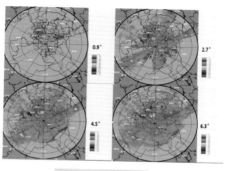

广州市局雷达等射束高度图　　　　　实际回波观测情况

图 2.3　番禺相控阵天气雷达遮挡情况

会有部分北偏西约 10°遮挡,其余方向满足净空条件:虽然北部有遮挡但不在网络化雷达重点观测的人口密集区域,较远离广州市气象条件发生方向(图 2.4 和图 2.5)。施工难度具有可行性,处于广州市气象局管辖内,土地征用、电、光纤网络等非常方便,施工难度低。

　　除 0.9°东北方向分别有 10°和 5°波束全遮挡外,其余仰角状况良好。

图 2.4　花都气象天文科普馆相控阵天气雷达

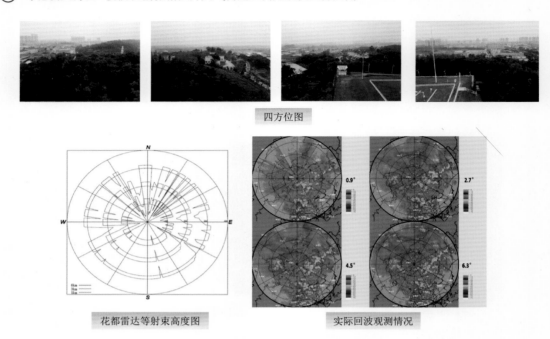

四方位图

花都雷达等射束高度图　　　　　实际回波观测情况

图 2.5　花都相控阵天气雷达遮挡情况

2.2.1.3　南海农业试验站

该站点位于佛山市南海区牛牯岭农业气象试验站内一个小土坡上,经过实地以及周围环境考察,南海农业试验站净空条件极好(图 2.6 和图 2.7)。雷达遮蔽图反映包括最低仰角,都符合净空条件。施工难度具有可行性,处于佛山市气象局管辖内,土地征用、电、光纤网络等非常方便,施工难度低。

图 2.6　南海农业试验站相控阵天气雷达站点

四方位图

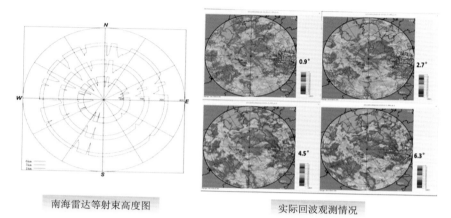

南海雷达等射束高度图　　　　　　实际回波观测情况

图 2.7　南海相控阵天气雷达遮挡情况

　　除 0.9°东北方向约有 15°以及 180°方向半波束遮挡外,其余状况良好。

2.2.1.4　白云区帽峰山站

　　该站点位于帽峰山森林公园山顶广场东北角,海拔 530 m。经过实地以及周围环境考察,白云区帽峰山净空条件极好(图 2.8 和图 2.9):雷达遮蔽图反映包括最低仰角,都符合净空条

图 2.8　白云区帽峰山相控阵天气雷达站点

四方位图

雷达铁塔　　　　　　　　0.9°仰角　　　　　　2.7°仰角

图2.9　帽峰山相控阵天气雷达遮挡情况

件。雷达所处海拔较高,可弥补广州中心城区人口密集区高空探测的盲区。施工具有可行性,处于广州市气象局管辖内,土地征用、电、光纤网络等非常方便,施工难度低。

2.2.1.5　增城区太子坑森林公园站

该站点位于增城区增江街联益村金坑林场内的太子坑森林公园,海拔高度460 m(图2.10)。站点位置较高,周边遮挡物较少,主要的遮挡来自120°方向上惠州的罗浮山。从净空条件分析(图2.11),若雷达塔高为25 m,能稍微减少罗浮山的遮挡影响。增城区的相控阵雷达对于西

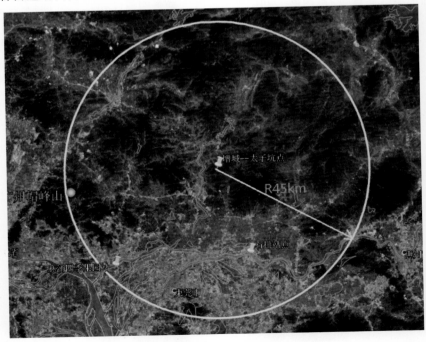

图2.10　增城区太子坑森林公园站鸟瞰图

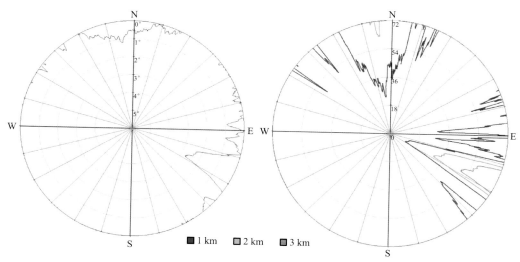

图 2.11　增城区太子坑森林公园站遮蔽角图(左)和等射束高度图(右)

边移入的天气系统有较好的监测效果,也能满足对广州中心城区重点区域的观测需求。选址时也考虑过将雷达塔高度加至 72 m,但仍无法完全消失遮挡,综合经济等各方面条件考虑,最后建设高为 25 m 的雷达塔。

2.2.1.6　从化区气象局站

该站点位于从化区气象局新气象观测场内,位于从化区东北方位,距离从化中心约 5.6 km,海拔高度 149 m(图 2.12)。从化为多山地形,站点周边均受到山体和建筑的影响。所有方向的遮蔽角均在 3°以下;在方位 200°～310°遮蔽角在 1°以下,而这个方位是从化中心城区方向,也能基本满足协同观测(花都和白云雷达方向)的需求。对净空条件进行分析,若分别修建高

图 2.12　从化区气象局站鸟瞰图

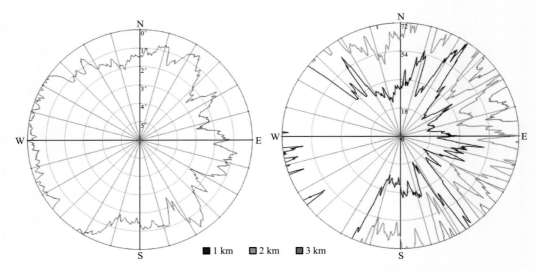

图 2.13 从化区气象局站遮蔽角图(左)和等射束高度图(右)

15 m、40 m 和 72 m 高的雷达安装铁塔(图 2.13),仅对东南方向(约 130°)的观测略有改善,增加塔的高度对改善净空条件效果甚微。综合经济等各方面条件考虑,最后建设高为 15 m 的雷达塔。

2.2.1.7 广州中心城区的波束分布

广州中心城区人口密集、经济发达,人口密集主城区主要分布在越秀、荔湾、海珠和天河区。在相控阵雷达选点之初也重点考虑提升该区域的气象监测,以满足重大活动的气象保障需要。广州 5 部相控阵天气雷达系统分别位于广州东南西北各个方向(如图 2.14 所示),形成一个相控阵天气雷达观测网,实现对广州主城区的组网覆盖。另外,红点为广州的 CINRAD/SA 雷达所在位置。

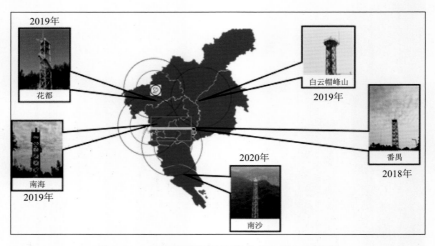

图 2.14 广州相控阵雷达覆盖中心城区示意图

图 2.14 中蓝色区域为雷达覆盖的广州人口密集的主城区,选取其中的黄线所在垂直平面到 25 km 的空域进行各雷达波束覆盖情况分析。图 2.15 为 CINRAD/SA 雷达的对该黄线区

域上空的波束覆盖情况,图 2.16 为 5 台相控阵天气雷达对该黄线垂直平面空域的覆盖情况。由图中可见,CINRAD/SA 雷达对人口密集主城区蓝色区域(越秀、荔湾、海珠和天河区)的覆盖不够充分,主要是受到雷达静锥区的影响较为严重,只能覆盖最高约 3.5 km 的高度,这会影响对垂直精度要求较高的雷达产品如回波顶高、垂直累积液态水含量乃至组合反射率值的可信度,而这些产品目前在我国的临近预报中被广泛使用;相比之下,5 部相控阵天气雷达对广州人口密集主城区的覆盖效果更优,不仅相互覆盖了静锥区,同时能够保障广州人口密集主城区上空的 0~20 km 的有效覆盖。此外,由于采用仰角无间隔扫描,以及 30 m 的距离分辨率,上述条件均为更高时空分辨率的雷达数据融合产品提供了有力的保障。

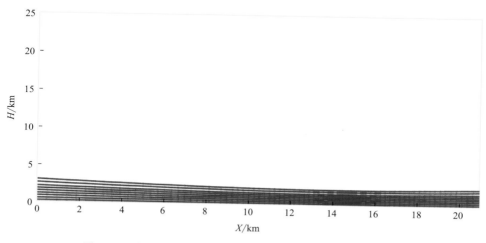

图 2.15　广州 CINRAD/SA 雷达在中心城区的波束覆盖情况

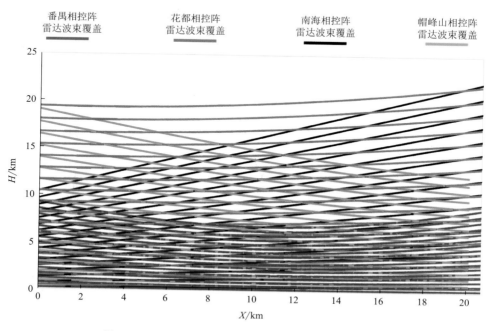

图 2.16　组网相控阵雷达在中心城区的波束覆盖情况

2.2.2 深圳市相控阵雷达站点

深圳市是中国南部海滨城市,地处珠江口东岸,与香港一水之隔,东临大亚湾和大鹏湾,西濒珠江口和伶仃洋,南隔深圳河与香港相连,北部与东莞、惠州接壤。全市下辖9个行政区和1个新区,陆地总面积1997.47 km²,海域面积约2020 km²,辽阔海域连接南海及太平洋。深圳西部和北部为平原和丘陵地带,东南部为山地,西邻珠江口,西南为深圳湾,东南是南海大亚湾和大鹏湾海域,海陆分布和地形地貌的差异容易引起动力强迫和地面热力差异,使得该地区天气系统复杂多变。春季的西风带锋面低槽、春末夏初的南海季风及夏季的热带气旋、热带云团等热带天气系统、局地热对流都是容易引发强降水和强烈的雷暴天气。

为对深圳东部移进深圳的过程进行监测,需要在东部地区的适合位置布设1部相控阵天气雷达。雷达站址选择西涌天文台,虽然存在交通运输条件较差、净空条件一般的不足,考虑到建站用地归属市气象局,比较容易协调,可早建成早见效,是一个可行的选择。为对珠江口地区以及从西部移进深圳的过程进行精细化监测,需要在西部地区的适合位置布设1部相控阵天气雷达。综合西部2个雷达站候选站址(求雨坛和石岩气象观测基地)的各种条件,选择了净空条件较优的求雨坛。

2.2.2.1 求雨坛相控阵雷达站

求雨坛雷达站基本位置如图2.17所示,位于宝安区,海拔约297 m。求雨坛气象观测站四周邻近遮挡物情况如图2.18所示。该站址净空条件较好,邻近周边的主要遮挡物为空管雷达和气象雷达,如图2.19所示。相控阵雷达安装较为理想的位置是空管雷达与气象雷达中间的建筑物天面(图2.17内红框),搭设一个高不超过3 m的雷达安装架即可。候选站址求雨坛气象观测站有二级或以上等级公路直达,交通条件较好,建站施工机械能够驶抵现场,建站用建材、工具等以及雷达设备,可直接或通过二次转运,运抵现场。

图2.17 求雨坛气象观测站站址鸟瞰图

图 2.18　求雨坛气象观测站站址八方位图

2.2.2.2　西涌天文台相控阵雷达站

　　西涌天文台雷达站位于盐田区大鹏镇,海拔约 218 m。该站址的净空条件一般,南面是东面主要天气系统移进深圳的空旷海面,主要遮挡为西北-东北方向的山脉(图 2.20 和图 2.21)。该站点需建一座高于邻近的天文望远镜外罩铁塔(约 12 m)。站点离二级或以上等级公路相距约 150 m,交通条件较差,建站用建材、工具、雷达设备等,无法用机械运抵现场,建站成本较高。

图 2.19　求雨坛气象观测站周边主要遮挡物

图 2.20　西涌天文台站西北-东北方向遮挡山脉

2.2.3　珠海市相控阵雷达站点

珠海市 X 波段相控阵雷达站点分别建设在珠海横琴脑背山、淇澳岛望赤岭、高栏港马鞍山和斗门黄杨山(图 2.22)。雷达站点的选址是按照最有利于低海拔区域覆盖以及对中小尺度观测的原则进行,两两雷达间距按照 35 km 做基准,组网后的雷达网络极好地覆盖了整个

正东方向　　　　　　　　　正南方向
正西方向　　　　　　　　　正北方向
东南方向　　　　　　　　　西南方向
西北方向　　　　　　　　　东北方向

图 2.21　西涌天文台站八方位图

珠海市范围,尤其是对珠海主城区人口密集地进行了很好的观测覆盖,同时兼顾了港珠澳大桥、斗门连州通用机场高速以及珠江口等重点区域的覆盖。此外,站点的设置也有利于后续与广东省雷达网的衔接与拓展。

横琴脑背山站点海拔高度为 491 m,斗门黄杨山站点海拔高度为 590 m,高栏港马鞍山站点海拔高度为 390 m,这三个站基本处于该区域的最高位,净空条件极好,雷达无波束遮挡问题,能够最大限度地发挥雷达的探测能力。山上有电力和上山道路,施工条件较好。

淇澳岛站点的净空环境相对较差,海拔高度为 225 m,遮挡主要来自唐家的凤凰山、南山和拱北区黑白面将军山,半波束遮挡角度总共为 14°。但由于周边备选站点凤凰山无道路、无电和光纤,施工难度极高,综合考虑淇澳岛站点可兼顾对将江口航道的气象服务的优势、施工

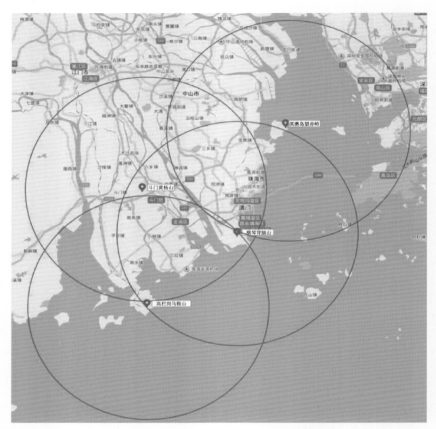

图 2.22　珠海市相控阵雷达构成的天气观测系统探测覆盖区域图和气象局网络化
双偏振 X 波段有源相控阵天气雷达系统 4 台雷达现场图

条件以及组网后部分遮挡不影响整体探测效果,最终选择建站于该岛。

2.2.4　中山市相控阵雷达站点

中山市位于广东省珠江三角洲地区,北依南岭,南临南中国海,属亚热带气候,盛行季风,全年气温较高,水分充沛。每年春夏之交,中山市处在冬、夏季风转换期,受锋面和西风扰动系统影响;夏秋之间,又是从热带气旋、东风波等低纬天气系统影响转为受冬季风控制的时期。中山市对强对流天气特别是致灾性强的天气,需要高时空分辨率的雷达。中山市 X 波段双偏振相控阵天气雷达站候选站址共 4 处,分别是中山市金钟山市气象局、中山市黄圃镇海蚀公园风景区、中山市五桂山大尖山森林公园和中山市坦洲街铁炉山。结合中山市地理特征和影响中山市的天气系统的特点,经过现场勘察和分析论证,确定黄圃镇海蚀公园风景区和坦洲铁炉山两个建设点。

2.2.4.1 黄圃镇海蚀公园站

该雷达站点位于海蚀公园风景区内,海拔高度为 71 m(图 2.23),交通、通信、水电、电磁和地质等条件都满足建站需求。从图 2.24 可知,站点周边存在 D1、D2 和 D3 三座山主峰,海拔均高于海蚀公园站,其中 D1 距离站点 22 km,海拔高度 250 m;D2 距离站点 33 km,海拔高度 260 m;D3 距离站点 30 km,海拔高度 300 m。在站点主要观测方向上有效探测范围内,由于站址海拔较高,主要遮挡物为附近新增建设的高层建设物,其中在位于方位 237°、距离 1 km 的位置存在 1 个住宅小区,高度 100 m。从站点的等射束高度图和遮蔽角图可知(图 2.25),主要遮挡物附近的高层建筑物,由于高层建筑物主要为高度 100 m 以内的住宅小区,后期新增超 100 m 建设物的可能性较小,且体量较小,方位遮挡角很小。综合考虑经济性等因素,雷达塔海拔超过 100 m 即可,故该站的雷达塔高取 45 m。

图 2.23 黄圃镇海蚀公园站鸟瞰图

2.2.4.2 坦洲镇铁炉山站

该雷达站点位于中山市坦洲镇铁炉山森林公园山顶,海拔高度为 474 m,交通、通信、水电、电磁和地质等条件都满足建站需求。从图 2.26 可知,站点东北向 30 km 外存在五桂山主峰(海拔 500 m),高于坦洲铁炉山森林公园山顶。另外,铁炉山顶处有林业局建设的 20 m 的森林防火视频监控塔。从以上遮挡情况分析可知,海拔大于雷达塔架设处山头的山体距离较远,且相对超出高度小,山体阻挡影响较小。故雷达塔只需考虑周边的树木及林业局铁塔阻挡

图 2.24　黄圃镇海蚀公园站周边遮挡物示意图

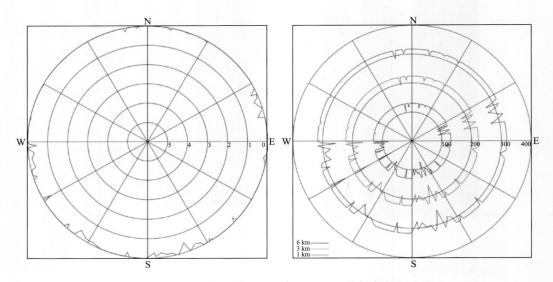

图 2.25　黄圃镇海蚀公园站遮蔽角图(左)和等射束高度图(右)

即可。综合等射束高度图和遮蔽角图等各方条件考虑(图 2.27),站点雷达塔高取 10 m。

2.2.5　佛山市相控阵雷达站点

佛山市属于亚热带季风气候区,海洋和陆地天气系统均有明显影响,冬夏季风的交替是佛

图 2.26　坦洲镇铁炉山站鸟瞰图及遮挡物方位示图

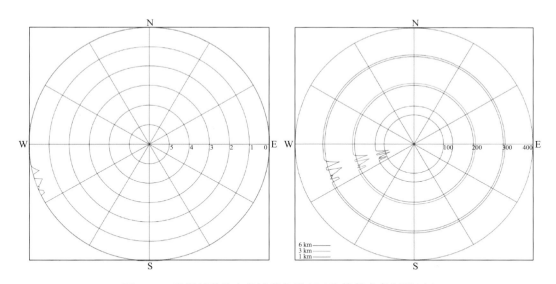

图 2.27　坦洲镇铁炉山站遮蔽角图(左)和等射束高度图(右)

山市季风气候突出的特征:冬半年多偏北风,夏半年多偏南风。冬季的偏北风因极地大陆气团向南伸展而形成的,干燥寒冷;夏季偏南风因热带海洋气团向北扩张所形成的,温暖潮湿。佛山市处于粤港澳大湾区的西部,地势平缓,有宽广的河道网和开阔的地形,非常有利于强对流天气的形成和加强。进入新世纪以来佛山市已经发生多起龙卷和下击暴流灾害,其中 2006 年 8 月 4 日受台风"派比安"外围环流影响,金本镇进港大道、白坭解放沙二村、白坭工业大道发生龙卷灾害,造成 3 死 37 伤,直接经济损失约 1.3 亿元;2014 年 9 月 16 日,白坭镇下灶村发生龙卷,路径长约 2.5 km,宽约 200 m,经济损失接近 3000 万元;2018 年 9 月 17 日受台风"山竹"影响,白坭、金本一带出现龙卷,持续时间 23 分钟,路径约为 18 km。

佛山市气象局共建设了 10 台相控阵雷达,其中单偏振雷达 4 台、双偏振雷达 6 台,重点针对龙卷高发区域(三水、南海、顺德)的立体扫描需求进行组网,雷达网见图 2.28。

图 2.28 佛山市相控阵雷达组网示意图

2.2.5.1 顺德区均安镇南沙村站

该雷达站点于佛山市顺德区均安镇南沙村花园路,地处沙洲岛上,海拔高度 4 m,四周无高大建筑、无高海拔山林(图 2.29,图 2.30)。佛山市内无明显遮挡,仅 0.5°仰角有轻微遮挡。综合净空环境和实地勘察条件,需新建 35 m 雷达塔即可。

图 2.29 均安镇南沙村站鸟瞰图

正北方向	东北方向
东南方向	西南方向
西北方向	正西方向

图 2.30　均安镇南沙村点八方位图

2.2.5.2　顺德区北滘镇三桂村站

该雷达站点位于佛山市顺德区北滘镇三桂村大坑山（三桂山），海拔高度 31 m，属于山丘地形（图 2.31）。顺德区是佛山市高楼较多的一个区域，且 30～32 层高楼较为普遍，所以站点位置设在高海拔的山林高地较有利于减少建筑物的遮挡（图 2.32 和图 2.33）。从净空条件来分

图 2.31　北滘镇三桂村站鸟瞰图

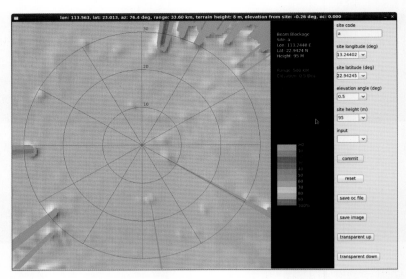

图 2.32　北滘镇三桂村站在 0.5°仰角遮挡情况

图 2.33　北滘镇三桂村站八方位图

析,站点主要遮挡为正东方向 2 km 处广州市番禺区的大夫山,最高海拔 226 m。但由于遮挡的区域不属于佛山范围内,不是雷达重点扫描方向。0.5°仰角时,东北方白云山遮挡较为严重,西南方向有大金山和顺峰山有轻微遮挡。当仰角抬高为 1°时四周无遮挡。其他方向无明显遮挡情况。综合考虑净空条件及经济性,雷达塔高度为 35 m。

2.2.5.3 三水区西南街金本潮湾村站

该雷达站点位于佛山市三水区西南街金本潮湾村,海拔高度为 19 m,属于山林地带(图2.34)。净空条件分析表明(图 2.35 和图 2.36),站点附近无高山高楼,在佛山方向无明显遮挡,该点在肇庆内牛眠山、金古顶、飞凤山存在遮挡,但佛山境内无遮挡。综合该站点净空环境以及经济性考虑,新建 40 m 的雷达塔。

图 2.34 西南街金本潮湾村站鸟瞰图

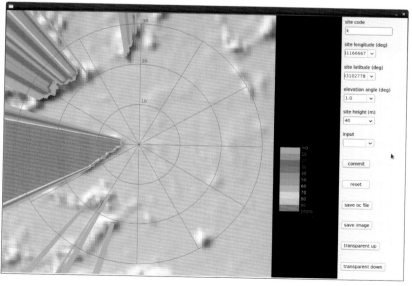

图 2.35 西南街金本潮湾村站 0.5°仰角遮挡情况

正北方向	东北方向
正东方向	东南方向
正南方向	西南方向
正西方向	西北方向

图 2.36　西南街金本潮湾村站八方位图

2.2.5.4　三水区芦苞镇独树岗村站

该雷达站点位于三水区芦苞镇独树岗村荔园,海拔高度为 5 m,附近多为村庄农田(图 2.37)。该站点在佛山方向无明显遮挡,只在芦苞镇有小区轻微遮挡,但该方向不是佛山市区重点覆盖方向。站点在肇庆、广州境内存在大面积遮挡(图 2.38 和图 2.39),肇庆的回歧山、南山、大坑山,广州的中洞山、大罗围、象岗山海拔均较高,但是被遮挡区域均不在佛山境内。综合该站点净空环境以及经济性考虑,新建 35 m 的雷达塔。

2.2.5.5　南海区狮山镇平顶岗站

该雷达站点位于南海区狮山阵平顶岗景区尖峰岭(图 2.40),是隶属南国桃园平顶岗景区,海拔高度 90 m。图 2.41 净空环境分析表明,站点四周无明显遮挡,在广州境内有高山存

图 2.37 芦苞镇独树岗村站鸟瞰图

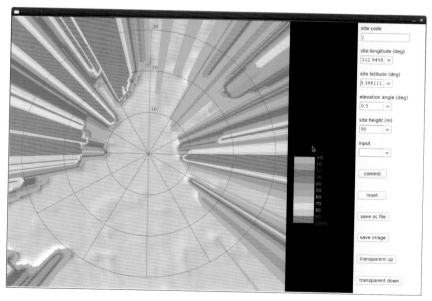

图 2.38 芦苞镇独树岗村站 0.5°仰角遮挡情况

在一定遮挡,0.5°仰角时广州境内中的洞山、白云山会存在一定遮挡,1°仰角时无遮挡。综合该站点净空环境以及经济性考虑,新建 25 m 的雷达塔。

2.2.5.6 禅城区南庄镇梧村站

该雷达站点位于佛山市禅城区梧村东围工业区(旭辉实业有限公司)旁草地,所处位置为

正北方向　　　　　　　　　东北方向

正东方向　　　　　　　　　东南方向

正南方向　　　　　　　　　西南方向

正西方向　　　　　　　　　西北方向

图 2.39　芦苞镇独树岗村站八方位图

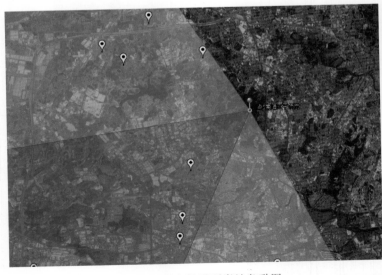

图 2.40　狮山镇平顶岗站鸟瞰图

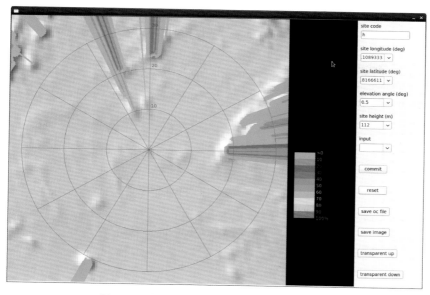

图 2.41　狮山镇平顶岗站 0.5°仰角遮挡情况

工业园区,海拔 1.6 m(图 2.42)。净空环境分析表明,站点西南方向的西樵山为主要遮挡物,分别在 0.5°仰角和 1°仰角都存在较为严重的遮挡,该站点的四方位图如图 2.43。综合该站点净空环境以及经济性考虑,新建 40 m 的雷达塔。

图 2.42　禅城区南庄镇梧村站鸟瞰图

2.2.5.7　中山市黄圃镇沙尾围站

该雷达站点位于中山市黄圃镇沙尾围,海拔高度 0 m,附近多为农田,遮挡较少(图 2.44)。对净空环境进行分析与对比(图 2.45 和图 2.46),当雷达部署海拔为 35 m,雷达最低波束抬高 0.5°时,距离站点 4 km 的乌珠山(海拔 90 m)存在一定遮挡,遮挡仰角 0.8°;距离站点

图 2.43 禅城区南庄镇梧村站四方位图

图 2.44 黄圃镇沙尾围站鸟瞰图

6.5 km 的广州十八罗汉森林公园(最高海拔 93 m)存在一定遮挡,遮挡仰角 0.5°。当雷达最低波束抬高 1°时,各方向遮挡情况少。综合该站点净空环境以及经济性考虑,新建 35 m 的雷达塔。

2.2.5.8 高明区明城镇潭朗村站

该雷达站点位于高明区明城镇东北方向上,海拔高度 65 m,与高明中心城区直线距离约 16 km(图 2.47)。站点所在位置地势较周边高,视野较为开阔,临近周边主要遮挡物是树木、通信塔和远处群山(见图 2.48)。其中,站点在西北、正西方向有树木阻挡,相对高差 15 m,在东南偏东方向上,直线距离 60 m 处的通信塔,相对高差为 43 m。在正北、正南方向有远处群

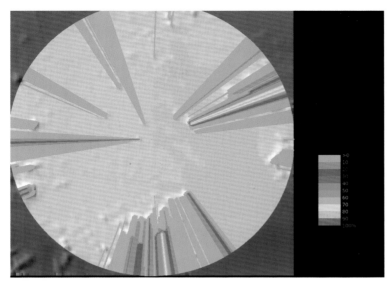

图 2.45 黄圃镇沙尾围站 0.5°仰角遮挡情况

图 2.46 黄圃镇沙尾围站八方位图

图 2.47　明城镇潭朗村站鸟瞰图

| 正北方向 | 东北方向 | 正东方向 | 东南方向 |

| 正南方向 | 西南方向 | 正西方向 | 西北方向 |

图 2.48　明城镇潭朗村站八方位图

山,存在一定的阻挡。若雷达塔高为 45 m 的情况下,仅有西北、东北方向上的群山会对雷达探测产生一定的遮挡影响。其中西北 350° 方向的山体遮蔽角在 3.5° 左右,东北 10° 山体遮蔽角在 2.5° 左右,其余方向都在 2° 以下,对雷达探测基本无遮蔽影响。由于西北、东北这两个方向均非主要观测方向,遮蔽对佛山市内的监测影响较小(图 2.49)。该站点的净空条件一般,综合考虑经济性,新建 45 m 的雷达塔。

2.2.5.9　高明区更合镇陀程村站

该雷达站点位于高明区西南方向的更合镇陀程村内,距离高明区中心城区直线距离约 36 km;海拔高度为 49 m(图 2.50)。站点所在位置地势较为平坦,视野比较开阔,临近周边主要遮挡物为树木、通信铁塔、远处群山等。从净空条件分析(图 2.51 和图 2.52),站点在东面、西面有树木遮挡,相对高差 9 m;在北面有通信塔遮挡,相对高差 30 m;在西南偏西方向、西北方向有群山,存在一定遮挡。若修建高度为 32 m 的雷达塔(雷达天线海拔高度达到 80 m 以上),则仅有西南偏西方向上的山体会对雷达产生一定的遮挡影响,山体遮蔽角在 2° 左右。其余方位遮挡角均在 1° 左右,对雷达探测波基本无遮蔽影响。站址整体净空条件优良,综合考虑经济性,新建 32 m 的雷达塔。

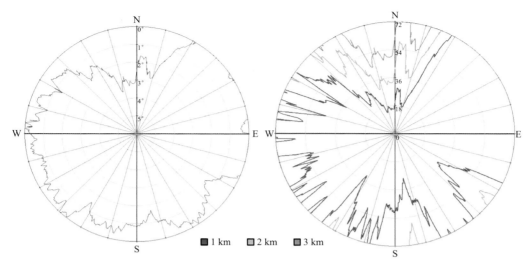

图 2.49　明城镇潭朗村站遮蔽角图(左)和等射束高度图(右)

图 2.50　更合镇陀程村站鸟瞰图

| 正北方向 | 东北方向 | 正东方向 | 东南方向 |
| 正南方向 | 西南方向 | 正西方向 | 西北方向 |

图 2.51　更合镇陀程村站八方位图

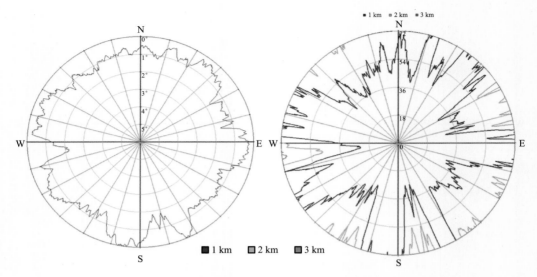

图 2.52　更合镇陀程村站遮蔽角图(左)和等射束高度图(右)

2.2.6　江门市相控阵雷达站点

江门市北依南岭,南临南中国海,属亚热带气候,盛行季风,全年气温较高,水分充沛。在这种天气气候背景下,江门市除了频繁出现的暴雨天气外,也经常出现中小尺度系统的强对流天气(如短时强降水、雷雨大风、冰雹和龙卷等)。江门市的强对流天气具有活动期长、类别多、频数高、局地性显著、过程明显、破坏力大等特征。冰雹和龙卷为典型的小尺度系统,具有尺度小、局地性强、生命史短和致灾性极强的特点。

江门市分3批次,共建设了5部相控阵雷达,分别为台山市下鸡罩山站、鹤山观测场站、开平气象观测场站、恩平气象观测场站和台山市北峰山站,后期将其中一部雷达进行迁移优化布局,优化后的雷达覆盖网如图2.53。

2.2.6.1　台山市下鸡罩山站

该雷达站点原位于江门市气象局内雷达综合楼楼顶,后考虑到江门市台山市西南部作为广东"雨窝"点、沿海地区台风、暴雨、干旱等气象灾害频发,为弥补江门相控阵雷达网对西南部沿海地区覆盖强度不够、覆盖空白的不足,故迁至台山市川岛镇山咀村下鸡罩山山顶。该站点位于台山市,处在台山主城区西南方向上,海拔 177 m,与台山中心城区直线距离约 45 km(图2.54)。净空条件分析表明,站点附近有一座通信塔,矗立在站点位置正西方向上,相对高约 45 m。由于站点位置与通信塔距离超过 100 m,通信塔的横截面积相对较小,对雷达所形成的遮挡方位角小,影响不大。站点所在点为邻近周边的海拔最高点,除通信塔外,主要遮挡物为周围矮小灌木。在雷达塔高为 9 m 的情况下,仅有正北和西北方向的山体会对雷达产生一定的遮挡影响,遮蔽角在 2°左右或以下,东面和南面面向大海,无遮挡山体,站点的整体净空条件较好(图2.55)。

2.2.6.2　鹤山气象观测场站

该雷达站点位于鹤山市气象局气象观测场,海拔高度 33 m,站点主要观测方向上,有以下三处遮挡,具体见图 2.56。其中,遮挡 A 为位置站点正北 0°方向,444 m 处有高层住宅楼四

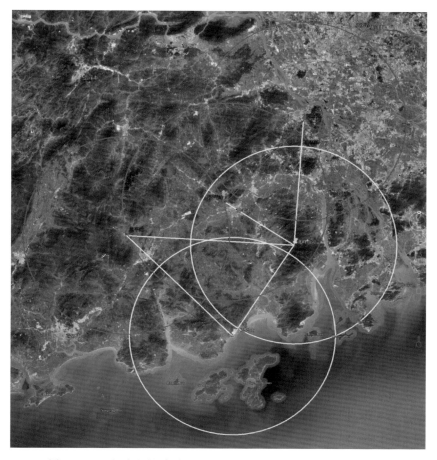

图 2.53　江门市相控阵雷达构成的天气观测系统探测覆盖区域图

图 2.54　下鸡罩山站点鸟瞰图

栋,最高层高为 26 层,相对高 57 m。遮挡 B 为站点东南 116°,相距 51 m 处有相对 56 m 通信铁塔 1 座;遮挡 C 为站点东北方向的大雁山,主峰海拔约为 307 m,山脉平均海拔 150 m,距离

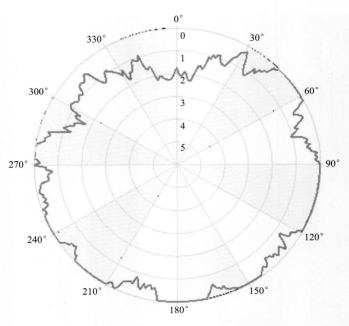

图 2.55　下鸡罩山站点站点遮蔽角图

图 2.56　鹤山气象观测场站点鸟瞰图及周边遮挡物

站点 5.5 km，最大俯仰遮挡角为 2.85°，方位遮挡角为 34°。在综合考虑雷达站建设技术经济性的基础上，以及八方位图（图 2.57）等射束高度图和遮蔽角图（图 2.58），最大限度减小观测盲区，最大限度避免遮挡物对雷达观测的影响，雷达铁塔架设高度为 45 m。

正南方向　　　　　　　　　　　　西南方向

西北方向　　　　　　　　　　　　正西方向

正南方向　　　　　　　　　　　　西南方向

西北方向　　　　　　　　　　　　正西方向

图 2.57　鹤山气象观测场站八方位图

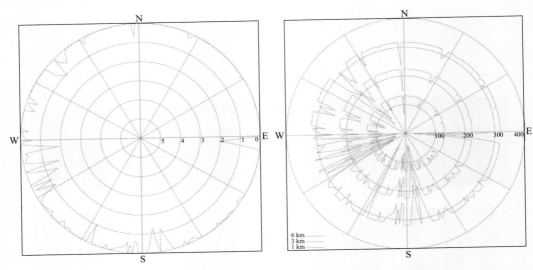

图 2.58 鹤山气象观测场站点遮蔽角图(左)和等射束高度图(右)

2.2.6.3 开平气象观测场站

　　该雷达站点位于开平市气象观测场,海拔高度 13 m,站点主要观测方向上,有以下四处遮挡,最严重的遮挡为站点方位约 50°方向有梁金山,海拔高度 406 m,水平距离 4.3 km,存在俯仰遮挡角 4.95°、方位 29°至 69°低仰角方位遮挡(见图 2.59)。另外,北侧 330°有海拔高度 218 m 的山体,水平距离 7 km,俯仰遮挡角 1.43°;西侧 270°至 280°有海拔高度 152 m 的山体,水平距离 8 km,俯仰遮挡角 0.78°;西北 316°方位,相距 150 m 处有一座相对高 49 m 的通信塔。站点的遮挡物梁金山由于距离较近,高差大,无法通过提高雷达塔高度来改善净空条件。西北向的通信塔,为高耸构筑物,俯仰遮挡角较大,但体量较小,方位遮挡角很小,可以忽略。在综合考虑雷达站建设技术经济性的基础上,以及八方位图(图 2.60)等射束高度图和遮蔽角图(图 2.61),最大限度减小观测盲区,最大限度避免遮挡物对雷达观测的影响,雷达铁塔架设高度为 30 m。

图 2.59 开平气象观测场站点鸟瞰图及遮挡物(梁金山)

图 2.60　开平气象观测场站八方位图

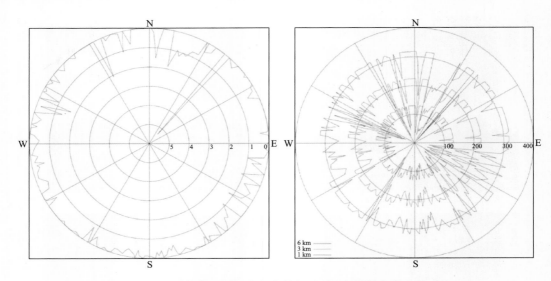

图 2.61　开平气象观测场站点遮蔽角图(左)和等射束高度图(右)

2.2.6.4　恩平气象观测场站

　　该雷达站点位于恩平市气象观测场,海拔高度 52 m,地形上看基本上处在一个凹地,遮挡主要来自周边的高山,尤其是东南到西北方向的群山。站点 165°至 225°方向有高山,海拔约 300 m,距离站位置 5.3 km,俯仰遮挡角约 2.45°;站点 324°方向有约 45 m 高的屋顶通信塔(图 2.62),高差约 24 m,距离站位置 56 m,俯仰遮挡角约 23°。从遮挡情况分析可知,该建站遮挡物主要是方位 165°至 225°的群山和西北向的通信塔。由于建塔用地面积有限,这两类遮挡都无法通过建高塔而得到改善。在综合考虑雷达站建设技术经济性的基础上,以及八方位

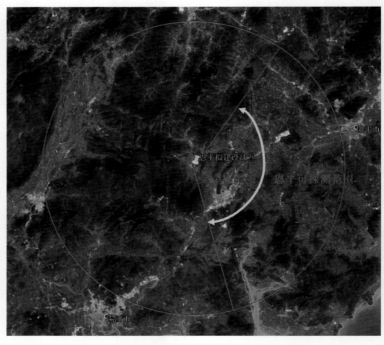

图 2.62　恩平气象观测场站点鸟瞰图及周边遮挡物

图(图 2.63)等射束高度图和遮蔽角图(图 2.64),雷达塔高只需使雷达波束不被观测场邻近避雷针遮挡即可,故雷达塔高度为 25 m。

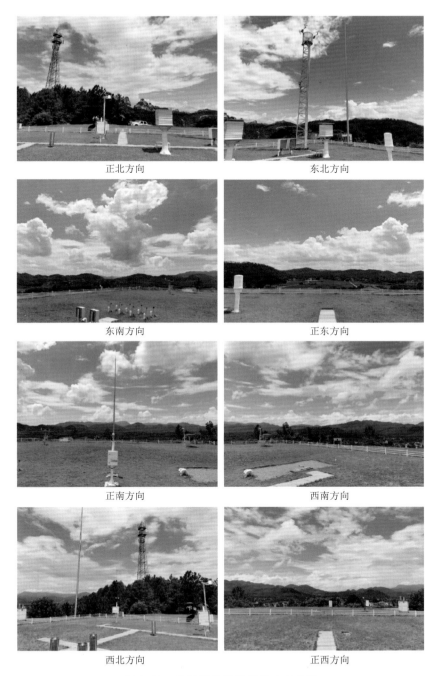

正北方向　　　　　　　　　　东北方向

东南方向　　　　　　　　　　正东方向

正南方向　　　　　　　　　　西南方向

西北方向　　　　　　　　　　正西方向

图 2.63　恩平气象观测场站八方位图

2.2.6.5　台山市北峰山站点

该雷达站点台山市北峰山顶,海拔高度 910 m,由于站点海拔高,无山脉遮挡(图 2.65)。主要遮挡物为邻近的广播电视塔和机房建筑物,其中位于方位 119°、距离 143 m 的小广播电

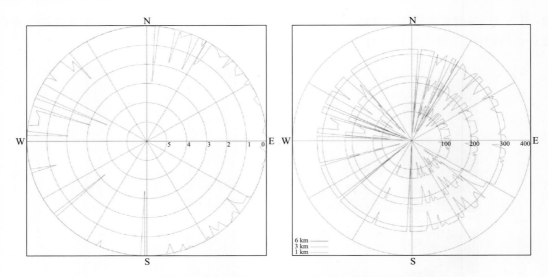

图 2.64 恩平气象观测场站点遮蔽角图（左）和等射束高度图（右）

视塔，塔体宽度 2.8 m，相对高 43 m，方位遮挡角 1.12°，俯仰遮挡角 16.7°；位于方位 261°、距离 107 m 的大广播电视塔，塔体宽度 3.2 m，相对高 78 m，方位遮挡角 1.7°，俯仰遮挡角 36.1°；位于方位 259°、距离 78 m 的机房建筑物，相对高 24 m。从遮挡情况分析可知，主要遮挡物为 2 座广播电视塔，由于两塔为高耸构筑物，塔高且俯仰遮挡角较大，但体量较小，方位遮挡角很小。在综合考虑雷达站建设技术经济性的基础上，以及八方位图（图 2.66）等射束高度图和遮蔽角图（图 2.67），雷达塔高只需使雷达波束不被机房建筑物遮挡即可，故雷达塔高度为 25 m。

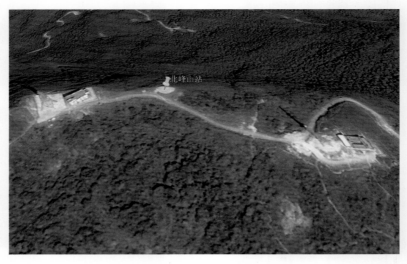

图 2.65 北峰山顶站点鸟瞰图挡物

2.2.7 东莞市相控阵雷达站点

东莞市属亚热带季风气候，地处低纬，雨量充沛，灾害性天气主要有台风、暴雨、强雷雨大风等具有代表性的强天气过程。除了频繁出现的暴雨天气外，东莞市也经常出现中小尺度系

图 2.66　北峰山顶气象观测场站八方位图

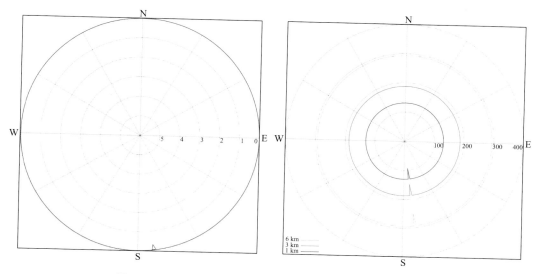

图 2.67　北峰山顶站点遮蔽角图(左)和等射束高度图(右)

统的强对流天气（如短时强降水、雷雨大风、冰雹和龙卷等），强对流天气呈现活动期长、类别多、频数高、局地性显著、过程明显、破坏力大的特征。2016 年 4 月 13 日，强飑线自西向东袭击广东省，东莞市出现强雷电、最强 11 级的瞬时大风、短时强降水等强对流天气，多处出现大树被连根拔起或拦腰折断，造成全市 5 万户居民停电，泥洲轮渡停航，强飑线天气过程还导致东莞市麻涌镇龙门吊发生移动倒塌事故，造成严重人员伤亡。

综合考虑 X 波段相控阵天气雷达有效探测距离、东莞市地理和气候特点、协同式精细化天气观测系统主要探测覆盖区域、相控阵雷达组网布设拓扑结构要求等因素，东莞市气象局共有 7 个相控阵雷达站候选站点，分别是清溪森林公园银瓶山站点（简称"清溪站"）、松山湖大岭山森林公园站点（简称"松山湖站"）、石排大堤农田侧站点（简称"石排站"）、麻涌镇站点（简称"麻涌站"）、麻涌镇四季果园站点（简称"四季果园站"）、麻涌镇湿地公园站点（简称"湿地公园站"）和石排镇赤坎村站点（简称"赤坎村站"），最后确定组网的站点为：松山湖站、石排站和麻涌站，如图 2.68。组网后探测覆盖区域面积 1.16 万 km²，3 个站点雷达组网能够覆盖东莞市行政区绝大部分区域近地层空域。从粤港澳大湾区相控阵天气雷达总体布局看，此相控阵天气雷达网西部可与广州相控阵天气雷达网实现无缝衔接。但也存在不足之处，麻涌站雷达塔修建高度取 36 m 高时，54°至 85°方位存在第一层探测波束被全波束遮挡；雷达网覆盖区域偏东莞西部，东部与深圳雷达网，东北部与惠州雷达网的衔接上略有欠缺。

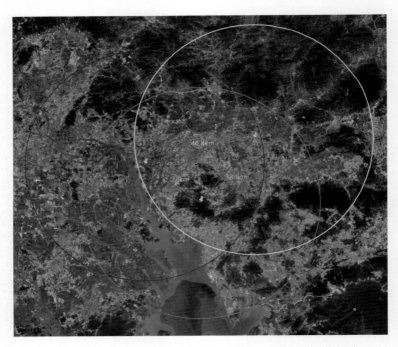

图 2.68　东莞市相控阵雷达构成的天气观测系统探测覆盖区域图

2.2.7.1　松山湖大岭山森林公园站

松山湖处于东莞市行政区的中心附近，雷达站点位于松山湖的大岭山茶山顶，大岭山茶山顶是大岭山森林公园海拔最高点（如图 2.69）。在雷达有效探测范围内，唯一遮挡物是直线距离 87 m、相对高 11.7 m 的亭子。综合考虑净空环境（如图 2.70）及经济条件，修建高度为 30 m 的铁塔，即可消除遮挡物的影响，达到良好的探测净空条件。

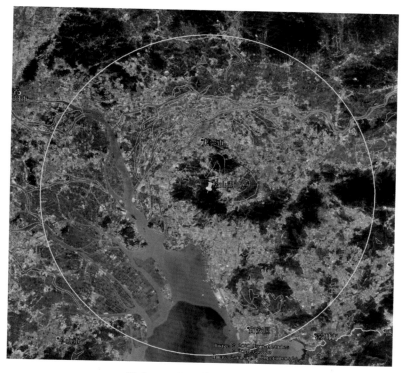

图 2.69　松山湖站点鸟瞰图

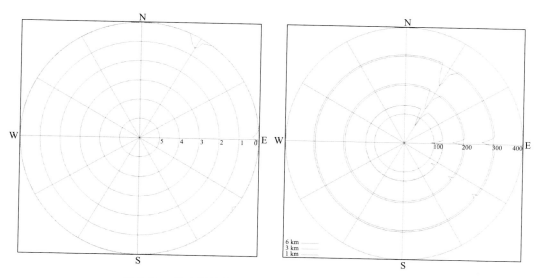

图 2.70　松山湖站点遮蔽角图(左)和等射束高度图(右)

2.2.7.2　石排站

该雷达站点位于石排大堤农田侧近东江大道路边,海拔 2 m,地势较低,且邻近周边有高层建筑物、通信塔、高压输电铁塔等人造遮挡地物(图 2.71)。综合考虑净空环境(图 2.72)、经济性以及今后城镇建设发展对探测环境可能带来的不利影响,修建 45 m 高的雷达塔,可避免周边地物对雷达低仰角探测波束造成比较严重(全波束)遮挡。

图 2.71　石排站点鸟瞰图

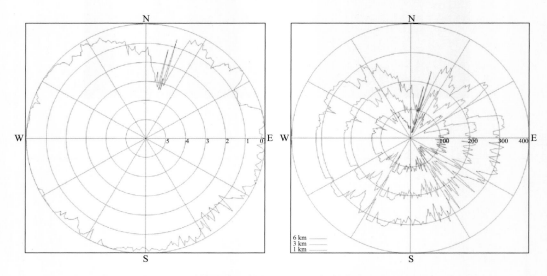

图 2.72　石排站点遮蔽角图（左）和等射束高度图（右）

2.2.7.3　麻涌站

该雷达站点位于麻涌镇新庄附近，海拔仅为 1 m，地势较低。该站主要遮挡物为东北向约 2 km 处高度约 100 m 的高层商住楼群，角度约为 31°（54°至 85°），且该方向为东莞市中心城区方向（图 2.73 和图 2.74）。如果要避免该高层商住楼群对雷达低仰角探测波束造成的遮挡，以最低仰角 0.9°估算，则雷达塔高要修建到近 67 m，修建如此高的铁塔，不仅建设费用高，且塔顶平台正常摇摆幅度大，难以满足为雷达提供稳定工作平台要求。综合考虑净空环境（图 2.75）、经济性以及今后城镇建设发展对探测环境可能带来的不利影响，牺牲这个方向的第一层探测波束，修建高为 36 m 的雷达塔。

2.2.8　惠州市相控阵雷达站点

惠州市属亚热带季风气候区，是台风、暴雨、强对流、雷电等灾害性天气频发重发地区，受地形影响惠州市跨广东省北部和东部两大暴雨中心，为广东全省唯一跨两大暴雨中心的地区，

图 2.73　麻涌站点鸟瞰图

图 2.74　麻涌站高层商住楼群对雷达低仰角探测波束遮挡区域示图

2013 年和 2018 年惠东高潭先后出现"8·16"和"8·30"超历史极端特大暴雨洪涝灾害,特别是 2018 年 8 月 27 日至 9 月 1 日惠州市出现超历史极端特大暴雨洪涝灾害,惠东县高潭镇录得 24 h 降雨量 1056.7 mm,破广东历史记录,也创中国大陆非台风降水 24 h 降雨量极值,全市先后有 6 座大中型水库超汛限水位,白盆珠水库开闸泄洪避险,西枝江、白花河等 3 条河流超警戒水位。

惠州市除了频繁出现的暴雨天气外,也经常出现中小尺度系统的强对流天气(如短时强降水、雷雨大风、冰雹和龙卷等),强对流天气具有活动期长、类别多、频数高、局地性显著、过程明显、破坏力大等特征。

惠州市综合考虑地形、预报预警监测的需求等因素,考察了 8 个候选站点,包括博罗气象观测站、惠东气象观测站、龙门气象观测站、大亚湾森林公园、惠阳气象观测站、惠东县观音山和惠东县铁涌镇百峰山,最后在博罗气象观测站、惠东气象观测站、龙门气象观测站和惠东县铁涌镇百峰山建设了 4 部相控阵雷达,组网后基本覆盖惠州全市区域,如图 2.76。

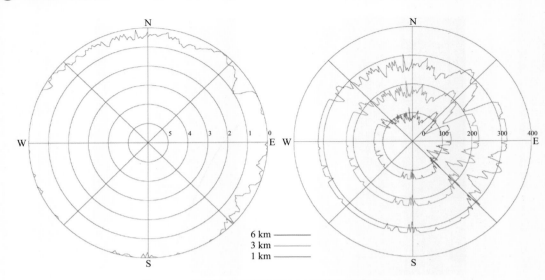

图 2.75　麻涌站点遮蔽角图（左）和等射束高度图（右）

图 2.76　惠州市相控阵雷达构成的天气观测系统探测覆盖区域图

2.2.8.1　博罗气象观测站

该雷达站点位于博罗气象观测站内,海拔约 52 m(图 2.77),站点的交通、通信、水电、电磁和地质等环境条件基本上能够满足建设需求。对八方位图、等射束高度图和遮蔽角图(图 2.78和图 2.79)进行分析,站点周边的输电铁塔为主要遮挡物,净空条件较好。为了减少输电铁塔的影响,经评估需建一座相对高为 30 m 的塔架,使得雷达安装平台高于旁边的输电铁塔。

图 2.77　博罗气象观测站鸟瞰图

正东方向　　　　　　　　　　　　　　　　正南方向

正西方向　　　　　　　　　　　　　　　　正北方向

图 2.78 博罗气象观测站八方位图

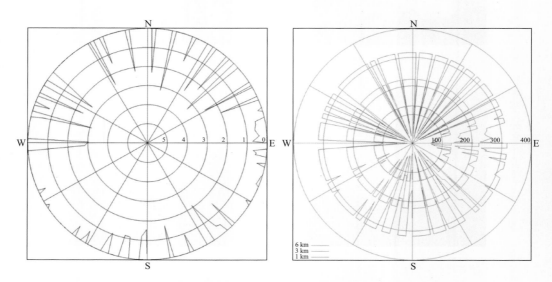

图 2.79 博罗气象观测站遮蔽角图(左)和等射束高度图(右)

2.2.8.2 惠东气象观测站

该雷达站点位于惠东气象观测站内,海拔约85 m,站点的交通、通信、水电、电磁和地质等环境条件基本上能够满足建设需求(图 2.80)。对八方位图、等射束高度图和遮蔽角图(图 2.81 和图 2.82)进行分析,西南方向的山峰为主要遮挡物,净空条件较好。为了减少输电铁塔的影响,经评估需建一座相对高为 25 m 的塔架。

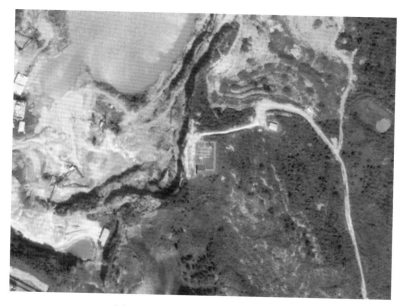

图 2.80　惠东气象观测站鸟瞰图

西北方向   东北方向

图 2.81   惠东气象观测站八方位图

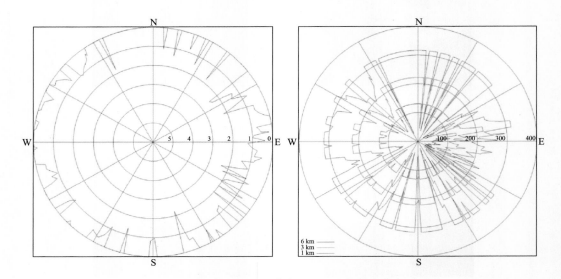

图 2.82   惠东气象观测站遮蔽角图(左)和等射束高度图(右)

2.2.8.3   龙门气象观测站

该雷达站点位于龙门气象观测站内,海拔约 86 m,站点的交通、通信、水电、电磁和地质等环境条件基本上能够满足建设需求(图 2.83)。对八方位图、等射束高度图和遮蔽角图(图 2.84 和图 2.85)进行分析,站点在东西两个方向有山峰遮挡,净空条件一般,为了减少山体遮挡的影响,经评估需建一座相对高为 25 m 的塔架。

2.2.8.4   铁涌镇百峰山站

该雷达站点位于惠州市东南部的铁涌镇百峰山上,海拔约 531 m,与惠州市中心直线距离约 55 km,雷达可探测覆盖惠东县人口密集的中心城区和大亚湾经济技术开发区。站点的交通、通信、水电、电磁和地质等环境条件基本上能够满足建设需求(图 2.86)。对八方位图、等射束高度图和遮蔽角图(图 2.87 和图 2.88)进行分析,西北主观测方向不远的地方,有一座山峰存在方位约 25°第一层半波束遮挡,最大俯仰遮蔽角约 5.3°。东南方向矗立着一座相对高约 41 m 广播电视塔,若要消除该电视塔对雷达主要探测方位的遮挡,需要修建高 42 m 的雷达铁塔。

图 2.83　龙门气象观测站鸟瞰图

正东方向

正南方向

正西方向

正北方向

东南方向

西南方向

西北方向　　　　　　　　　　　　　　　东北方向

图 2.84　龙门气象观测站八方位图

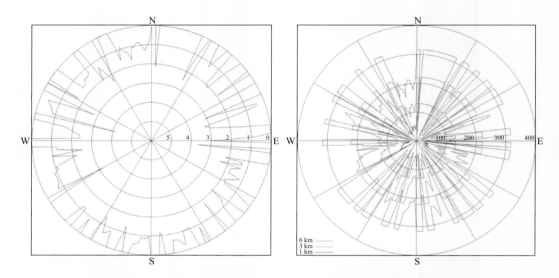

图 2.85　龙门气象观测站遮蔽角图(左)和等射束高度图(右)

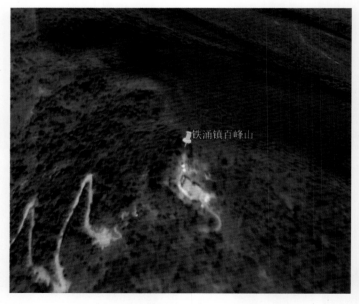

图 2.86　铁涌镇百峰山站鸟瞰图

正北方向　　　　　　　　　　　　东北方向

东南方向　　　　　　　　　　　　正东方向

正南方向　　　　　　　　　　　　西南方向

西北方向　　　　　　　　　　　　正西方向

图 2.87　铁涌镇百峰山站八方位图

2.2.9　肇庆市相控阵雷达站点

　　肇庆市位于广东省中西部、西江的中游,东部和东南部与佛山市接壤,西南部与云浮市相连,西部与广西梧州市和贺州市交界,北部及东北部与清远市相邻。肇庆市地势西北高,东部和南部较低,由西北向东南倾斜。以中低山丘陵为主,平原较少,形成山地、盆地、丘陵、冲积平原等形态相间分布的山区地貌,山地和丘陵主要分布在北部的怀集、东北部的广宁和西部的封

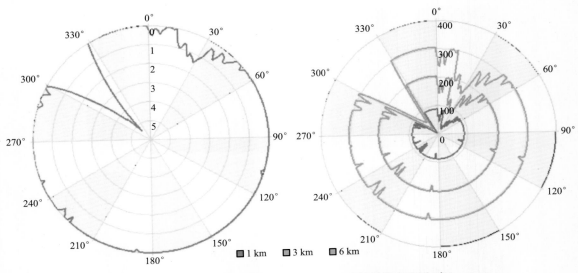

图 2.88　铁涌镇百峰山站遮蔽角图（左）和等射束高度图（右）

开与德庆等县。河谷平原分布在东南部的四会、高要、鼎湖、端州等市（区）。

　　肇庆市是广东省灾害性天气多发区，气象灾害种类多，致灾风险高，特别是强降水、雷雨大风等强对流天气频发，目前在高要区布设的新一代 S 波段双偏振多普勒天气雷达虽然能够监测区域性暴雨、雷雨大风等灾害性天气，但探测精细化程度不够，探测周期较长，无法有效、快速监测短时强降水、龙卷、冰雹等突发性强、生命史短的局地性中小尺度强对流天气系统，难以对强对流天气进行精密监测和及时预警。历年来产生重大人员伤亡以及重大社会经济损失的气象事件，无不与此类中小尺度天气系统密切相关。肇庆市综合考虑地形、预报预警监测的需求等因素，考察了 2 个相控阵雷达站点，如图 2.89。

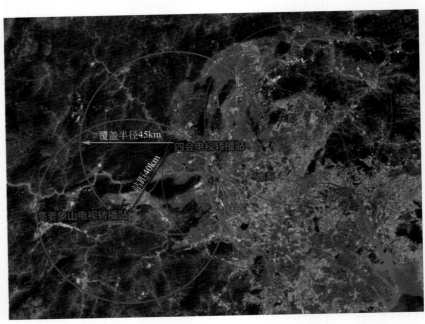

图 2.89　肇庆市相控阵雷达构成的天气观测系统探测覆盖区域图

2.2.9.1　高要区象山电视转播站

该雷达站点位于高要区象山电视转播站,海拔高度为 350 m。站点在肇庆市主城区西南方向上,与肇庆市城区直线距离约 5 km,与高要城区直线距离约 2 km(图 2.90)。从净空条件分析(图 2.91 和图 2.92),站点所在位置为该区域的次高点,除正北 7°方向 100 m 处的电视转播塔外,邻近周边山脉均不会对雷达产生实际遮挡,净空条件优良。若雷达塔高为 25 m,在各方位距离站点较远处的山体会对雷达产生遮挡影响,但影响较小,各方位上的遮蔽角均在 1.6°以下,综合考虑经济性、施工条件等因素,雷达塔建设高度为 25 m。

图 2.90　象山电视转播站鸟瞰图

正北方向　　　　　　　　　　　　　　东北方向

东南方向　　　　　　　　　　　　　　正东方向

正南方向　　　　　　　　　　　　　　西南方向

西北方向　　　　　　　　　　　　　　　　正西方向

图2.91　象山电视转播站八方位图

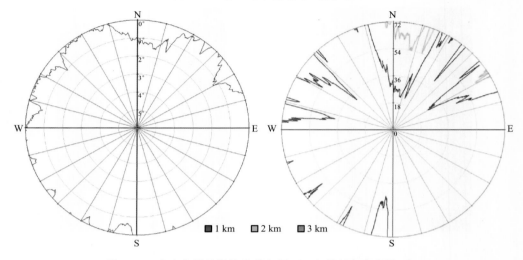

图2.92　象山电视转播站遮蔽角图(左)和等射束高度图(右)

2.2.9.2　四会市电视转播站

该雷达站点位于四会市电视转播站,海拔高度为607 m(图2.93)。站点在肇庆市主城区东北方向上,与肇庆市城区直线距离约34 km,在四会市主城区西南方向上,与四会市城区直线距离约9 km。从净空条件分析(图2.94和图2.95),站点所在位置为该区域的次高点,在西南245°方向1.3 km处山峰会产生遮挡,其山峰顶部相对站点高差为40 m。除此以外,临近周边山脉均不会对雷达产生实际遮挡,净空条件优良。综合考虑经济性、施工条件等因素,修建

图2.93　四会市电视转播站鸟瞰图

一座高度为 6 m 的雷达塔即可。

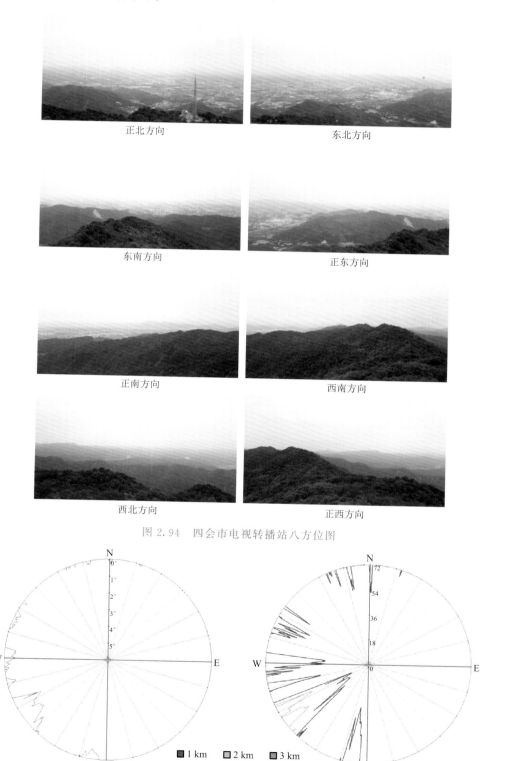

正北方向　　　　　　　　　　　　　东北方向

东南方向　　　　　　　　　　　　　正东方向

正南方向　　　　　　　　　　　　　西南方向

西北方向　　　　　　　　　　　　　正西方向

图 2.94　四会市电视转播站八方位图

■ 1 km　■ 2 km　■ 3 km

图 2.95　四会市电视转播站遮蔽角图（左）和等射束高度图（右）

2.3 雷达选址建设

天气雷达作为远距离探测设备,其对周围环境状况具有一定的要求,因此在雷达建设前期必须对雷达安装站点进行站址的勘选工作。

2.3.1 选址基本要求

(1)候选站址四周应无高大建筑物、山脉、高大树木等遮挡。由于 X 波段双偏振相控阵雷达的波束宽为 1.8°,为最大限度发挥相控阵天气雷达对中低空域小尺度强对流天气系统探测监视能力,雷达理想的探测仰角为 0.9°。这样,其波束底部扫描平面平行于水平面(忽略地球曲率)。因此,在雷达有效探测方位,最好不要出现高于雷达安装平台的地物遮挡。以 α 表示俯仰遮挡角,如果 $0° \leqslant \alpha \leqslant 0.9°$,则对第一层波束产生半波束遮挡,这对探测影响不大。如果 $0.9° \leqslant \alpha \leqslant 2.7°$,则第一层波束被全波束遮挡,而第二层波束底部仰角是 1.8°。

(2)候选站址不应存在与雷达工作频率相近的电磁波,以免对雷达工作及数据传输造成干扰;雷达的工作频率也不能对该地其他依法设立的无线电通信设备造成干扰,确保电磁环境相对稳定,且电磁辐射应符合环保的要求。

(3)候选站址应便于建立与气象台站的通信传输链路,以确保雷达探测信息和遥感信息的实时、可靠传输。

(4)候选站址尽可能选择通公路、电力和通信网引接较便利的地方。

(5)候选站址应综合考虑水文、地理、地质、雷击等安全因素。

(6)候选站址应考虑纳入当地的城镇建设规划,一旦初步选定站址,必须经当地规划部门的同意、认可,以便对探测环境依法进行保护。

2.3.2 选址基本原则

根据上述要求,结合该地的地理条件和实际情况,在雷达站选址中应充分考虑如下几点:

(1)雷达站选址,应符合国家有关气象雷达布局规划和粤港澳大湾区精准预警 X 波段相控阵天气雷达试验网布局要求。

(2)雷达站选址,应综合考虑雷达覆盖城市人口密集的中心城区、主要经济活动区、重点乡镇以及主要气象灾害的移动规律。

(3)雷达站选址,应考虑保持雷达站两两之间适合的间距,一般 35~45 km 为宜,既能保证足够的探测交叠覆盖,又能最大限度提高相控阵雷达有效探测覆盖面积。雷达站方位布局应考虑组网适合的拓扑结构,一般呈等边、等腰三角形、四边形或菱形为宜。

(4)雷达站选址,应考虑所选站点有良好的探测净空条件,在其有效探测范围内,尽量避免自然或人造地物对低仰角探测波束遮挡。

(5)雷达站选址,应考虑建设和维护的便利性,降低雷达站建设和运维成本。

(6)雷达站选址,应考虑所选站点地质的稳定性,避开易发生泥石流、塌方的地方。

(7)雷达站选址,应考虑避开人类生产、生活活动对雷达探测的干扰,如雷达站点 1.5 km 范围内不应有采石场、露天矿山、火力发电厂等烟尘排放点。

(8)雷达站选址,应考虑所选站点有适合雷达使用的频率资源。

2.3.3　选址工作步骤

（1）绘制其周边地区雷达探测范围内主要山体分布图。

（2）分析研究强对流灾害性天气发生及移动规律。

（3）定量化计算、分析、判断雷达站四周环境条件。

（4）对预选的候选点深入进行实地了解和勘察，并由专业的技术队伍进行土建和项目投资规模的分析。

（5）通过对投资规模和探测环境的综合比较分析，进一步确定候选站址并进行电磁环境等方面的勘查。

（6）对雷达预选址进行电磁环境测试。

2.3.4　候选站址净空条件定量化分析

利用相控阵天气雷达站环境参数计算及评估系统，准确计算出站点的阻挡空域、雷达探测有效空域和扫描盲区及其占比等参数，定量评价拟选站点优劣。

（1）遮蔽角和等射束高度图的制作

在极坐标系绘制阻挡图和在直角坐标系上绘制阻挡图。从图 2.96 可以看出，制作的阻挡角图既具有同圆极坐标形式，也具有对应的直角坐标形式，比传统只有极坐标形式更加形象直观，容易理解。

天气雷达探测能力不仅受雷达性能、各种衰减、电磁波折射和降水云性质等因素的影响，也往往会受到雷达站四周的高大建筑物、山体的阻挡，有的影响相当严重。为了具体、定量地分析掌握雷达站在各个方向的探测能力，需要制作表征探测能力的等射束高度图。

以 0.25° 方位间隔的各个方向上，应用测高公式可以分别求出各个方向上 1 km 高度的雷达可以达到的最大探测距离，采用极坐标的形式将探测距离依次标出，顺序连线形成等射束高度图，如图 2.97 所示。

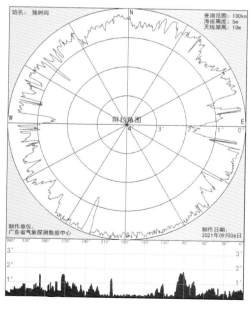

图 2.96　阻挡角图

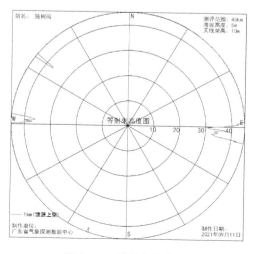

图 2.97　等射束高度图

（2）多站拼图的制作

多站点拼图实际上是将每个雷达站点的位置分别在所处的经纬度上绘制等射束高度图，单站使用不同颜色绘制，形成一幅多站拼图。必须注意的是，低纬度地区应该使用麦卡托投影坐标转换变成真实的地理坐标，以减少位置误差。等高度通常取 1 km、3 km 和 6 km。由于参与拼图的站点相距的距离可能不一样，有些相距很近，有些相距很远，相距太近绘出来拼图容易密集重叠不好看，如果相距太远又会超出屏幕范围。因此，在屏幕固定区域范围里绘制多个站点的拼图，为了尽可能地利用屏幕可显示范围，增强拼图的清晰度，可采用自动适应屏幕大小的技术。通过计算最左、最右、最上、最下的站点经纬度，计算出拼图的中心位置，确定向四边延伸或者缩小一定比例，进行归一化处理自适应屏幕大小。如图 2.98 所示为海拔高度 1 km、单站半径 45 km 的拼图。

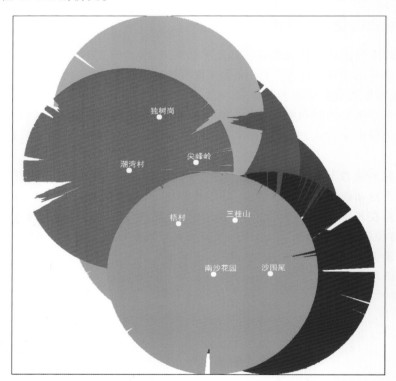

图 2.98　多站点（三桂山、梧村、尖峰岭、独树岗、潮湾村、沙围尾、南沙花园）示意图

（3）自动分析功能设计

统计和分析三个设定门限的阻挡面，即阻挡角 0.5°以上、1.0°以上和 1.5°以上连排阻挡情况，X 波段双偏振相控阵雷达 45 km 扫描半径范围内，1 km 高度探测净空投影面积、净空占总投影面积比例、投影阻挡面积比例、有效探测空域及其占比等。通过自动分析功能，给出对应的综合客观评价。

下面是某雷达站探测环境净空条件客观分析报告实例：

方位从 82.25°至 98°的区段，共有 32°范围，并且挡角高于 0.5°的连排（连续多于 10°方位角）山体阻挡。

本站四周高于 0.5°阻挡角一共有 515 个点（方位 0.25°间隔一个点），即是高于 0.5°的阻挡面占比 35.8%。

方位从 86.75°到 98°的区段,共有 23°范围,并且挡角高于 1.0°的连排(连续 7°方位角以上)山体阻挡。

　　本站四周高于 1.0°阻挡角一共有 118 个点(方位 0.25°间隔一个点),即高于 1.0°的阻挡面占比 8.2%。

　　本站四周有 1 个方向存在高于 1.0°阻挡的连排(连续多于 7°方位角)区域,反映探测环境条件不太理想。

　　方位从 89.5°到 97°的区段,共有 15°范围,并且挡角高于 1.5°的连排(连续 5°方位角以上)山体阻挡。

　　本站四周高于 1.5°阻挡角一共有 42 个点(方位 0.25°间隔一个点),即高于 1.5°的阻挡面占比 2.9%。

　　本站四周有 1 个方向存在高于 1.5°阻挡的连排(连续多于 5°方位角)区域,说明探测环境条件不理想。

　　本站 45 km 扫描半径、馈源上空 25 km 以下范围内,有效探测立体空域占总空域体积的百分比(雷达站 45 km 探测半径、馈源上空 25 km 以下范围内):80.64%。

　　本站 45 km 扫描半径、馈源上空 25 km 以下范围内,有效探测立体空域占默认扫描空域的百分比(雷达站 0°到 37°仰角、雷达馈源上空 0 km 到 25 km 高度范围内):98.85%。

　　本站 45 km 扫描半径、馈源上空 25 km 以下范围内,静椎区空域体积占总空域体积的百分比:18.05%。

　　本站 45 km 扫描半径、馈源上空 25 km 以下范围内,低空扫描盲区占总空域体积的百分比(天线馈源以下、仰角 0°以下):0.38%。

第 3 章

基本特点与系统架构

3.1 基本技术特点

3.1.1 相控阵技术基础

相控阵雷达(Phased Array Radar,PAR)即相位控制电子扫描阵列雷达,利用大量个别控制的小型天线单元排列成天线阵面,每个天线单元都由独立的移相开关控制,通过控制各天线单元发射的相位,在指定方向实现同相叠加合成波束。相控阵雷达早期主要应用于军事领域,随着技术的发展和成本的下降,近年来逐步应用于大气探测领域,各类相控阵天气雷达相继研发成功。其中双偏振相控阵天气雷达既具有相控阵雷达快速扫描的特点,又拥有双偏振雷达获取天气系统丰富探测信息的优势。不但可以识别降雨、冰雹、雪、霰等粒子相态以及融化层(如亮带)高度,还可以提高降水估计的准确性和地物杂波抑制能力,从而获得更准确的观测信息。

另外,相控阵天气雷达利用先进的相控阵技术实现快速的电子扫描功能,提升了体扫的时间分辨率,减少了天线快速转动时带来的波束形状发生变化以及指向不准确问题。相控阵体制中的数字波束形成技术具有扫描灵活等特点,可控制波束进行任意精确指向,完成对特定方位天气系统的集中重点扫描。

3.1.2 快速电子扫描

传统机械雷达,其扫描模式按照 PPI 模式,也即扫描完毕一个 PPI 仰角层后,抬升俯仰切换下一个仰角扫描,直到扫描最高仰角后,再经过一个复位时间回到最低仰角,如此循环往复。一维电子扫描的相控阵天气雷达则按照如图 3.1 右图方式,在垂直方向采用相控阵电子扫描方式,且在标准模式下完成连续无间隔 17 层仰角扫描只需约 0.25 s。因此,相控阵天气雷达的扫描方式为在仰角上先进行相控阵 RHI 扫描,然后切换到另一个方位角,再继续完成 17 层仰角扫描。这种扫描方式所带来的优势是显而易见的,在完成 360°体扫时,雷达的旋转速度不需要太快,既避免了机械雷达切换不同仰角时所带来的不同仰角数据污染,又可以获得在实时准确的 RHI 方向数据。

3.1.3 全固态相参收发 TR 组件

双偏振相控阵天气雷达采用全固态收发 TR 组件的设计,通过在空间进行多路能量合成而得到所需的发射功率以及在接收通道进行多路信号同相合成。相控阵天气雷达同时使用了

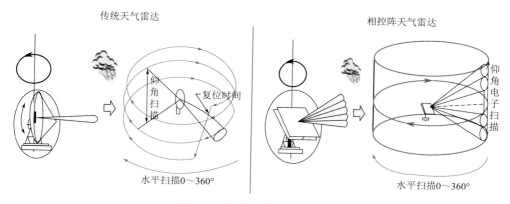

图 3.1　机械扫描与电子扫描

64 个全固态相参收发 TR 组件,在收发 TR 组件的损坏率不超过 10% 情况下,雷达还可以正常工作。相控阵天气雷达在信号发射时进行多路功率放大而无需使用大功率的发射器件,同时在接收时,低噪声放大器非常靠近天线输出端,并且进行多路低噪声放大,大大降低系统的噪声系数(Noise Figure),从而提高系统最小可接收信号以及动态范围的需求。

3.1.4　脉冲压缩技术

相控阵天气雷达为了获得远距离目标的高信噪比,采用在发射端发射大时宽、带宽信号的方式,以提高信号的速度测量精度和速度分辨力,而在接收端,将宽脉冲信号压缩为窄脉冲,以提高雷达对目标的距离分辨精度和距离分辨力,提高了信噪比。相控阵天气雷达在增大发射脉宽时,系统的距离分辨率也随之降低,因此,相控阵天气雷达对脉冲信号进行编码和匹配滤波器,获得很高的系统信噪比,距离旁瓣抑制可达 75 dB,以及 3 dB 距离分辨率小于 30 m。

3.1.5　结构紧凑可靠性高

目前业务布网的新一代天气雷达需将雷达中的信号处理、射频单元、机械控制单元放置在独立于雷达的机房。相控阵天气雷达采用一体化和模块化设计,将射频前端、数据处理、机械控制等集成一体,具有体积小、重量轻、无需大型基建、安装简便、易操作等特点。

如图 3.2 所示,相控阵天气雷达的收发系统直接与天线相连接,无需传统天气雷达天线到达收发模块的波导路径,降低系统噪声系数和发射功率损耗,从而极大地提高了雷达系统的灵

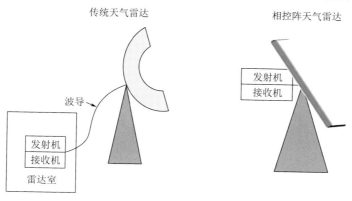

图 3.2　传统天气雷达与相控阵天气雷达的结构比较

敏度。相控阵天气雷达的一体化和模块化设计,使得安装和维护便捷、可露天或车载安装、全天候工作,无需专门的雷达室。雷达系统运行控制界面设置在远端的中央监控室,通过局域网和控制软件实现雷达远程操作监控和升级,实现无人值守,降低人力成本。

3.1.6　雷达主要参数(表 3.1)

表 3.1　雷达主要参数

天线部分	参数
天线尺寸	长≤1.3 m、宽≤0.7 m
天线增益	≥36 dB
天线旁瓣	≤−23 dB
波束宽度 H/V	≤3.6°/≤1.8°
极化方式	垂直/水平/双极化
系统部分	参数
雷达体制	一维电子相控扫描
峰值发射功率	≥256 W
工作频率	9.3～9.5 GHz
额定功耗	≤4 kW
冷却方式	风冷式
体扫范围	水平:0°～360°,垂直:0°～30°(17 层无间隔扫描)
体扫时间	精细≤110 s;快速≤28 s
水平角度分辨率	精细 0.9°;快速 3.6°
垂直角度分辨率	≤2.0°
最大距离分辨率	30 m
最大探测距离	60 km(@30 dBZ)
脉冲重复频率	1～4 kHz
脉冲宽度	20/40/60/100 μs
地杂波抑制比	≤50 dB
系统极限改善因子	≥55 dB
系统噪声系数	≤3.3 dB
系统动态范围	≥85 dB
扫描方式	VOL,RHI,PPI
测速范围(单 PRF)	±26 m/s
强度范围	10～70 dBZ
环境部分	参数
工作温度范围	−40～50 ℃
工作相对湿度范围	0%～98%
抗风能力	17 级风
工作环境	露天无固定球状天线罩
安装要求	无雷达机房
网络上传带宽	40 Mb/s
供电方式	AC 220 V±10%

3.2　协同观测系统

X 波段双偏振相控阵天气雷达组网协同观测系统是由多台双偏振相控阵天气雷达，利用协同观测技术，实现雷达组网协同观测的系统。协同观测系统可以让多台雷达几乎同时扫过同一个区域，实现重点区域的超精细化监测。

协同网络化不是多台雷达简单地拼接组合，其需要重点解决三个问题：第一能否做到雷达间准确有效的同步；第二能否产生有效的交叠区域；第三能否有足够高的时空分辨率，只有解决上述问题，网络化才是有效的。X 波段双偏振相控阵天气雷达组网协同观测系统能够同时满足上述三个必备要求，能够获得更加准确有效的三维风场信息。

3.2.1　协同观测系统时钟同步网络

一维相控阵天气雷达采用方位机械扫描和俯仰电子扫描的方式，俯仰方向的电子扫描是通过改变波束的指向来实现，波束指向的改变是通过控制各 TR 单元的移相器来实现的，只有当雷达上 TR 单元的移相器同时偏移设定好的移相器值，波束才能合成，这就要求 TR 单元的时钟是保持一致的；雷达方位扫描是通过机械运动来实现，单位时间方位的偏移量并不是任意值，而是与俯仰电子扫描存在一定的关系，因此需要方位运动控制系统与 TR 单元进行时钟同步控制。

时钟同步网络的包括协同式组网观测雷达之间的时钟同步、多个 TR 单元的时钟同步、TR 单元与方位运动控制单元的时钟同步等。协同式组网观测雷达之间的时间同步可以使用雷达上的 GPS 实现，通过 GPS 输出的 1PPS 脉冲信号和 GPS 时间实现不同站点雷达的时间同步。同步问题的重点是雷达内部单元的时钟同步。X 波段双偏振相控阵天气雷达通过利用 IEEE1588/SYNCE 时钟同步网络技术（图 3.3）与 FPGA、万兆以太网相结合，通过修正同步报文的延时、时钟振荡器的在线监测和修正等方式来实现不同雷达内部 TR 组件纳秒级的时钟同步。

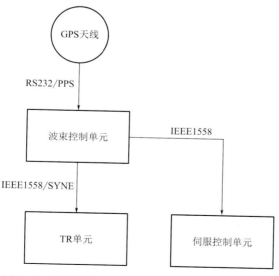

图 3.3　基于 IEEE1558 和 SYNNE 的时间同步框图

3.2.2　协同观测系统的组网策略

相控阵雷达协同观测系统具备以下优势：

(1)有效增加探测覆盖区域,实现更大范围的天气监测;

(2)进一步提高雷达重叠区域的数据密度和时间分辨率;

(3)在多台雷达重叠区域可实现真实三维风场反演;

(4)有利于回波强度的衰减订正,减少云雨对雷达信号衰减的影响;

(5)低空盲区和雷达静锥区互补,实现全空域无死角探测。

但是这些优势的实现,需要进行合理的组网策略设计,通过数学分析,X波段双偏振相控阵天气雷达实现了两种组网策略,见图3.4策略1、图3.5策略2。组网策略1的有效覆盖范围大,任意交叠区域都处于三台雷达的探测范围内;组网策略2可扩展性好,重叠区域大,冗余度高。两种策略各有优势,在实际应用中,可以根据站点的位置,进行组网策略的调整。

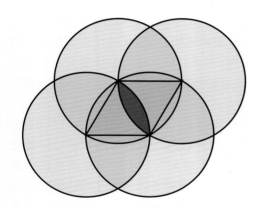

图3.4　组网策略1

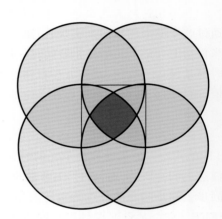

图3.5　组网策略2

X波段双偏振相控阵天气雷达组网协同观测系统的技术指标见表3.2所示:

表3.2　协同观测系统技术指标

项目	参数	指标
协同组网空间覆盖指标	观测覆盖范围(四台)	5万 m^2
	雷达组网间距	≤45 km
组网同步控制指标	组网雷达时间同步误差	≤0.2 s
	组网雷达方位角同步误差	≤2°
	组网雷达同步探测区域资料时间偏差	≤10 s
	组网雷达中央控制指令时间延时	≤0.01 s
协同观测数据处理指标	基本气象产品高度覆盖范围	$H\sim20$ km(H 代表雷达站点海拔高度,支持负仰角扫描)
	从数据采集到产品到达用户桌面时间滞后时间	≤10 s
	协同观测数据空间分辨率	30 m×30 m
	协同观测数据时间分辨率	60 s

3.3 雷达显示系统

双偏振相控阵天气雷达显示系统(Single Radar Display,SRD),是一款相控阵天气雷达配套的气象应用软件。SRD 通过向生成软件(SMPG)进行气象产品请求,或者导入标准产品文件的方式来获取实时或历史的气象产品数据,并以图像和文字的形式展示给用户。同时,提供一系列的操作,如地图切换、光标联动、任意垂直剖面等,以方便用户对气象数据进行分析。SRD 的主界面如图 3.6 所示。

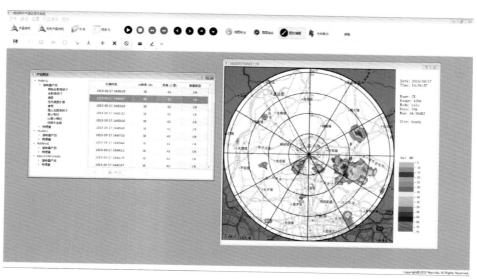

图 3.6 相控阵天气雷达显示系统(SRD)的主界面

此外,协同式精细化双偏振相控阵天气雷达显示系统(Network Radar Display,NRD)能对经过数据融合处理的多个雷达站点的气象数据进行显示(图 3.7),其界面和操作与 SRD 类似,本节仅针对 SRD 的主要功能展开介绍。

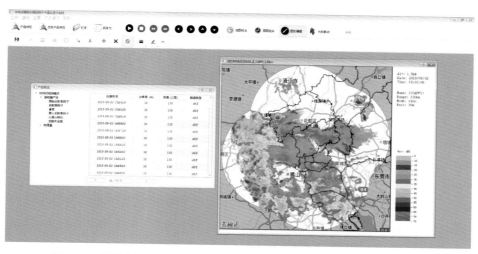

图 3.7 协同式精细化双偏振相控阵天气雷达显示系统(NRD)的主界面

3.3.1　产品请求

SRD 向生成软件 SMPG 进行产品请求,从而获得气象产品数据。请求方式有三种,分别为实时请求、历史请求和产品在线预览。

3.3.1.1　实时请求管理

实时请求用于获取实时的气象产品数据,默认情况下,SRD 会接收生成软件 SMPG 所生成的所有产品。用户可以进行设置,选择只接收指定站点、指定产品的气象数据。在 SRD 的主界面,点击菜单项【产品请求】→【实时请求管理】即弹出实时请求管理对话框,如图 3.8 所示。

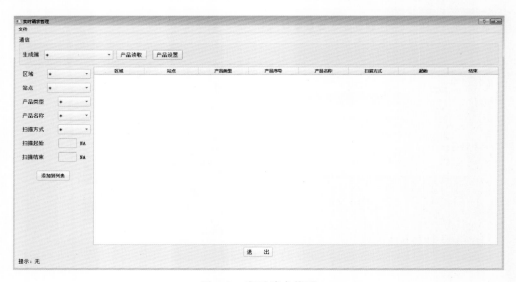

图 3.8　实时请求管理

生成端选择:SRD 支持向多个生成软件 SMPG 进行产品请求,此处可选择与哪个生成软件进行通信。"＊"表示与所有的生成软件进行通信,一般情况下为一对一通信,即 SRD 只向一个生成软件进行产品请求,故此处默认为"＊"即可。

产品读取:点击"产品读取"按钮,可从生成端获取当前实时请求的产品。对话框左下角会提示通信结果,若提示为"无 MPG 在线,请确认",则需要到 SRD 主界面的【通信】→【服务器状态】里确认生成软件的在线状态;若提示为"通信成功",但获取的产品列表为空,则表示还没有进行过产品设置。若没有设置具体的产品列表,默认情况下,SRD 会实时接收生成端生成的所有产品。

产品设置:点击"产品设置"按钮,可把当前配置的产品列表设置到生成端。同样,对话框左下角会提示通信结果,若提示为"通信成功",则表示设置成功。设置完成后,SRD 实时接收的气象产品为用户所指定的气象产品。

文件操作:在图 3.7 实时请求管理对话框的左上角有菜单栏【文件】,菜单项分别有加载、另存为和删除。另存为:可把当前配置的产品列表以文件的形式保存到本地;加载:把文件的内容加载到产品列表中,其中 default 文件为 SRD 自动生成,内容对应所有站点的所有产品信息;删除:可删除保存的本地文件。

在图 3.8 实时请求管理对话框的左边,有以下产品列表配置选项。

区域选择：为雷达站点所在的区域，若有多个生成端则会对应有多个区域，若选择为"＊"，则下面的雷达站点选择会显示出所有区域的雷达站点名。

站点选择：显示出所选区域下的雷达站点名，若选择为"＊"，则当前配置适用于当前区域下的所有雷达站点；若选择为具体的雷达站点，则当前配置只适用于所选的雷达站点，即不向其他雷达站点进行实时的产品请求。

产品类型：为气象产品的类型，Basic 表示基础量产品，Physical 表示物理量产品，若选择为"＊"，则会显示出所有产品的名称。

产品名称：显示出所选产品类型下的产品名称，若选择为"＊"，则当前配置适用于所有气象产品；若选择为具体的产品名称，则当前配置只适用于所选的气象产品，即不进行其他气象产品的实时请求。

扫描方式：显示出所选产品名称所具有的扫描方式，选项有"＊""PPI""RHI"和"CAPPI"。若选择为"＊"，则当前配置适用于所有扫描方式；若选择为具体的扫描方式，则不进行其他扫描方式下的实时产品请求。

扫描起始和扫描结束：若扫描方式为 PPI，则对应的是起始仰角和结束仰角；若扫描方式为RHI，则对应的是起始方位和结束方位；若扫描方式为 CAPPI，则对应的是起始高度和结束高度。

添加操作：点击"添加到列表"按钮，可把上述的配置信息以产品列表的形式追加到右方的列表中，添加操作可多次执行。如图 3.9 所示，产品列表配置为某一雷达站点的基础量产品。

删除操作：在实时请求管理对话框中的产品列表中点击右键，弹出右键菜单，选择菜单项【删除】可删除当前条目的信息，菜单项【全部删除】可把列表清空。

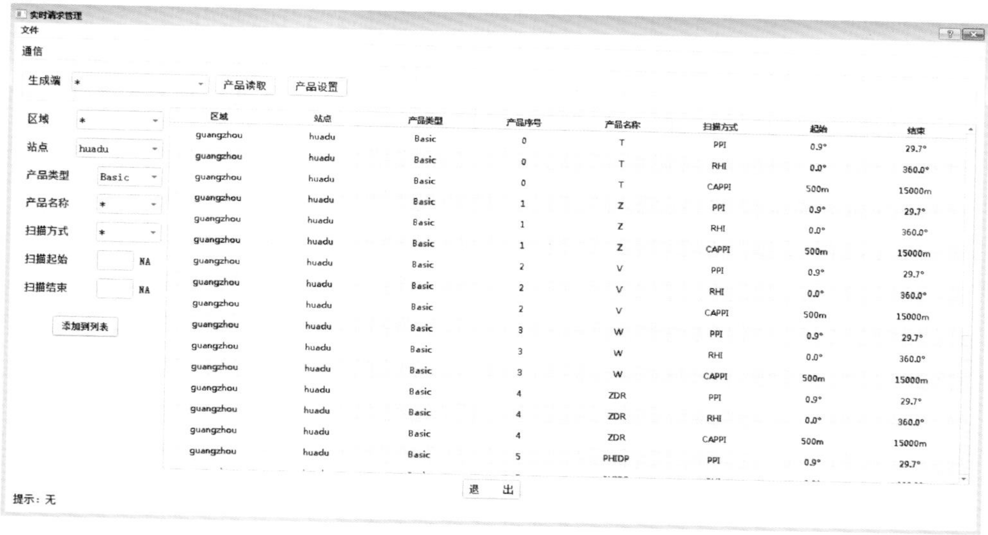

图 3.9 实时请求产品配置

3.3.1.2 历史请求管理

历史请求用于获取历史的气象产品数据。当用户需要对过去某一时间的气象数据进行分析时，可使用该功能进行历史的气象产品请求。在 SRD 主界面，点击菜单项【产品请求】→【历史请求管理】即弹出历史请求管理对话框，如图 3.10 所示。大部分操作与实时请求相似，在此不再赘述。与实时请求有区别的操作主要有以下几点。

图 3.10　历史请求管理

产品设置：点击"产品设置"按钮，可把当前配置的产品列表设置到生成端。若生成端已存在请求的历史产品，则会立即进行产品分发，对话框左下角会显示文件的传输信息；若生成端需要进行基数据反演，则会提示等待生成，并显示待生成的体扫数量；若生成端不存在所请求的文件，则会提示文件搜索失败。

停止请求：生成端在进行基数据反演时，SRD 需要等待产品文件的生成。若不想等待，可点击"停止请求"按钮，停止生成端的生成操作。

产品列表配置中与实时请求相比新增的选项有体扫频次、起始时间和结束时间。

体扫频次：表示每隔几个体扫来进行历史产品请求，当觉得请求的时间段内体扫数量过多时，可配置该参数。该参数默认为 1，表示时间段内的所有体扫产品都需要请求。

起始时间和结束时间：用于配置请求的历史产品的起始时间和结束时间，该编辑框为一日历控件，可直接在编辑框中输入时间，或点击编辑框旁边的按钮弹出日历来选择时间。

如图 3.11 所示，产品列表配置为 2019 年 9 月 17 日 14 时到 15 时，所有雷达站点扫描方式均为 PPI 的 Z 产品。

图 3.11　历史请求产品配置

3.3.1.3　产品在线预览

产品在线预览也是历史产品请求之一,不同的是,该请求为特定的产品请求,需要指定具体的雷达站点、具体的产品名称、具体的扫描方式和具体的时刻;另外,当成功请求产品后,SRD 会立即对其进行显示。在 SRD 的主界面,点击菜单项【产品请求】→【产品在线预览】即弹出产品在线预览对话框,如图 3.12 所示。在对话框左侧完成产品信息的配置以后,点击"请求"按钮即可触发请求操作,对话框左下角也会有通信信息的提示。

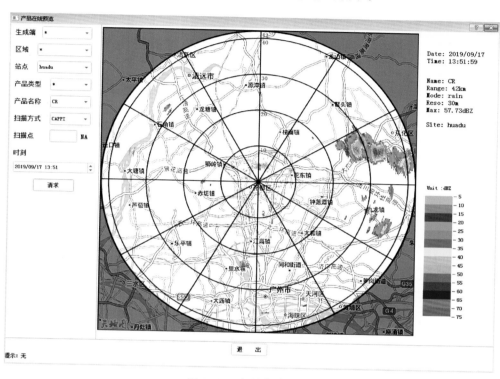

图 3.12　产品在线预览

3.3.2　产品显示及操作

3.3.2.1　实时产品的预览

产品预览窗口可通过在 SRD 的主界面点击菜单项【文件】→【产品预览】,或者点击工具栏的"产品预览"图标进行打开,如图 3.13 所示。SRD 接收的实时气象产品数据会在此窗口中列出。

树状列表位于对话框的左侧,点击展开后,依次为雷达站点名称、产品类型(分为基础量产品和物理量产品)和产品名称。在树状列表里选中指定的产品后,对话框右侧的产品列表会显示其对应的信息。

产品列表显示所选产品的信息,如扫描时间、分辨率、扫描距离和数据类型等。列"扫描时间"会按时间的顺序进行排序,最新时间的产品永远排在首位;当产品的条目数过多时,产品列表会以分页的形式展示,对话框底部的编辑框会显示产品列表当前的页数及总页数,导航按钮可用来执行页数的切换;条目置顶,当用户操作产品列表时,如拖动滚动条或跳页浏览不同的

产品预览					
PANYU **HUADU** 　基础量产品 　　原始反射率因子 　　反射率因子 　　速度 　　径向速度扩展 　　谱宽 　　差分反射率因子 　　差分相位 　　比差分相位 　　自相关系数 　物理量 **NANHAI** **MAOFENGSHAN**	PPI		RHI		CAPPI
	扫描时间	分辨率（米）	距离（公里）	数据类型	
	2019-09-17 15:14:55	30	42	dBZ	
	2019-09-17 15:13:22	30	42	dBZ	
	2019-09-17 15:11:50	30	42	dBZ	
	2019-09-17 15:10:18	30	42	dBZ	
	2019-09-17 15:08:46	30	42	dBZ	
	2019-09-17 15:07:14	30	42	dBZ	
	2019-09-17 15:05:42	30	42	dBZ	
	2019-09-17 15:04:10	30	42	dBZ	
	2019-09-17 15:02:38	30	42	dBZ	
	2019-09-17 15:01:05	30	42	dBZ	
	〈　　　 第1/共1页　　　 〉				

图 3.13　实时产品预览

体扫时间，列表会停留在选中条目的位置，若用户不再操作列表，3 min 后，列表显示会自动跳回到首页第一条目的位置。

扫描方式切换：当所选的产品有多种扫描方式时，如基础量产品有 PPI、RHI、CAPPI 三种扫描方式，在产品列表的上方会显示出对应的按钮，以进行扫描方式的切换。

产品显示：对产品列表里的条目进行双击操作，即可查看对应时刻的产品图像。对于只有一层图像的产品，双击条目后会立即调出产品显示窗口，该窗口会显示更详细的产品信息以及可用来对产品进行操作；对于有多层图像的产品，双击条目后会先显示出产品索引窗口，如 PPI 产品，窗口里会显示出所有仰角层的图像，如图 3.14 所示。用户可按住鼠标左键进行左右移动操作，或者使用键盘的左右导航键，来滚动窗口里的图像进行选择，接着对图像进行双击操作便会调出产品显示窗口。

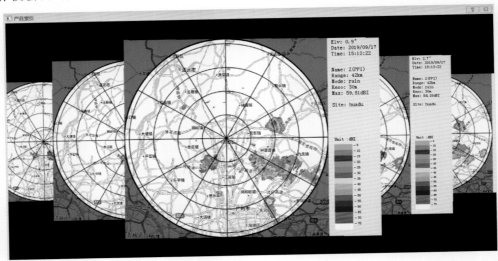

图 3.14　产品索引窗口

3.3.2.2　历史产品的预览

历史产品预览窗口可通过在 SRD 的主界面点击菜单项【文件】→【历史产品预览】,或者点击工具栏的"历史产品预览"图标进行打开,如图 3.15 所示。SRD 接收的历史气象产品数据以及导入的标准产品文件,都会在此窗口中列出。

历史产品预览窗口的操作与实时产品预览窗口的操作相似。对于有多层图像的产品,实时产品预览窗口会调出产品索引窗口,显示各层的图像来供用户选择;而历史产品预览窗口直接在产品列表中显示各层产品的信息来供用户选择。

图 3.15　历史产品预览

3.3.2.3　标准产品文件的导入

除了产品请求的方式,SRD 还可以通过导入标准产品文件的方式来进行气象产品的显示和操作。在 SRD 的主界面,点击菜单项【文件】→【打开…】,或者点击工具栏的"打开"图标,在打开的对话框中选择需要导入的标准产品文件,如图 3.16 所示,接着点击"打开"按钮即可完成导入。导入后,气象产品信息会显示在历史产品预览窗口中,如图 3.17 所示。

3.3.2.4　产品显示

SRD 以窗口的形式显示气象产品,如图 3.18 所示。窗口分为 4 个区域:图像区域、文本信息区域、色标信息区域和游标信息区域。图像区域为主区域,以图像的形式对气象产品数据进行显示,此外还会显示圆环和产品所属站点的地图背景;文本信息区域以文字的形式显示出该产品的信息和所属站点的信息;色标信息区块以图像的形式显示出当前产品所采用的颜色表信息;游标信息区域显示出鼠标在图像上的位置所对应信息,如方位角信息、距离信息、经纬度信息和气象数值。

3.3.3　产品窗口的操作

3.3.3.1　图像操作

图像放缩:通过滚动鼠标滚轮可进行产品图像的放大和缩小操作。图像的缩放共有 5 个级别,窗口初次显示为第 1 级别。逐级放大时,若地图背景为天地图,则会显示出更详细的地

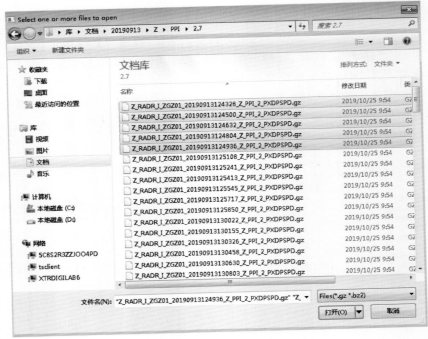

图 3.16　标准产品文件选择

图 3.17　标准产品文件加载成功

图信息,而产品图像会呈现出逐级透明的效果,以便查看产品图像下方的地图;当放大到最后一个级别时,此时产品图像和圆环会完全透明,只显示地图背景。同理,逐级缩小时,显示的效果为逐级放大效果的逆效果。此外,进行放缩操作时,会以当前光标的位置作为参考点,实现定点的放缩操作,如图 3.19 所示。

图像移动:产品图像放大后,图像的尺寸会比当前窗口的尺寸大,不能把图像完整地显示出来。此时可通过按住鼠标左键,拖动鼠标进行图像移动,以显示待分析的产品图像区域。当处于放缩级别的第 1 级别时,此时已完整地显示出产品图像,图像移动操作不可用,如图 3.20 所示。

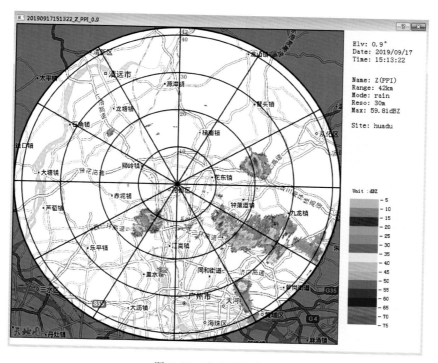

图 3.18　产品显示窗口

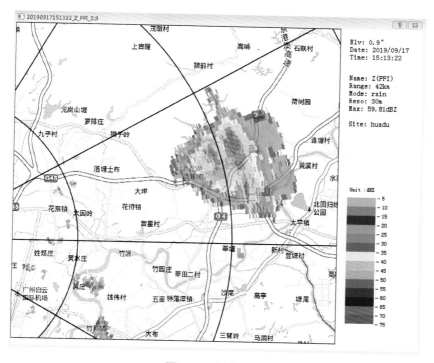

图 3.19　图像放缩

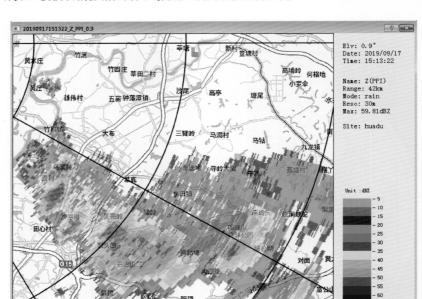

图 3.20 图像移动

3.3.3.2 右键菜单

在产品窗口的图像区域单击鼠标右键,会弹出右键菜单,不同的产品会对应有不同的菜单项,如图 3.21 所示。以下是对右键菜单各选项的详细说明。

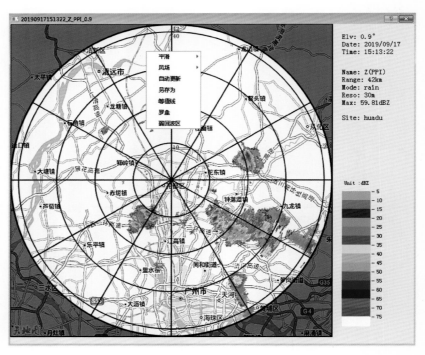

图 3.21 右键菜单

（1）平滑

对气象数据作平滑处理，可以使填色效果平缓渐变，如图 3.22 所示。左图为平滑处理前的效果，右图为平滑处理后的效果。

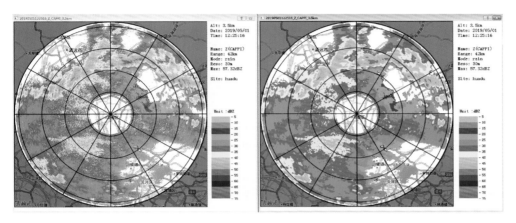

图 3.22　平滑处理

（2）自动更新

启用自动更新后会使当前窗口保持实时的气象产品显示，同时菜单项变更为"停止"，点击"停止"后即停止自动更新，停留在当前气象产品的显示。由于气象产品的体扫间隔较短，自动更新功能默认不启用，需要用户手动启用，以防止出现用户在分析气象产品数据时被新的气象产品覆盖的情况。

（3）另存为

可以把当前产品显示窗口以图像文件的形式保存。在 SRD 的主界面点击菜单项【文件】→【另存为…】或点击工具栏"另存为"图标也可实现该操作，如图 3.23 所示。

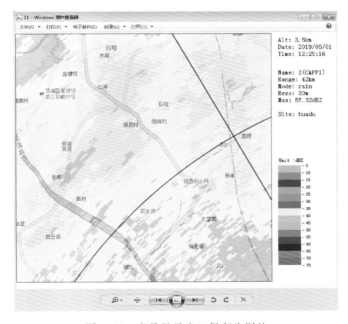

图 3.23　产品显示窗口保存为图片

（4）等值线

绘制出产品图像的等值线图，以一种连续分布且逐渐变化的数值特征对气象产品进行显示，如图 3.24 所示。

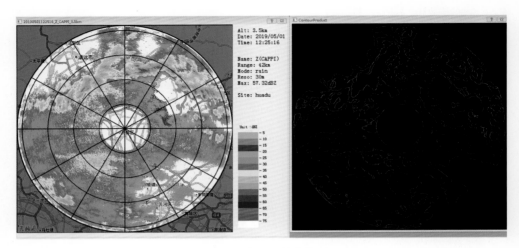

图 3.24　产品的等值线图

（5）风场叠加

对于 PPI 气象产品，可叠加对应仰角层的风场产品图像进行显示。有 2 种图形标识供选择，分别为风矢标识和箭头标识，如图 3.25 和图 3.26 所示。

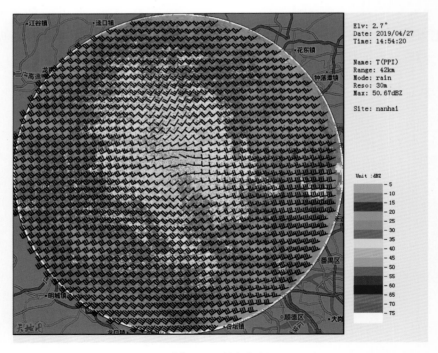

图 3.25　风矢标识

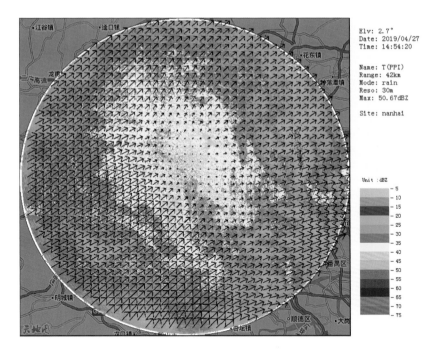

图 3.26 箭头标识

（6）罗盘

对于 PPI 气象产品，可通过罗盘窗口来调出对应方位角的 RHI 产品图像窗口。弹出罗盘窗口后，滚动鼠标来选择方位角，接着执行双击操作即可调出 RHI 产品图像窗口，如图 3.27 所示。

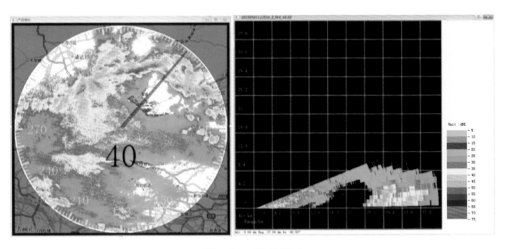

图 3.27 罗盘窗口

（7）文本产品

对于 HI、SCIT、MESOCY、TVS 这几个气象产品，其数据除了可以以图像的形式显示外，还可以以文本的形式显示，如图 3.28 和图 3.29 所示，其分别为 SCIT 产品图像及对应的风暴结构体信息（SS）文本产品。

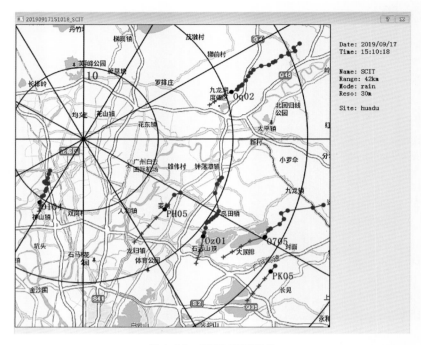

图 3.28　SCIT 产品图像

图 3.29　风暴结构体信息(SS)产品

(8)迭加产品显示

在迭加设置窗口完成设置后，可以通过迭加产品菜单项对迭加的产品进行显示或隐藏操作，如图 3.30 所示。

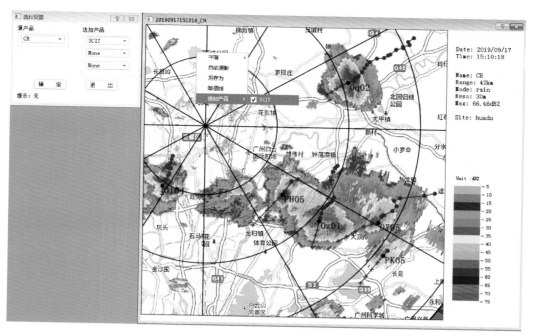

图 3.30　选加产品显示

3.3.3.3　工具栏操作

(1)动画播放

动画播放的图标位于 SRD 主界面的顶部,有 4 个图标,分别是播放开始、播放结束、播放快进和播放快退图标。

播放开始图标:根据设定的播放时间及速度,形成一组当前被选中的产品的图像队列并进行动画显示。

播放结束图标:结束所选产品显示窗口的动画播放,结束后窗口显示的图像为播放开始前的图像。

播放快进图标:动画播放期间,点击该图标可使动画播放按时间的顺序向前播放,并且加快播放速度。

播放快退图标:动画播放期间,点击该图标可使动画播放按时间的逆顺序向后播放,并且加快播放速度。

(2)气象数据切换

气象数据切换的图标位于 SRD 主界面的顶部,有 4 个图标,分别是向左、向右、向上和向下图标,如图 3.31 和图 3.32 所示。

向左图标:使当前窗口显示的气象数据切换到上一个体扫时间的数据。

向右图标:使当前窗口显示的气象数据切换到下一个体扫时间的数据。

向上图标:对于有多层图像的产品,使当前窗口显示的气象数据向上切换到同一体扫时间不同层的数据。

向下图标:对于有多层图像的产品,使当前窗口显示的气象数据向下切换到同一体扫时间不同层的数据。

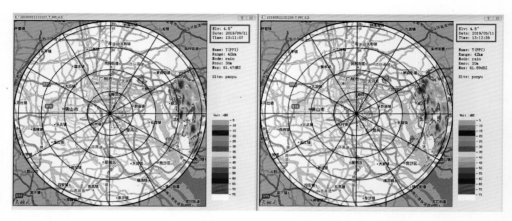

图 3.31　向左、向右切换体扫时间

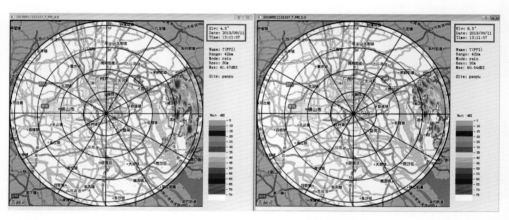

图 3.32　向上、向下切换不同俯仰角（PPI）

（3）地图标注

用于地图标注功能，图标背景色变暗表示启用该功能，再次点击图标退出该功能，如图 3.33 所示。

图 3.33　右图背景色变暗表示功能启用

标注信息添加：该功能启用后，在产品显示窗口的右键菜单中会显示"输入标注"菜单项，点击后会弹出对话框，用于设置标注点的位置和信息，如图 3.34 和图 3.35 所示。此外，也可在产品显示窗口的图像区域进行双击操作来弹出该对话框，此时经度、纬度编辑框已自动填入双击位置的经纬度，且不可编辑，如图 3.36 所示。输入文本信息及选择图标，点击"提交"按钮即可将标注的信息添加到产品显示窗口中。

标注信息修改和删除：在标注的图标上，点击鼠标右键弹出菜单，有"修改信息"和"删除"菜单项，如图 3.37 所示。修改操作弹出对话框，可进行信息修改；删除操作把标注信息从产品显示窗口中删除。

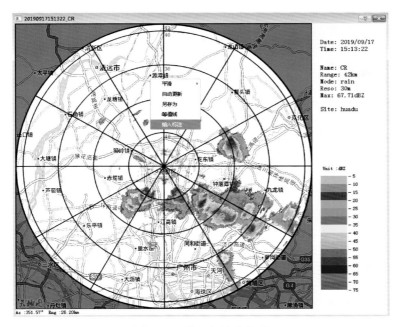

图 3.34　输入标注菜单项

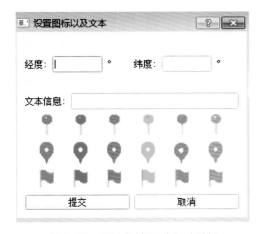

图 3.35　通过菜单项弹出对话框

图 3.36　双击操作弹出对话框

提示：标注信息会自动保存在本地文件，不论是打开新的产品显示窗口或再次启动 SRD，标注信息会一直有效。

（4）图层组合

可对图像区域里显示的图层信息进行显示或隐藏，点击图标后会弹出下拉菜单，如图 3.38 所示，分别有地图、圆环、气象数据及标注信息。复选框打钩表示显示该图层，反之则隐藏；此外，还可执行地图切换功能，在地图菜单下点击不同的菜单项即可切换图像区域里的地图背景，分别有行政图、地形图和卫星图，地图服务平台为天地图，如图 3.39、图 3.40 和图 3.41 所示。

注意：在不同的地图背景之间切换大约需要 8 s 的切换时间，切换期间地图菜单项会变灰不可点击，待切换完成后即可执行下一次的切换操作。

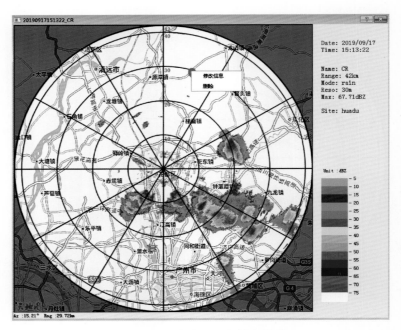

图 3.37　右键标注图标弹出菜单

图 3.38　图层组合下拉菜单

（5）图形编辑

点击图形编辑图标以后在图标下方弹出工具栏，该工具栏提供编辑工具，可在图像区域上绘制线段、图形以及输入文字作为注释内容，再次点击图标可退出该功能。如选择箭头图标，在产品显示窗口中把光标移动到要绘制图形的起点，按住鼠标左键并拖动鼠标，即可绘制出箭头图形，最后释放鼠标左键完成图形的绘制，如图 3.42 所示。

（6）光标联动

点击光标联动图标后可同时操作多个产品显示窗口，其中 1 个为主窗口，其他为子窗口。在图像区域上执行点击操作，其所属的窗口便为主窗口。当在主窗口中移动光标时，其他窗口的光标也会跟随着移动，且为同一位置；当在主窗口中放缩、移动图像时，其他窗口的图像也会跟随着放缩和移动；此外，当点击工具栏的向左、向右、向上和向下图标时，处于联动状态窗口都会进行气象数据的切换。再次点击光标联动图标即退出该功能，如图 3.43 所示。

注意：不同扫描方式下的气象产品不能进行光标联动操作，如 PPI 扫描方式下的气象产品不能与 CAPPI 扫描方式下的气象产品进行光标联动操作；另外，对于物理量气象产品，其可与 PPI 扫描方式下的气象产品进行光标联动操作。

（7）剖面

剖面图标用于 PPI 气象产品的剖面功能。在图像区域上绘制直线来设置剖面位置，将光标移动到剖面的起始位置，按下鼠标左键，接着拖动鼠标将光标移动到剖面的结束位置，释放鼠标左键，即可弹出窗口来显示该直线对应的垂直高度上的气象数据。如图 3.44 所示。

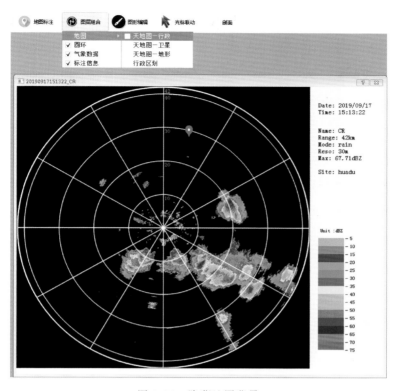

图 3.39　隐藏地图背景

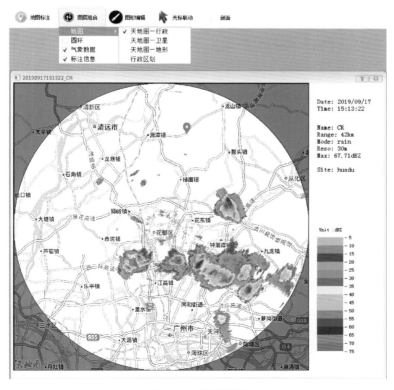

图 3.40　隐藏圆环

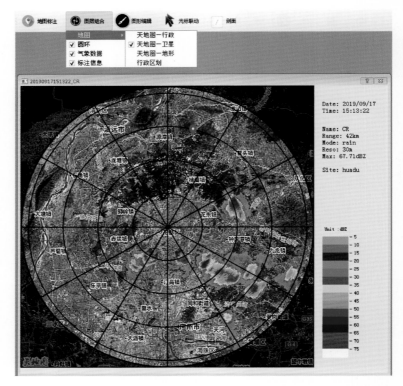

图 3.41　地图背景切换到卫星图

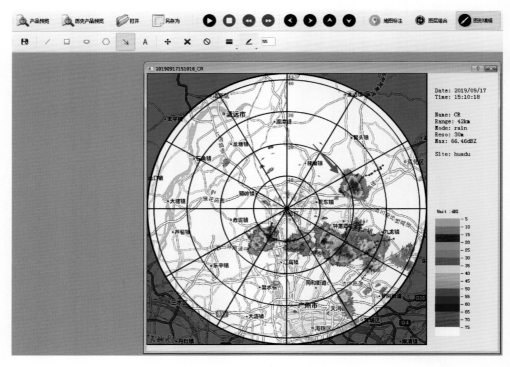

图 3.42　图形编辑-箭头绘制

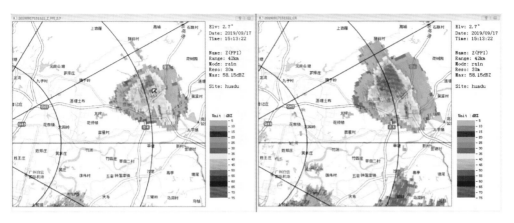

图 3.43　光标联动

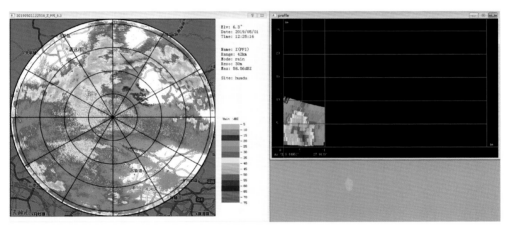

图 3.44　剖面功能

3.3.4　设置

3.3.4.1　存储管理

产品图片的目录配置:SRD 提供了长期存储气象产品的功能,把接收的实时气象数据,以图像的形式进行存储,其中存储的目录结构可由用户自定义配置,点击菜单项【设置】→【存储管理】→【目录配置】可弹出该对话框,如图 3.45 所示。

是否存储:指示是否启用产品图片的存储功能;

目录:勾选启用后,会在所选存储路径的下方自动创建目录,其中目录 1 为默认勾选且为一固定的名称;其他目录结构分别有站点编号、时间、产品名称、层信息以供选择。

3.3.4.2　色标设置

在产品图像中,气象数据通过颜色来表示,每个产品都有其对应的颜色表,每种颜色表示某一个(如渐近色)或某一范围的数据值(如非渐近色)。在 SRD 的主界面,点击菜单项【设置】→【色标设置】可弹出色标编辑对话框,如图 3.46 所示。

对话框左侧的配置可对当前所选产品色标进行颜色修改及刻度增删;对话框中间的色标

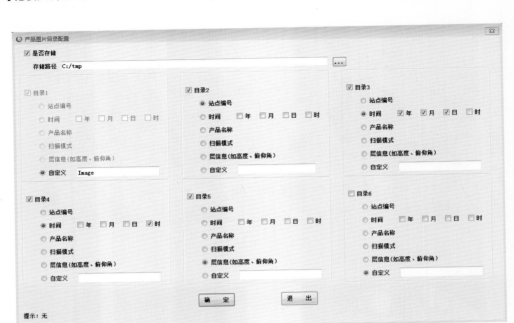

图 3.45　产品图片目录配置

主体显示了当前所选产品的色标信息,另外还能对数值及注释进行修改;对话框右侧的产品列表用来切换不同产品的色标。

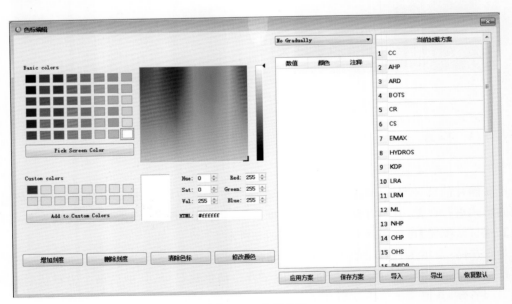

图 3.46　色标编辑

产品色标切换:双击产品列表里的条目,即可显示对应产品的色标信息,如图 3.47 所示。

色标类型切换:色标类型有"No Gradually""Simple Gradually""Strip Gradually",分别表示为非渐进色,简单渐进色,阶段式渐进色,如图 3.48 所示。非渐进色,数值等级明显,表现不够平滑;而渐近色,表示颜色过渡的一个过程,颜色过渡比较平滑。

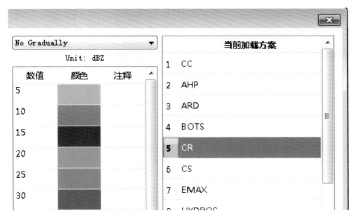

图 3.47　产品名称

图 3.48　色标类型

色标值修改：在色标主体中，双击数值或注释所在的单元格，即可进入编辑状态进行修改，修改后的数值会自动进行排序。

颜色及刻度配置操作，如图 3.49：

图 3.49　颜色及刻度配置操作

点击"增加刻度"按钮，可在色标主体的最下方新增一行色标信息；

点击"删除刻度"按钮，可删除色标主体中所选择的色标信息；

点击"清除色标"按钮，可清空色标主体中所有的色标信息；

点击"修改颜色"按钮，可修改色标主体中所选择的色标颜色。

方案操作，如图 3.50 所示：

点击"应用方案"按钮，可更新当前色标主体中的色标信息，并在后续的产品显示窗口中生效（注意：该操作不会永久保存，即软件重启后会失效）；

点击"保存方案"按钮，可使当前方案的色标信息保存在本地，即软件重启后，色标信息依然生效。

导入、导出及恢复操作,如图 3.51 所示:

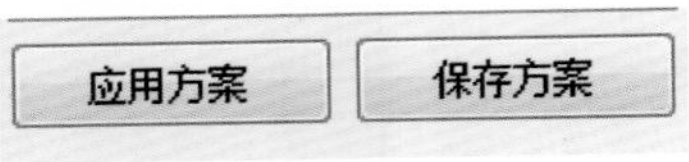

| 应用方案 | 保存方案 |

图 3.50　方案操作

| 导入 | 导出 | 恢复默认 |

图 3.51　导入、导出及恢复操作

点击"导入"按钮,会弹出一个文件选择对话框,可选择一个或多个色标文件,替换已经加载的色标;

点击"导出"按钮,会弹出一个目录选择对话框,选择要保存的目录,将当前方案的色标文件导出;

点击"恢复默认"按钮,可恢复当前所选产品的色标信息到最开始的状态。

注意:由于渐近色的表示是根据非渐近色的色标计算获取,故渐近色的色标信息不能直接进行修改,修改操作只针对非渐近色的色标。

3.3.4.3　动画设置

动画设置窗口,用于设置对气象产品进行动画播放时的参数,可通过移动滑块或在编辑框中输入数值来进行设置。在 SRD 的主界面,点击菜单项【设置】→【动画设置】即弹出动画设置对话框,如图 3.52 所示。

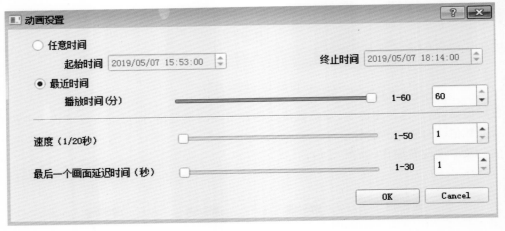

图 3.52　动画设置

播放时间:可选择为任意时间或最近时间。其中最近时间的单位为分钟,最大为 60 min,以当前产品显示窗口的时刻为结束时间来进行播放;任意时间为用户自定义起始和终止时间的播放时间段,与所选产品显示窗口的时刻无关。

速度:表示动画播放的速度,单位为 1/20 s。如设置为 20,则表示前后 2 帧的显示间隔为 1 s。

最后一个画面延时时间:表示动画播放到最后一帧时,延时多长时间开始重复播放,单位为秒。

3.3.4.4　迭加设置

迭加设置窗口,用于对迭加产品的选择进行设置。在 SRD 的主界面,点击菜单项【设置】

→【迭加设置】即弹出迭加设置对话框,如图 3.53 所示。

源产品:迭加设置对话框中的源产品下拉菜单,如示,指的是可进行迭加操作的产品。选项有 None、BASE、CR、MAX、VIL、QPE、OHP、THP、STP、TOPS、BOTS,其中 None 表示不执行迭加操作,BASE 表示基础量产品里的 PPI 产品,如图 3.54 所示。

图 3.53　迭加设置

图 3.54　源产品

迭加产品:如图 3.55 所示,指的是可在指定的产品上进行迭加显示的产品。3 个选项框表示 1 次可最多设置 3 个迭加产品。选项有 None、SCIT、HI、MESOCY、TVS、SWP,其中 None 表示不需要迭加显示。

图 3.55　迭加产品

3.4　雷达配套软件

雷达应用软件是雷达应用的重要支撑,是实现精细化服务,发挥雷达预警预报经济效益的重要保障工作,主要配套软件包括:雷达控制、数据处理、产品生成、产品应用等全流程软件体系。

3.4.1 雷达控制软件

双偏振相控阵雷达控制软件是一款提供雷达远程控制和状态监控的软件,能同时监控多台雷达,实现远程一键开关机、雷达参数配置、雷达工作模式设置、全局状态监控和监控数据输出等功能。软件界面如图 3.56:

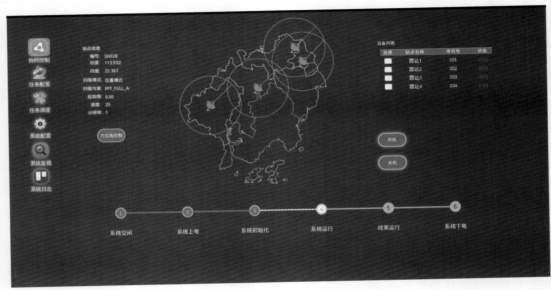

图 3.56　双偏振相控阵雷达协同控制软件系统

软件提供以下功能:雷达控制、一键开关机、协同观测控制、系统参数设置、雷达运行状态监控、雷达系统监控和显示、雷达运行环境监控和显示、系统日志、系统异常告警、全系统数据链路监控、数据通信链路监控、文件传输监控、基数据和产品文件状态监控、监控数据输出接口。

此外,软件还提供 C++ API、Java API、C♯ API、Python API 等监控数据实时输出接口,支持外部监控程序调用,方便用户进行信息集成和应用开发。利用相关的 API,相控阵雷达监控数据也实时接入广东省气象局天镜系统(图 3.57)。

3.4.2 雷达气象产品生成软件

双偏振相控阵雷达气象产品生成软件(MPG)是对数据进行处理分析,生成雷达气象产品的软件,软件包含了多种先进可靠的雷达产品算法,能根据用户需求生成各种雷达气象产品。目前已支持 40 种单站雷达产品、30 种组网雷达产品、4 种智能产品生成,为天气分析、天气预报、天气预警等业务提供丰富的算法和产品支撑服务,软件界面见图 3.58。

软件具有以下功能特点:(1)分布式软件体系结构设计,软件数据处理更加流畅;(2)高并发性算法模块设计,软件运行更加流畅,响应更加迅速;(3)丰富的气象产品,形成高精度、高时间分辨率的支撑产品;(4)开放方便的气象产品算法参数配置;(5)对外数据接口,可导入辅助数据源提高算法的准确性;(6)具有全面的软件系统自查、异常告警与系统资源管控能力,保障系统运行的稳定。

图 3.57　广东省气象局天镜系统

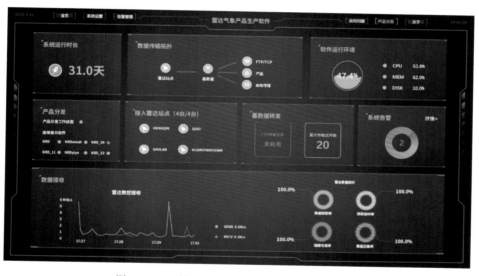

图 3.58　双偏振相控阵雷达产品生成软件系统

3.4.3　雷达产品数据可视化软件

双偏振相控阵数据可视化软件,是雷达数据应用的重要组成部分,目前广东省气象部门配备了两种体系架构的雷达产品显示与分析软件,分别为基于 C/S 架构的雷达数据可视化预警分析软件和基于 B/S 架构的 WebGIS 三维数据可视化预警软件,两个软件各有优势(表 3.3),可满足用户不同的场景的使用需求,并可以互为冗余备份,提高系统应用的可靠性。

表 3.3　两款双偏振相控阵雷达产品显示与分析软件对比

项目	雷达数据分析软件	WebGIS 三维数据可视化软件
系统架构	C/S	B/S
数据源	由 MPG 实时推送到本地	产品文件服务器

项目	雷达数据分析软件	WebGIS 三维数据可视化软件
显示方式	2D	2D/3D
地图	行政区划图	本地地图、GIS卫星、行政以及高程地图、离线地图、纯色背景地图
组网产品显示	支持	支持
单站产品显示	支持	支持
特色	即装即用，速度快，支持图片文件自动输出，支持历史产品文件请求	可以通过浏览器浏览，扩展能力强，支持多用户浏览，有丰富的三维可视化产品和三维分析工具

WebGIS 三维数据可视化软件(WebRD)是使用 WebGIS 和 WebGL 技术开发的一款基于 B/S 架构的气象综合应用软件。系统能够实现雷达数据的二维或三维的可视化展示，并提供气象分析、强天气告警、历史数据查看、天气过程管理等功能，为用户提供气象监测、气象预报和气象预警一站式应用服务。系统主要功能包括(见图 3.59、图 3.60、图 3.61、图 3.62 和图 3.63)：基于 WebGIS 和 WebGL 的三维地理信息展示、单站雷达产品展示、组网雷达产品展示、三维风场展示、三维雷达回波展示、三维可视化分析功能、智能天气监测告警、综合监测数据融合展示。

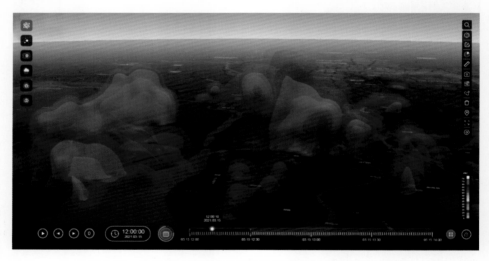

图 3.59　基于 WebGIS 的双偏振相控阵雷达三维强度回波图

3.4.4　雷达数据分析软件

雷达数据分析软件是一款协助用户对双偏振相控阵雷达基数据以及气象产品文件进行解析，绘图以及分析的专业版科研软件。同时支持客户进行数据的二次开发、支持用户进行自研算法模块接入、产品解析、产品绘图、产品展示以及产品导出等功能。软件界面及(见图 3.63)功能包括：

基数据读取、产品文件读取、压缩文本文件输出、Xlsx 表格文件输出、雷达图像显示、自动分析站点地图生成、数据块查询、自研产品算法接入、图片导出、C++ API 文件解析接口、Python API 文件解析接口。

图 3.60　基于 WebGIS 的双偏振相控阵雷达三维风场图

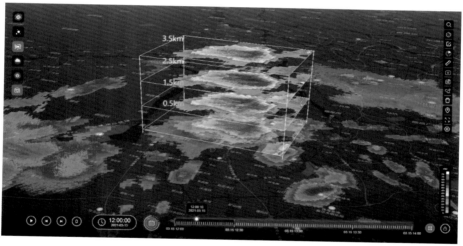

图 3.61　基于 WebGIS 的双偏振相控阵雷达二维水平切片图

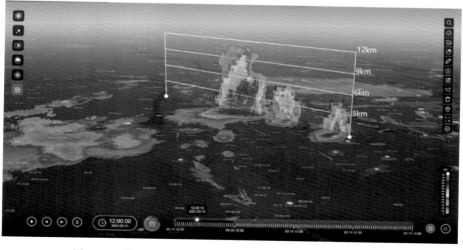

图 3.62　基于 WebGIS 的双偏振相控阵雷达任意垂直剖面图

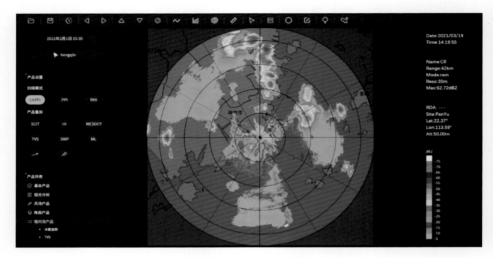

图 3.63　双偏振相控阵雷达数据分析科研软件系统

3.4.5　冰雹人影自动预警作业系统

冰雹人工影响天气(简称人影)自动预警作业系统(图 3.64 和图 3.65)是利用高时空分辨率的双偏振相控阵天气雷达数据,通过智能冰雹识别技术实现冰雹自动预警,并通过地理信息技术、3D 展示技术和自动弹道反演算法,实现三维天气信息、安全射界、三维弹道轨迹等多源信息融合的精确作业场景模拟,为防雹决策提供重要信息支撑。一体化和智能化的系统能够有效提高人影防雹的精细化作业水平。

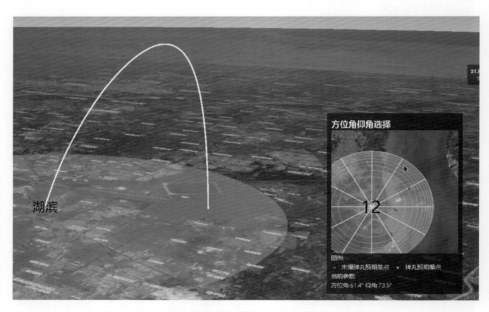

图 3.64　冰雹人影自动预警作业系统:数字化安全射界

图 3.65　冰雹人影自动预警作业系统:人影作业三维弹道模拟

3.5　在线标定和测量

雷达的探测结果会受到外界环境和系统本身特性的变化而引起变化。为了保证雷达工作的稳定性和雷达数据的可靠性,需要定期对参数进行检测标定和对探测结果进行必要的修正,从而确保雷达拥有足够的探测精度。

X 波段相控阵天气雷达标校系统主要包括自动在线和人工离线相结合的标定和测量功能。自动在线指机内标定系统根据适配参数规定的时间间隔对雷达系统进行定标测量和调校。人工离线指通过机外标定系统进行校准测量和手动调校。

X 波段相控阵天气雷达系统的在线标定和测量项目主要包括:发射机功率测量、反射强度标定、速度测量、相位噪声测量、噪声电平测量、噪声温度和噪声系数测量、接收通道增益差异测量和相位差异测量;离线测量项目主要包括:天线指向测量、最小可探测功率测量、接收机动态范围测量、发射功率机外测量、发射机脉冲宽度测量、天线伺服控制精度测量等。

该章节测试内容基于部署在广州市番禺区的双偏振 X 波段有源相控阵天气雷达,时间为 2019 年 3 月 28 日。

3.5.1　发射功率测量

峰值功率和平均功率之间的换算关系可用下述公式所示:

$$P_t = P_{av}\frac{T}{\tau}$$

式中 P_t 为峰值功率(kW),P_{av} 为平均功率(W),T 为发射脉冲重复周期(ms),τ 为发射脉冲宽度(μs)。

系统采用机内自动测量法,测试连接框图如图 3.66:

图 3.66　发射功率测试连接框图

（1）输入参数

占空比为可调变量，其中默认值为 5%，可根据需要在 5%～30% 范围内更改数值；

（2）输出参数

峰值功率（kW）：雷达发射机输出的峰值功率；

平均功率（W）：雷达发射机输出的平均功率；

图 3.67 为连续 24 h 64 通道功率相加后总的发射功率测量结果分析，功率变化了 0.043 dB。图 3.68 为连续一个星期 64 通道功率相加后总的发射功率测量结果分析，功率变化了 0.053 dB。

测量结果可以看出，其变化趋势在 0.1 dB 之内，测试结果比较稳定。

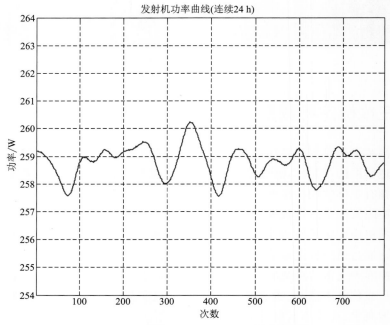

图 3.67　发射机峰值功率测量分析数据图

（时间 2019 年 3 月 22 日至 23 日 15 时 06 分）

3.5.2　回波强度标定

雷达系统的自动在线标校软件主要是对雷达的系统发射参数，接收参数进行检测，并运用雷达气象方程对回波强度进行准确的标定。

根据天气雷达方程，由注入信号功率计算回波强度可采用下面公式计算：

$$dBZ = P_r + 20\lg R + R \times L_{at} + C_0$$

$$C_0 = 10\lg\left(\frac{2.69\lambda^2}{P_t\tau\theta\varphi}\right) + 160 - 2G + L_\Sigma + L_P$$

式中 P_r 为输入接收机的回波信号功率（dBm），R 为回波距离（km），L_{at} 为标准大气下双程大气损耗（dB/km），C_0 为雷达常数，λ 为雷达工作波长（cm），P_t 为雷达发射脉冲功率（kW），τ 为发射脉冲宽度（μs），θ 为天线水平方向波束宽度（°），φ 为天线垂直方向波束宽度（°），G 为天线增益（dB），L_Σ 为馈线系统总损耗（dB），L_P 为匹配滤波损耗（dB）。

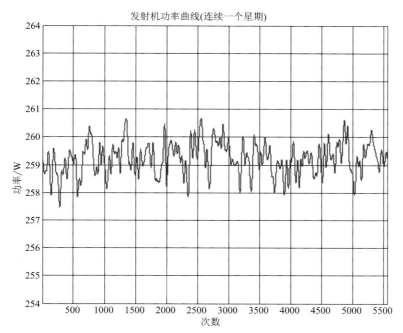

图 3.68　发射机峰值功率测量分析数据图

（时间 2019 年 3 月 27 日至 28 日 15 时 06 分）

测试连接框图如图 3.69：

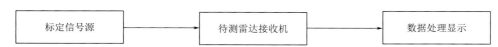

图 3.69　反射强度测试连接框图

（1）输入参数

G：天线增益（dB）。

P_t：雷达发射脉冲功率（W）。

t：发射脉冲宽度（μs）。

θ：天线水平方向波束宽度（°）。

φ：天线垂直方向波束宽度（°）。

匹配滤波器损耗（dB）。

L_Σ：馈线系统总损耗（dB）。

工作频率（GHz）：所测试雷达的工作频率，举例：9.4945 GHz。

距离 R（km）：探测目标与雷达阵面天线的距离。

输入信号功率（dBm）：机内信号源输出信号，此功率设置不宜太大，否则会导致信号压缩，影响测试准确性，一般默认值为 -30 dBm。

（2）输出参数

测量得到的反射率（dBZ）。

根据雷达常数的计算公式，可以分别计算出雷达在 1 μs 的脉冲宽度下的雷达常数（表 3.4），由于不同仰角的天线增益以及波束宽度不同，所以计算出来的雷达常数不同。

表 3.4   雷达在 1 μs 的脉冲宽度下不同仰角下雷达常数的修正量

Beam Index 不同仰角	水平极化 雷达常数（C_0）	垂直极化 雷达常数（C_0）	水平雷达常数 修正量	垂直雷达常数 修正量
1	101.48	101.11	1.13	0.77
2	101.58	101.21	1.23	0.87
3	101.57	101.22	1.22	0.88
4	101.36	101.10	1.01	0.76
5	101.04	100.94	0.69	0.6
6	100.61	100.72	0.26	0.38
7	100.41	100.52	0.06	0.18
8	100.32	100.36	−0.03	0.02
9（中间波束）	100.35	100.34	0	0
10	100.38	100.39	0.03	0.05
11	100.50	100.56	0.15	0.22
12	100.64	100.60	0.29	0.26
13	100.83	100.65	0.48	0.31
14	101.04	100.73	0.69	0.39
15	101.19	100.82	0.84	0.48
16	101.41	101.01	1.06	0.67
17	101.62	101.12	1.27	0.78

图 3.70 中是连续 24 h 的反射强度标定结果分析图，其变化波动范围小于 0.04 dB，图 3.71 是连续一个星期反射强度标定结果分析图，其最大变化范围小于 0.06 dB，测试结果也比较稳定，数值波动变化不超过 0.1 dB。

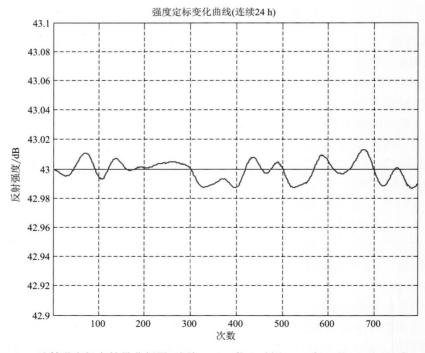

图 3.70   反射强度标定结果分析图（连续 24 h，截止时间 2019 年 3 月 28 日 15 时 16 分）

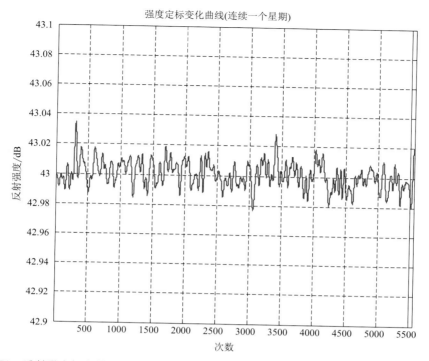

图 3.71　反射强度标定结果分析图(连续一个星期，截止时间 2019 年 3 月 28 日 15 时 16 分)

3.5.3　速度测量

系统使用机内信号源输出频率为 $f_c + f_d$ 的测试信号送入接收机，f_c 为雷达工作频率，改变多普勒频率 f_d (单位:Hz)，读出速度测量值 V_1 与理论计算值 V_2 (期望值)进行比较。

$$V_2 = -\lambda \frac{f_d}{2}$$

式中 λ 为雷达波长，f_d 为多普勒频移。

测试连接框图如图 3.72：

图 3.72　速度测量测试连接框图

（1）输入参数

工作频率（GHz）:所测试雷达的工作频率,举例:9.5 GHz。

多普勒频率（Hz）:探测目标的相对雷达的径向速度引起的载波的频率漂移。

（2）输出参数

速度测量 V_1:测试得到目标的相对雷达的径向速度(m/s);

理论计算 V_2:由输入多普勒频率理论计算出的目标相对雷达的径向速度(m/s);

图 3.73 为界面显示最大速度测量结果,速度误差在 ± 0.05 m/s 内,满足误差不大于 1.0 m/s 的要求。

图 3.73　速度测量在线标定

3.5.4　相位噪声测量

通过相位噪声测量模块,测量整机系统的双通道相位噪声。相位噪声可以通过机外测量和机内测量。

系统相位噪声采用I、Q相角法进行测量和计算。将雷达发射脉冲通过定向耦合器耦合输出,经延迟后送入接收通道。信号处理器对该I、Q信号进行采样、计算相角,求出采样信号相角的均方根误差并用其表示系统的相位噪声。

测试连接框图如图 3.74：

图 3.74　相位噪声测试连接框图

（1）输入参数

无。

（2）输出参数

测量得到的水平通道相位噪声（deg）。

测量得到的垂直通道相位噪声（deg）。

图 3.75 为自动在线测量结果,水平通道与垂直通道相位噪声均小于 $0.2°$。

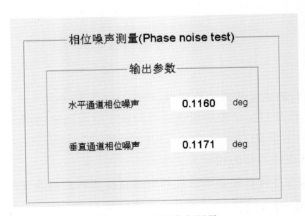

图 3.75　相位噪声测量

3.5.5　噪声电平测量

噪声电平测量时,需要关闭发射信号,保证其在没有发射信号的干扰下进行测试。如图 3.76 为自动在线标校模块下测量的噪声电平显示值。

（1）输入参数

无。

（2）输出参数

测量得到的水平通道噪声电平（dBm）。

测量得到的垂直通道噪声电平（dBm）。

图 3.77 和图 3.78 分别是噪声电平测量（连续 24 h）和噪声电平测量（连续一个星期）的测试分析图,测量结果相对比较稳定,其波动变化基本小于 0.1 dB。

图 3.76　噪声电平测量

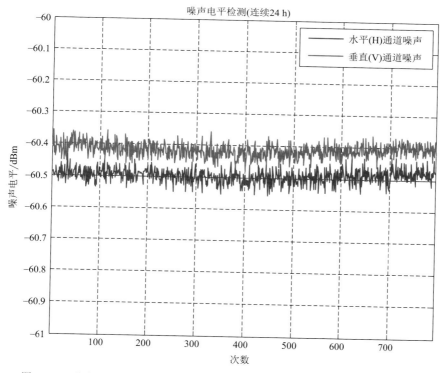

图 3.77　噪声电平测量（连续 24 h，截至时间 2019 年 3 月 28 日 15 时 36 分）

3.5.6　噪声温度和噪声系数测量

通过机内噪声源测试各个通道间的噪声温度。

噪声系数的计算公式如下：

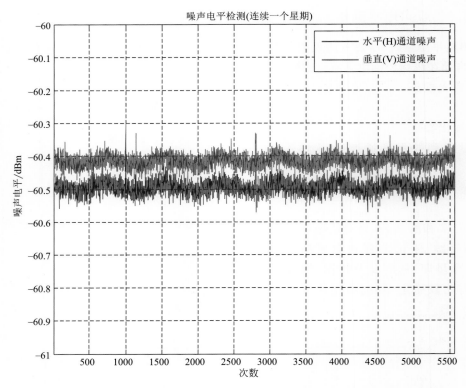

图 3.78　噪声电平测量(连续一个星期,截止时间 2019 年 3 月 28 日 15 时 36 分)

$$N_F = 10\lg(T_2 - T_0)/T_0 - 10\lg(N_2/N_1 - 1) = \text{ENR} - 10\lg(N_2/N_1 - 1)$$

式中,N_2 为当噪声源开启时的噪声功率,N_1 为当噪声源关闭时的噪声功率,$\text{ENR} = 10\lg(T_2 - T_1)/T_0$ 是超噪比,$N_F = 10 \times \log10[\text{ENR}/(Y-1)]$,$Y = N_2/N_1$。

测试连接框图如图 3.79:

图 3.79　噪声温度和噪声系数测试连接框图

(1)输入参数

输入参数中的工作频率 f_c(GHz)。

(2)输出参数

测量得到的噪声温度(K)。

测量得到的接收噪声系数(dB)。

图 3.80 为自动在线测量结果,其测量各个通道的噪声温度并求取平均值输出到监控界面,并通过计算得到接收系统的噪声系数(表 3.5),界面显示水平通道为 2.86 dB,垂直通道为 2.84 dB。

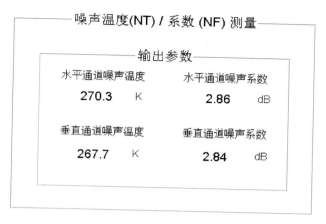

图 3.80　噪声温度和噪声系数测量

表 3.5　噪声温度和噪声系数测量

系统噪声温度名称	水平通道（H 通道）	垂直通道（V 通道）
系统噪声温度测量值	270.3 K	267.7 K
系统噪声系数测量值	2.86 dB	2.84 dB

3.5.7　接收通道增益差异测量

接收通道的增益差异测量，通过机内信号源和耦合器注入到接收通道的输入端，根据整个接收链路的测试结果得出接收通道的差异，如图 3.81。

（1）输入参数：

工作频率 f_c（GHz）。

输入功率（dBm）。

（2）输出参数：

测量得到的通道增益差异（dB）。

图 3.82 为连续 24 h 检查结果，数据通过计算 64 个接收通道的增益差异的均值得到。并且数据按照标定检查的时间排列，数据波动均方根误差为 0.0394 dB，符合技术指标不大于 0.2 dB 的要求。

3.5.8　接收通道相位差异测量

同上节的增益测试方法类似。图 3.83 为连续 24 h 检查结果，数据按照标定检查的时间排列，均方根误差为 0.4872°，符合技术指标不大于 3°的要求（雷达功能规格需求书）。

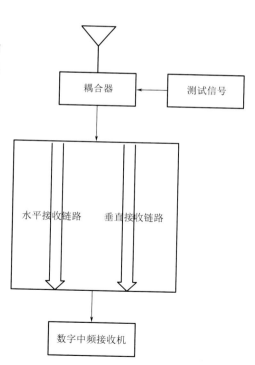

图 3.81　机内信号源信号流程图

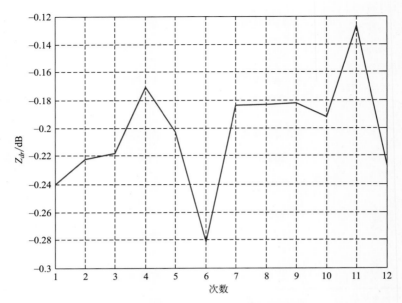

图 3.82　接收通道的增益差异测量结果

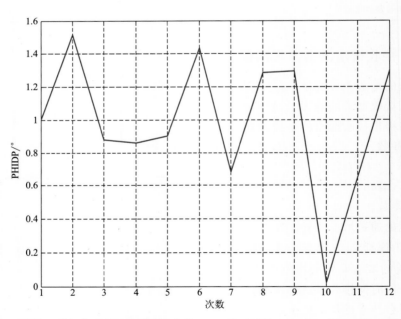

图 3.83　接收通道相位差异测量结果(连续 24 h,截至时间 2019 年 3 月 28 日 16 时 23 分)

3.6　离线标定和测量

3.6.1　天线指向测量

采用无人机携带微波信号源替代太阳信号源进行雷达指向的标定(包括天线方位和天线

俯仰标定)。利用相控阵雷达的高精度定位系统获取目前雷达的 GPS 状态位置,并且控制雷达发射机不工作,以被动方式接收指定方向发射过来的能量信号,对整机雷达天线的方位角和俯仰角进行标定。而指定方向发射的信号可以通过无人机定位系统定位到指定的位置,并且无人机上带载全向天线发射信号。

进行雷达指向标定的示意图如图 3.84。

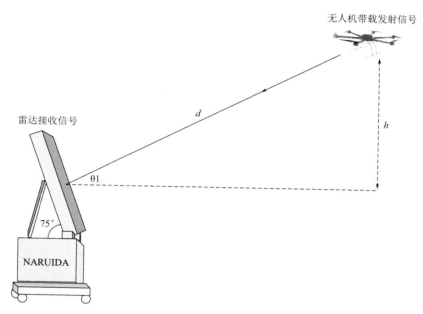

图 3.84　使用标准金属球进行相控阵雷达系统标定

无人机的定位误差为:水平≤±1.5 m,垂直≤±0.5 m;雷达的定位误差为:水平≤±1.5 m,垂直≤±0.5 m。所以要达到指向误差≤0.1°,

距离 d 至少需要:$\arcsin((1.5+1.5)/d) \leqslant 0.1°$,所以 $d \geqslant 3/\sin(0.1°)=1718.9$ m

由于天线阵面的法线方向与水平方向夹角为 15°,无人机高度(h)至少需要:$h=\sin(15°) \times 1718.9=445$ m。

雷达在一定范围内搜索标定信号。由最大值对应的雷达指向角和计算出的标定信号的角度的差异标定天线方位和天线俯仰方向上的角度。

3.6.2　最小可探测功率测量

系统使用机外信号源及机外模块等效法来测量接收机的最小可探测功率。测试所用的仪器设备为频谱仪和信号源。

测试连接框图如图 3.85:

图 3.85　最小可探测功率测试连接框图

通过控制板设置 TR 组件、上下变频单元处于连续接收模式;关闭信号源输出,频谱仪显示的接收机中频输出噪声电平,通过 marker→delta 方式标记无信号输入时的接收机中频输出噪声电平。开启信号源输出,逐步加大信号源的输出功率,直到频谱仪上显示的雷达输出中频信号电平比噪声电平高出 3 dB 时,则信号源输出的信号电平为最小可测信号。

表 3.6 为水平通道(H 通道)和垂直通道(V 通道)的最小可测功率测试结果。

表 3.6　最小可探测功率测量

最小可测功率测量	水平通道(H 通道)	−110.9 dBm
	垂直通道(V 通道)	−110.8 dBm

3.6.3　动态范围测量

系统动态范围测试可分为两种测试方法:机内信号源注入信号测试接收机的动态范围,方法二是通过机外信号源测量收发单元模块的动态范围。测试方法是由信号源从接收机前端注入信号,由标定软件自动获取 A/D 输出的功率 dB 或反射率 dBZ。改变信号源输出功率,测量系统的输入输出特性。

测试连接框图如图 3.86:

图 3.86　动态范围测试连接框图

根据输入、输出数据,采用最小二乘法进行拟合,由实测曲线与拟合直线对应点的输出数据差值≤1.0 dB,来确定接收系统低端下拐点和高端上拐点(饱和点),上拐点和下拐点所对应的输入信号功率值的差值即为动态范围。

如图 3.87 和图 3.88 分别为机内信号源测量接收机动态范围结果:接收通道(H 通道)动态范围测量结果和接收通道(V 通道)动态范围测量结果。

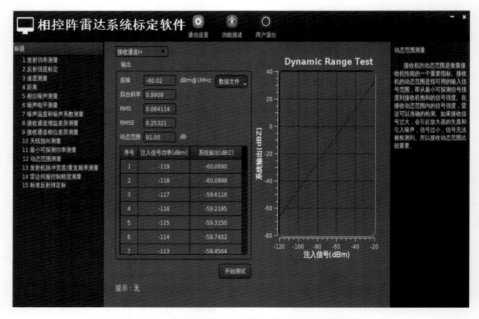

图 3.87　接收通道(H 通道)动态范围测量结果

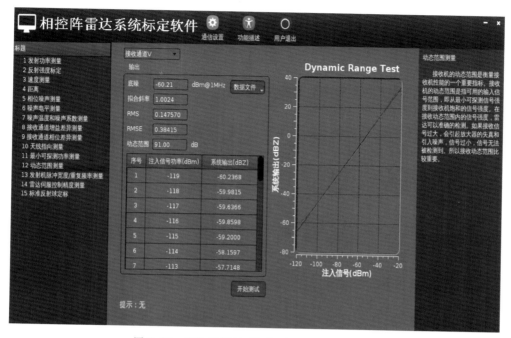

图 3.88　接收通道（V 通道）动态范围测量结果

3.6.4　发射功率测量

使用机外功率计或频谱仪测量发射机输出功率。

测试连接框图如图 3.89：

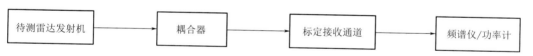

图 3.89　发射功率测试连接框图

发射机峰值功率测试结果见表 3.7（测试仪器设置为 100 次平均值）。

表 3.7　发射功率测量结果

	测试参数设置	实际测量结果
发射功率测量	H 通道输出功率	259 W
	V 通道输出功率	257 W

3.6.5　发射机脉冲宽度测量

机外测量法测试连接框图如图 3.90：

图 3.90　发射机脉冲宽度测试连接框图

通过雷达控制软件设置脉冲宽度为 20 μs；设置频谱仪中心频率为雷达系统的工作频率、Span＝0 Hz、RBW＝VBW＝8 MHz、Sweep time＝50 μs。

通过 marker 功能测试并记录雷达系统 20 μs 长脉冲工作模式下发射脉冲宽度。

通过雷达控制软件设置脉冲宽度为 40 μs，频谱仪 sweep time 设为 100 μs，测试并记录雷达系统 40 μs 长脉冲工作模式下发射脉冲宽度。

通过雷达控制软件设置脉冲宽度为 μs，频谱仪 sweep time 设为 10 μs，测试并记录雷达系统 1 μs 窄脉冲工作模式下发射脉冲宽度。

表 3.8 发射输出脉冲宽度测量结果为发射输出脉冲宽度测量结果。

表 3.8　发射输出脉冲宽度测量结果

	测试参数设置	实际测量结果
	1 μs 窄脉冲	1.00 μs
发射脉冲宽度/μs	20 μs 宽脉冲	20.01 μs
	40 μs 宽脉冲	40.00 μs

3.6.6　雷达伺服控制精度测量

通过方位角界面控制设定雷达需要转动到的角度，并点击设置→确定，等待数秒后，电机正常转动，记录实际读取的数值，如图 3.91。对雷达控制精度的测量结果见表 3.9，方位的均方误差为 0.0208°，满足均方根误差不大于 0.1°的要求。

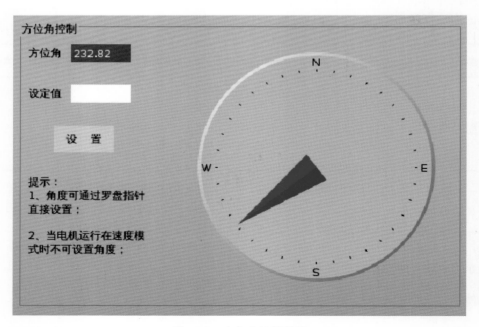

图 3.91　方位角控制界面

表 3.9　雷达方位控制精度测量记录表

控制位置	实际位置	控制误差
0°	0.00°	0.00
30°	30.01°	−0.01
60°	59.98°	0.02
90°	90.00°	0.00
120°	120.01°	−0.01
150°	149.98°	0.02
180°	180.04°	−0.04
210°	209.97°	0.03
240°	240.02°	−0.02
270°	270.00°	0.00
300°	299.97°	0.03
330°	330.02°	−0.02

3.6.7　雷达标准反射球定标

3.6.7.1　番禺雷达测试结果

2019 年 5 月 8 日上午 10:00,在广州市气象局对雷达进行了金属球定标。

图 3.92 为一次测试的结果,共约 1200 个有效的回波信号。红色为水平极化回波信号,黑色为垂直极化回波信号。

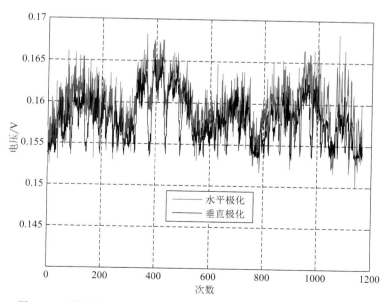

图 3.92　雷达标准反射球测试结果(红色为水平极化回波信号幅度;
黑色为垂直极化回波信号幅度)

图 3.93 为计算出的 Z_{dr} 曲线：

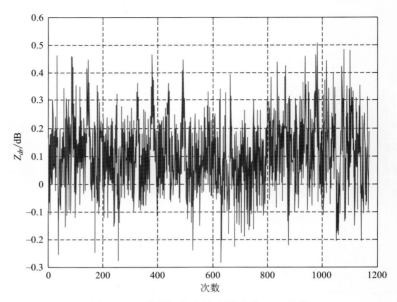

图 3.93 雷达标准反射球测试的 Z_{dr} 曲线

图 3.94 为统计计算出 Z_{dr} 的次数分布图。该次相控阵雷达系统标定结果为：Z_{dr} 均值为 0.105 dB、标准差为 0.131 dB。该雷达上次定标(2019 年 2 月 24 日)测得的 Z_{dr} 值为 0.16 dB，因此 Z_{dr} 变化量为 0.105－0.16＝－0.055 dB。

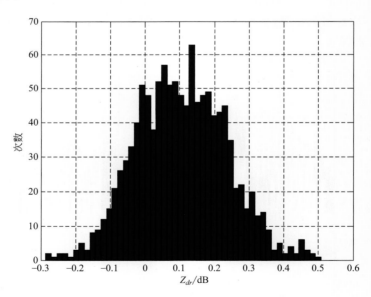

图 3.94 雷达标准反射球测试的 Z_{dr} 分布图

3.6.7.2 帽峰山雷达测试结果

2019 年 5 月 16 日下午 3 时,对广州市帽峰山雷达进行了金属球定标。

图 3.95 为测试的结果,共约 1300 个有效的回波信号。红色为水平极化回波信号,黑色为

垂直极化回波信号。

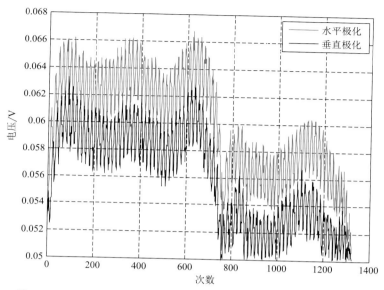

图 3.95　雷达标准反射球测试结果(红色为水平极化回波信号幅度；
黑色为垂直极化回波信号幅度)

图 3.96 为计算出的 Z_{dr} 曲线：

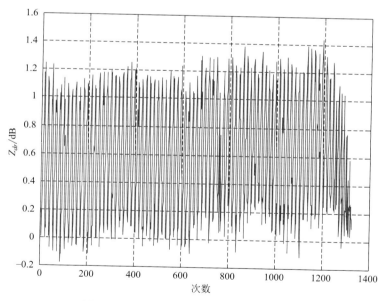

图 3.96　雷达标准反射球测试的 Z_{dr} 曲线

　　图 3.97 为统计计算出 Z_{dr} 的次数分布图。该次相控阵雷达系统定标结果为：Z_{dr} 均值为 0.598 dB、标准差为 0.4 dB。

　　测试当天有阵雨,山顶风速较大,金属球摆动很厉害,所以在图上 Z_{dr} 的标准差较大。测试结果 Z_{dr} 均值为 0.598 dB。该雷达在出厂时(2019 年 2 月)测得的 Z_{dr} 值为 0.602 dB(已

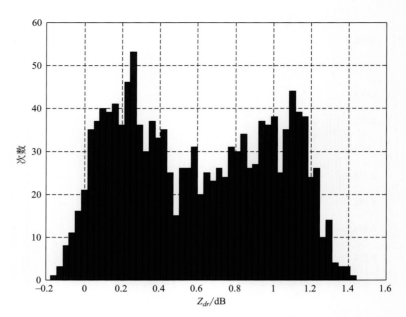

图 3.97　雷达标准反射球测试的 Z_{dr} 分布图

经在系统中对该值进行了修正），两次之间误差为 $0.598-0.602=0.004$ dB，因此 Z_{dr} 可以认为没有变化，不需要调整雷达的参数。

3.6.7.3　雷达波束一致性分析测试结果

水平垂直雷达的波束一致性包括内容：波束宽度、增益、指向和旁瓣一致性，其随偏离法向角度的变化测试结果如图 3.98—图 3.101。

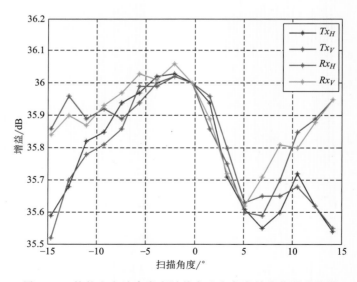

图 3.98　俯仰方向波束宽度随偏离法向角度的变化测试结果

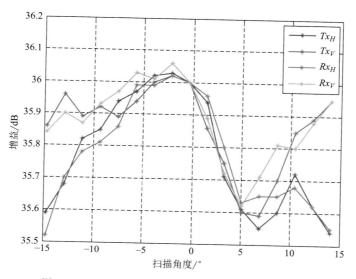

图 3.99 天线增益随偏离法向角度的变化测试结果

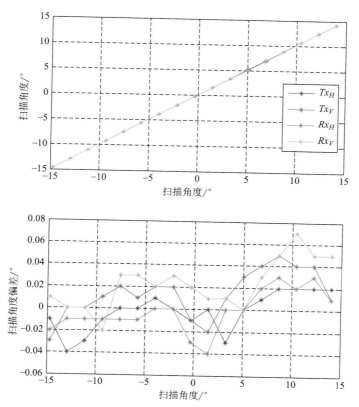

图 3.100 波束指向随偏离法向角度的变化测试结果

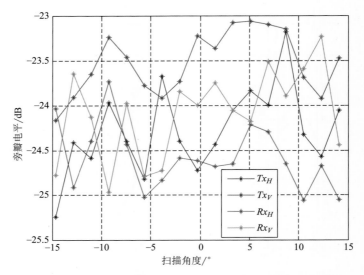

图 3.101　最大旁瓣电平随偏离法向角度的变化测试结果

3.7　本章小结

　　雷达的探测结果会受到外界环境和系统本身特性的变化而引起变化。为了保证雷达工作的稳定性和雷达数据的可靠性,需要定期对参数进行检测标定和对探测结果进行必要的修正,从而确保雷达拥有足够的探测精度。

　　X波段相控阵天气雷达标校系统主要包括自动在线和人工离线相结合的标定和测量功能。自动在线指机内标定系统根据适配参数确定的时间间隔对雷达系统进行标定测量和调校。人工离线指通过机外标定系统进行校准测量和手动调校。

　　X波段相控阵天气雷达系统的在线标定和测量项目主要包括:发射机功率测量、反射强度标定、速度测量、相位噪声测量、噪声电平测量、噪声温度和噪声系数测量、接收通道增益差异测量和相位差异测量。

　　离线测量项目主要包括:天线指向测量、最小可探测功率测量、接收机动态范围测量、发射功率机外测量、发射机脉冲宽度测量、天线伺服控制精度测量等。

第4章

数据存储及网络支撑

4.1 基础设施支撑子系统

相控阵雷达数据的服务目标以短临预警为主,因此对数据采集、传输、产品加工和服务的效率和质量有较高的要求,为保证相控阵雷达数据与天气雷达、地面观测数据匹配使用并充分发挥其高时空分辨率的优势,需建设可满足相控阵雷达相关数据存储、处理和应用服务的高性能服务器和存储设备。

相控阵雷达数据采集是从雷达站到市局的数据流接收服务器,然后该服务器把数据流分发给市局数据处理服务器和省局数据处理服务器,数据处理服务器等待一个体扫完成,收集到一个体扫的全部数据,再生成产品文件,产品文件包括基数据、单站图形产品;拼图数据需要等到所有参与拼图的雷达数据都到齐了才开始。从雷达站到数据流服务及分发到市局和省局的数据服务器所需要耗时为秒级;从数据收集到数据加工完成,再把数据推送到归档服务器,大约耗时 1.5 min,再把数据共享应用单位,大约延时 1 min。

由于相控阵雷达数据采集的时空分辨率高,生成的雷达基数据和产品的数据量非常庞大。从统计结果来看(由于有天气过程与没有天气过程采集的数据量相差很大,表 4.1 为平均水平估值),当前已经共享到省局的数据每年近 300 TB,随着后续相控阵雷达的扩建,存储的需求量将有更大,当广东省全部相控阵雷达都建成之后,所有的数据存储量将达到 14 PB。这些雷达的理论峰值会产生将近 280 PB 的数据。

以 2021 年 6 月 26 日广州的一部相控阵雷达和广州 CINRAD/SA 雷达为例,当天出现了短时暴雨,相控阵雷达体扫频次为 90 s,CINRAD/SA 雷达为 6 min,实际获取的数据量见表 4.1。表 4.2 为未来全省相控阵雷达全部建成后 1 d 的数据量与 CINRAD/SA 雷达对比。

表 4.1 单站雷达基数据 1 d 统计量

雷达类型	相控阵雷达	CINRAD/SA 雷达
雷达基数	14 GB	2 GB
雷达产品	350 GB	300 MB

表 4.2 预计全省雷达基数据 1 d 的统计量

雷达类型	相控阵雷达(108 部)	CINRAD/SA 雷达(12 部)
雷达基数	1512 GB	20 GB
雷达产品	37800 GB	5 GB

为了满足对相控阵雷达业务的基础支撑,需部署分布式异构高速运算平台设备和建设应用资源池、GPU 计算节点。

分布式异构高速运算平台设备:按相控阵雷达网建设计划,全省的雷达将以 7 波束、60 s 的采样方式,在 60 km 的雷达探测范围内,一部双偏振相控阵雷达单位时间天气系统数据采样点数是 SA 雷达的约 315 倍,同时生成数十种气象产品。全省 108 台相控阵雷达,需要 36 套设备,一套设备包括两台存储 GUI 服务器以及 8 个 PU 分布式异构计算结点。设备详细参数见表 4.3。

表 4.3　分布式异构高速运算平台设备

设备名称	3CAPS 分布式异构高速运算平台
设备配置	CPU 核数 72 1 块 FPGA 高性能嵌入式运算组件 8 个 DSP 高性能运算数据处理器 2 块 NVIDIA 高性能计算显卡 内存大小 384 GB 存储空间大小 63 TB
设备用途	X 波段双偏振相控阵雷达组网产品生成 25 种 X 波段双偏振相控阵雷达单站产品生成 35 种

应用资源池:为满足生成短临预报系列产品、决策和公众服务系列产品和短时临近天气精准监测预警预报、决策服务和公共气象服务的应用,需一套计算机能力超 15000vCPU,50 个物理节点的虚拟化资源池作为应用的基础设施计算能力支撑。

GPU 计算节点:随着建成雷达数量的增加,用于拼图处理,3D 图形处理等需要更多的GPU 模块的支持和更多的计算节点支持数据处理。每部雷达需要一个 GPU 计算节点,需要 108 个 GPU 计算机节点。

在存储资源建设方面,建立包括高性能存储和大容量存储,高性能存储用于实时服务,以及大容量存储用于历史数据归档,详见表 4.4。

高性能分布式存储:提供部分固态硬盘用于相控阵雷达数据的快速 I/O 服务,可采用 100 TB 固态硬盘和 2 PB 的大容量机械盘组合方式。

大容量存储:按 108 部相控阵雷达基数据 5 年存储量和存储雷达拼图数据、雷达拼图产品和雷达单站产品 100 d 存储量,需建设 20 PB 的存储。

表 4.4　存储资源建设清单

项目名称	规格	说明
高性能存储扩容	100 TB(固态盘)+2 PB	满足相控阵雷达数据的快速 I/O 服务和应用资源池和
大容量存储扩容	15 PB	雷达基数据 5 年的存储量
大容量存储扩容	5 PB 存储(100 d)	雷达拼图数据、雷达拼图产品和雷达单站产品(按 60 s 体扫,108 个站的数据存储为 40 TB/d)存储 100 d 所需空间

4.2　数据传输子系统

为了更好地建设数据传输系统,选取了部分 X 波段双偏振相控阵天气雷达实时产生数据量进行调查与估算,如表 4.5。

表 4.5　实时数据估算量

雷达站属地市	体扫频次/s	基数据量(无天气过程)/(GB/d/站)	产品数据量/(GB/d/站)
广州	90	5	35
珠海	90	6	35
江门	60	7	48
深圳	90	6	32
中山	90	5	33
惠州	90	5	35

以表中江门站为例,其基数据量下限 7 GB/d/站为例,有降水天气过程时是预计其数据量可以达到下限的 40 倍,即 280 GB/d,考虑将来会进一步提升雷达体扫速度,最大数据量将达到 1960 GB/d,60 s 一次,即每天 1440 个时次,基本相当于每分钟传 1.4 GB 的基数据,也就是说非压缩状态下的网络带宽需求近 200 Mbps。

因此,相控阵雷达的数据传输对省(市)气象宽带网络有着很大的影响,必须建立数据传输过程中的压缩机制以及对网络系统性能进行扩容。

(1)数据压缩传输方式

数据压缩的传输方式可以减少带宽的占用,大幅提升网络的使用效率,通过合理的配置将压缩与解压过程产生的时延降至可接受的程度,从而在网络的带宽占用和传输时延上面找到平衡点。压缩解压传输方式使用硬件方式实现压缩与解压,站点设备吞吐量达到 1 Gbps 以上,省级中心点设备吞吐量达到 10 Gbps 以上。

(2)网络系统升级

目前广东省-市主链路带宽为 100～200 Mbps,备用链路带宽为 70～150 Mbps,平均的网络带宽占用率在 50% 左右,如果 X 波段双偏振相控阵天气雷达业务上线后必然无法满足其磅礴的网络带宽需求。

省(市)宽带扩容:在当前带宽条件下扩充 200 Mbps,主链路达到 300～400 Mbps。市(县)宽带扩容:在当前带宽条件下扩容 50 Mbps,主链路达到 70～100 Mbps。

省(市)通信设备的升级:地市级路由器:千兆电/光口大于等于 6 个,双电源,双机支持堆叠部署。县站级路由器:千兆电口大于等于 4 个,双电源,双机支持堆叠部署。

4.3　数据采集分发服务子系统

现有气象通信系统包含 10 台物理服务器,其中 6 台服务器为文件传输,承担着目前各类气象数据的收集、分发及气象信息交换,包括 26 部 X 波段相控阵雷达 90 秒频次的雷达基数据,但是在有降水过程的时候,通信系统的存储空间已经达到告警阈值,出现过内存耗尽的情况。面对相控阵雷达数据时空分辨率的提高以及相控阵雷达的逐步建设和雷达产品的接入,当前的气象通信系统已无法承担更多相控阵雷达数据实时稳定传输的需求,急需进行升级改造。

依托现有气象通信系统 CTS 建设 X 波段相控阵雷达基数据和产品的数据采集分发服务器子系统。子系统具备数据收集、数据处理、交换控制、数据发现、数据分发以及数据监视等业务功能,实现 X 波段相控阵雷达资料的文件传输,支持基于气象宽带网的点对点、一点对多点的高时效分发,传输时效满足业务使用需求。

在气象内网核心业务区,系统采用高可用集群架构,扩容 10～20 台服务器以及磁盘阵列,以提升 CTS 的收集处理能力和存储能力,保障 CTS 系统稳定地运行,给用户提供实时的 X 波段相控阵雷达基数据和产品数据传输服务。

4.4　流式传输和服务子系统

X 波段双偏振相控阵天气雷达与新一代 SA 天气雷达相比,在 X 波段双偏振相控阵天气雷达站点数量大幅增加、时空分辨率大幅提高、观测产品类型更加丰富的同时,也导致数据文件数量及占用存储空间大幅上升。因此,需要建设雷达产品流式直播服务子系统,利用数据流技术解决海量 X 波段双偏振相控阵天气雷达产品的高效数据服务问题,为广东气象预报预警业务提供可靠、快速的数据支撑,满足监测预警业务时效性要求。

子系统主要功能:

(1)提供雷达产品数据流直播服务:挑选部分重要、时效性要求高的雷达产品,由系统发布实时直播服务,利用数据流技术实现产品从采集端到服务端的快速通道,中间过程数据不落地,采集和服务无缝对接,最大程度地提高数据时效性,实现同时向多个业务系统及用户提供高并发、秒级延时的数据服务。

(2)提供雷达产品数据流点播服务:在数据服务过程中,若用户端因不可控因素造成数据传输中断、需要进行测试或由于其他原因需要回放数据,利用系统发布的点播服务从高速缓存读取数据,为应用级用户提供雷达产品数据流回放,提供的回放数据不高于 15 min。

子系统采用的技术方案:

(1)基于 Socket 套接字协议实现数据流传输,对接数据采集端发来的雷达数据产品,创建 Socket 数据转发链路,期间数据不落地,最终以数据流的方式供用户端监听和读取。雷达产品数据流传输时将数据封装为通信数据包。通信数据包由数据包头和数据段组成。数据包头定义数据的基本信息,如数据类型、数据长度、站点标识、校验码等等。数据段封装雷达产品数据内容。

(2)实现数据发布功能,向用户提供雷达产品数据的元数据信息检索和查询,包括站点信息、资料频次、产品说明等;用户根据数据使用需要,在直播服务模块提交指定数据的访问申请并登记接收端信息,管理员通过审核后,系统创建对应雷达数据产品的数据流传输链路,将数据实时传输到用户端。

(3)构建内存数据库用于数据的高并发、低时延缓存,系统在接入实时雷达数据产品时,将数据同时写入内存数据库,作为热点数据供系统检索调用。实现缓存数据自动清理功能,写入内存数据库的数据保存一定时间(如 15 min)后,标识为过期失效数据,系统执行数据的删除清理操作。

(4)实现数据点播服务,用户提交数据点播请求后,系统从内存数据库检索缓存数据,通过传输链路发送到用户端,实现数据回放功能。

4.5 数据下载服务子系统

数据下载子系统实现所有数据文件的归档管理,同时提供各种数据和产品的文件下载服务。综合考虑需求成本与数据安全,数据在线时长不低于 1 个月。

相控阵雷达的数据服务包括雷达基数、雷达单站产品、拼图产品和拼图数据等多种类数据。数据体量非常庞大,对数据归档和数据服务的要求都很高。本着集约化建设的思路,相控阵雷达数据的归档和服务器可以在当前气象数据资源池的基础上扩容。数据的存储结合数据服务的特点,采用高性能存储和普通归档存储相结合,高性能存储保存短期(具体时间根据业务需求确定)实时服务数据,普通归档存储用来保存历史数据,历史数据包括雷达基数据、雷达拼图数据、雷达拼图产品(png、jpg 等)和单站图形产品,其中雷达基数需要长期保存,雷达拼图数据保存 3 年,雷达拼图产品保存 1 年,单站产品保存 1 年。

当前归档系统的网络带宽、服务器的 I/O 流量均很难满足相控阵雷达数据存储的需求。因此,需要对现有的系统进行扩容。增加两台虚拟机服务器,一台用来接收实时数据,一台用来接收归档数据,如图 4.1。在数据接收配置上,采用不同的数据服务端口对应不同的数据,从逻辑上进行分流设计,提高数据接收归档的效率。在数据服务上,同样需要考虑数据量的问题,基于现在的数据服务架构,再增加两台服务器,通过负载均衡器动态分配用户访问的后台服务器,如图 4.2。

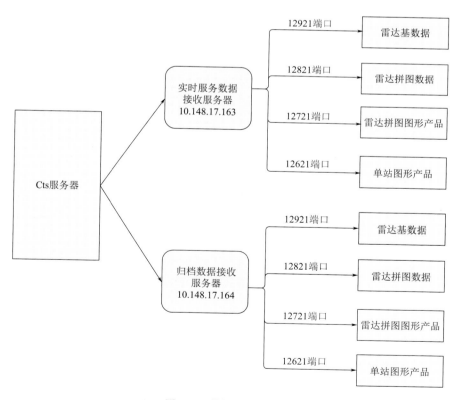

图 4.1　数据归档设计图

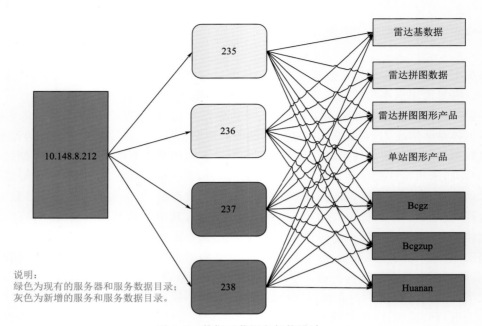

说明:
绿色为现有的服务器和服务数据目录;
灰色为新增的服务和服务数据目录。

图 4.2 数据下载服务架构设计

第5章
相控阵雷达数值预报同化应用

与其他常规和非常规的气象资料相比,雷达观测资料能够提供更丰富的对流系统三维结构信息,将雷达观测同化到中尺度数值模式中,可显著提高数值模式的短临预报效果。相控阵雷达其灵活的扫描模式可以更快地探测降水系统,在探测中小尺度天气系统方面,相控阵雷达有明显的优势。在极端天气监测中,相控阵雷达可以弥补传统多普勒天气雷达低层扫描盲区的不足。同化相控阵雷达数据有利于改进高分辨率模式的预报效果。

5.1 面向资料同化的相控阵雷达质量控制

高质量的雷达探测资料对雷达的业务应用水平至关重要。以数值模式应用为例,较高雷达资料质量才能保证资料同化系统的准确性,才能明显提高雷达资料的应用水平。而高频次高分辨率相控阵雷达资料的业务应用为突发灾害性天气临近预报提供了新的契机。

相控阵雷达反射率因子质量控制,主要面向资料同化应用,重点针对雷达波束非标准阻塞、非气象回波和径向高频脉动三个问题发展相控阵雷达质量控制技术。利用线性内插弥补小范围非标准阻塞区域,基于水凝物分类筛选、相关系数/信噪比阈值检查及杂波滤除等技术识别并剔除非气象回波,综合采用多种滤波技术处理雷达反射率资料噪声,建立观测质量标准体系,满足区域数值预报模式和其他业务系统的需求。

(1)雷达低仰角可能全部或部分受地形遮挡,进而影响雷达观测资料质量。由树木或其他人造物体(建筑物、通信塔等)带来的波束遮挡称为非标准波束遮挡。波束遮挡会导致雷达 PPI 和其他相关产品中出现不连续。首先采用累加反射率因子,识别方位角方向的梯度不连续区,标记为非标准波束遮挡;然后采用线性内插宽度移除宽度小于 5°的非标准波束遮挡。

(2)非气象回波识别与剔除。基于模糊逻辑建立水凝物分类筛选,基于分类结果剔除雷达站点附近的地物及生物杂波;对相关系数、信噪比和比差分相位进行阈值检查,进一步剔除非气象回波;统计一定区域内的有效观测占比,识别并剔除孤立噪声。

(3)径向观测高频振荡抑制。采用一定平滑算法对反射率观测做滤波处理,以保证观测和模式分辨率相互匹配。在保证反射率因子变化的基本趋势的前提下,采用单一径向上的中值滤波滤掉高频脉动;利用9点滑动平均使反射率更加平滑。经过上述处理后最终生成面向数值预报的标准化、规范化的基础数据,供数值模式使用。

5.2 相控阵雷达资料同化技术

5.2.1 面向资料同化的相控阵雷达风场反演

为实现多部相控阵雷达的并行处理,满足业务应用的时效需求,采用计算量较小的单雷达三维变分反演方法,首先构造如下目标函数:

$$J = J_B + J_r + J_E + J_C + J_P$$

式中 J_B 是背景场约束项,定义为:

$$J_B = \frac{1}{2} \sum_{i,j,k} \left[W_{uB} (\overline{u}^{xy} - u^B)^2 + W_{vB} (\overline{v}^{xy} - v^B)^2 + W_{wB} (\overline{w}^{xy} - w^B)^2 \right]$$

$\overline{u}^{xy}$ 表示 5 点平滑算子:

$$\overline{u}^{xy} = 0.5 u_{i,j} + 0.125 (u_{i+1,j} + u_{i-1,j} + u_{i,j+1} + u_{i,j-1})$$

J_r 表示观测约束项,定义为:

$$J_r = \frac{1}{2} \sum_{i,j,k} W_r (v_r - v_r^{obs})^2$$

式中背景径向风 v_r 定义为:

$$v_r = \frac{xu + yv + z(w - w_T)}{r}$$

雨滴下落末速度 w_T 定义为:

$$w_T = 5.4 \times 10^{0.00714(Z-43.1)}$$

J_E 表示降水量守恒约束项,定义为:

$$J_E = \frac{1}{2} \sum_{i,j,k,n} W_E E^2$$

E 可以由下式算出:

$$E = \frac{\partial M}{\partial t} + u \frac{\partial M}{\partial x} + v \frac{\partial M}{\partial y} + w \left(\frac{\partial M}{\partial z} + kM \right) - \frac{\partial (MV_T)}{\partial z}$$

M 为降水率,可以由 Z-I 关系推算。

J_C 表示质量守恒约束,定义为:

$$J_C = \frac{1}{2} W_C \left(\frac{\partial u}{\partial x} + \frac{\partial v}{\partial y} + \frac{\partial w}{\partial z} - kw \right)^2$$

J_P 表示空间平滑约束,定义为:

$$J_P = \frac{1}{2} \sum_{i,j,k} \left[W_{pD} (\mathrm{d}D)^2 + W_{pV} (\mathrm{d}\zeta)^2 + W_{pw} (\mathrm{d}^2 \nabla^2 w)^2 \right]$$

式中 D 和 ζ 分别表示散度和涡度。

通过目标函数极小化,即可获得单雷达反演的三维风场。

5.2.2 变分方法

变分同化方法,其核心原理是通过迭代求解一个目标函数的极小值,获得分析时刻大气真实状态的最优估计。其目标函数的表达式如下

$$J(X) = \frac{1}{2}(X - X_b)^T B^{-1}(X - X_b) + \frac{1}{2}[y_o - H(X)]^T R^{-1}[y_o - H(X)] + J_C$$

式中 X 是分析场, X_b 是背景场, y_o 是观测值, B 为背景误差协方差矩阵, R 是观测误差, H 是观测算子, J_C 是约束项。观测算子是模式空间向观测空间的投影函数。相对于 SSI,GSI 最大的进步是构建系统的基础由原来的谱空间变为现在的模式格点空间,这样使得背景误差协方差拥有更多的自由度,如非均匀性和各向异性,同时也使得增量信息能够依赖于地形或天气系统形式传播。背景误差协方差是由"NMC"方法估算的依纬度变化的矩阵。GSI 使用共轭梯度极小化算法作为其迭代方法,同时在迭代过程中采用递归滤波将误差信息传播到周围点。另外为减小分析增量的噪声,GSI 系统还引入了切线性正则模约束作为动力约束项。

GSI 中雷达径向风的观测算子为

$$V_r = u\cos\theta + v\sin\theta$$

式中 u,v 是大气水平风场, θ 是方位角。由于 GSI 的控制变量不包含垂直速度 w,所以目前的径向风观测算子不包含 w 项。基于变分的方法和集合的方法虽然这些基于最优统计理论的复杂方法可以产生更精确、更平衡的初始场,但其计算代价较大,难以满足业务运行的要求。

5.2.3　云分析技术

云分析是同化雷达反射率资料的一种简单而有效的方法。云分析技术可综合地面云观测、卫星观测、闪电资料和多普勒雷达反射率等多种资料计算云量,反演计算云冰、云水、雨水、雪和霰等水凝物混合比,并且根据非绝热过程或湿绝热过程两种方式调整云内温度,输出更接近真实情况的水凝物场和温度场,最终形成更真实的初始场。

5.2.4　Nudging 方法

Nudging 方法可以根据模式动力和物理方程约束调整对流,因此与模型的协调性较好,且计算效率高。在模式预报误差较大且背景误差协方差估计不准确的情况下,Nudging 方法仍然可以提供比较合理的同化分析场(Lei et al.,2015)。因此,它适用于同化高时空分辨率的相控阵雷达数据,以实现模式系统的快速更新周期。事实上 Nudging 方法在雷达反射率同化中得到了广泛的应用(Xu et al.,2013；Huang et al.,2018)。本书进一步扩展了 Nudging 方法,验证了其在雷达径向速度同化方面的优势。

近年来,粤港澳大湾区部署了多台 X 波段双偏振相控阵雷达,并形成相控阵雷达监测网络。雷达网的观测结果为改进 TRAMS_RUC_1km 模式对流系统初始化提供了宝贵的数据来源。以 2020 年 8 月 26 日广东佛山局地暴雨为例,研究相控阵雷达资料同化对降水预报的影响。

5.3　相控阵资料同化应用

5.3.1　CMA-TRAMS 模式

基于华南区域气象中心的 CMA-TRAMS 模式(徐道生等,2020；Zhong et al. 2020)开展数值试验。该模式的基本动力框架包含 Exner 无量纲气压(Ⅱ)、位温(θ)、三维风场(u,v,

w)和水汽(q_v)作为预报变量(Chen et al.,2008)。模式云微物理过程选择了 Hong 等(2006)发展的 WSM6 方案,该方案包含了水汽(q_v)、云水(q_c)、雨水(q_r)、云冰(q_i)、雪(q_s)和霰(q_g),共 6 个变量的混合比预报。采用水平分辨率为 3 km 和 1 km 的二重单向嵌套方案进行数值模拟试验(如图 5.1),其中相控阵雷达资料同化仅仅在内部的 1 km 分辨率模式进行。外部 3 km 分辨率模式的初始场和侧边界条件分别由分辨率为 9 km 的 ECMWF 模式分析场和预报场提供。

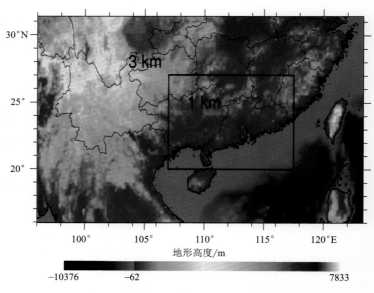

图 5.1 同化试验使用的模式范围设置

5.3.2 观测数据

本次同化使用的是广东省佛山市 X 波段相控阵雷达组网观测资料。图 5.2 给出了 7 部相控阵雷达的站点分布和对应的观测范围,同时也展示了 2020 年 8 月 26 日 10 时(UTC,下同)的合成反射率。通过间接方法对相控阵雷达进行同化,即首先将雷达观测反演成模式预报变量,然后通过 Nudging 方法将反演信息引入到模式预报中:

$$\frac{\partial F}{\partial t} = M(F) + \frac{F_{\text{obs}} - F}{\delta t} \tag{5.1}$$

式中 F 表示模式预报变量,M 表示数值模式的动力框架和物理过程,F_{obs} 是变量 F 对应的反演信息,δt 为 Nudging 松弛时间。

在对相控阵雷达风场和回波进行反演之前,有必要对其进行质量控制。本研究使用的质量控制系统主要包括以下 7 步:(1)噪声滤除;(2)偏差校正;(3)地物杂波剔除;(4)剔除反射率散点回波;(5)速度退模糊;(6)填补反射率和速度空洞;(7)订正强降水引起的回波衰减。

对于业务模式的雷达资料同化来说,Nudging 方法提供了一种非常方便且高效的选择。许多相关研究(Schroeder et al.,2006;Deng et al.,2006;Liu et al.,2008;Dixon et al.,2009;Lei and Hacker,2015;Shao et al.,2015;Davolio et al.,2017;Jacques et al.,2018;张兰等,2019)表明,在模式预报误差较大且背景误差协方差估计不准确的情况下,Nudging 方法仍然可以提供比较合理的同化分析场。

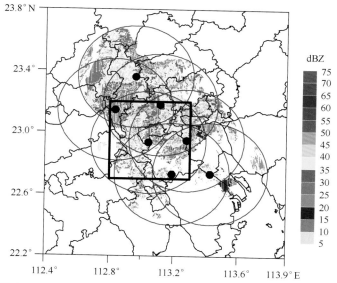

图 5.2　广东省佛山地区 7 部相控阵雷达的站点位置(黑色实心圆圈)及其观测范围(红色圆圈)
(彩色显示的是 2020 年 8 月 26 日 10 时的合成反射率,黑色方框是图 5.3 的分析范围)

5.3.3　相控阵雷达资料的三维风场反演

从公式(5.1)可以看出,只有当观测变量(F_{obs})和预报变量(F)一致时 Nudging 方法才能被使用,因此,必须将相控阵雷达的径向速度观测反演为三维风场。相控阵雷达的反演风场已被证明可以很好地体现小尺度对流的特征,例如微下击暴流(Qiu et al.,2013)和龙卷超级单体(Liou et al.,2018)等。尽管 Derber 等(1998)曾指出间接同化方法在观测误差估计方面存在一些缺陷,Nudging 方法在同化相控阵雷达反演风场方面的实际应用优势仍然是值得追求的,尤其是对于时效性要求极高的短临预报系统。

本项研究使用 Gao 等(1999,2004)和 Potvin 等(2012)发展的双雷达风场变分反演方法。该方法通过对以下目标函数(J)进行极小化来获得三维风场反演结果:

$$J = J_O + J_M + J_V + J_S \tag{5.2}$$

式中 J_O,J_M,J_V,J_S 分别是对应观测、质量、守恒和涡度的约束目标函数。由于质量连续方程已经被当作一种弱约束来避免垂直速度 w 的显式积分,所以无需再对 w 的边界条件进行定义(Gao et al.,1999)。在本研究中,我们参考 Gao 等(1999)的做法,直接设置顶部和底部的垂直速度为 0。

考虑到目前相控阵雷达反演风场在中国的应用还相对较少,在同化之前对它们的精度进行评估是非常重要的。首先将 500 m 和 1500 m 高度上的水平反演风场和多雷达合成风场(Shapiro et al.,2009)进行对比。从图 5.3 可以看出,双雷达反演风场的结构特征和多雷达合成的实况非常吻合,这说明反演风场可以比较准确的体现流场结构的中小尺度特征。统计结果表明:风场 u 分量的均方根误差(RMSE)大约为 1 m/s,且在 1~9 km 区间内基本不随高度变化;风场 v 分量的均方根误差介于 1~2 m/s,并在 7.5 km 高度上达到误差极大值。Liou 等(2018)曾用同样的方法评估了单部相控阵雷达的反演风场,其误差介于 2~6 m/s。因此,本试验使用的反演风场更加精确,这可能与使用了双雷达资料进行反演有关。另外选取了华南地区10个个例(包括对流和层云降水过程)的反演风场进行评估,其误差特征与本次过程基本一致。为了进一步证实双相控阵雷达风场反演的高精度优势,我们选取了佛山地区对流和层云降水过程的一些风廓线雷达资料进行比对,结果同样表明反演风场能够合理地抓住低层风场时间演变特征。

值得注意的是反演风场(图5.3c,d)的覆盖范围要大于合成风场(图5.3a,b),这一点在图5.3西南角更加明显。这种差异是由于雷达反演与合成时使用了不同的计算方法。在计算多雷达合成风场时,要求该位置同时被3部X波段相控阵雷达扫描,然后才有可能分别利用这三部雷达的径向速度观测来计算三维风场(u,v,w)。关于多雷达合成风场的计算方法在许多教科书中都有介绍,例如张培昌等(2001)的《雷达气象学》。这种由三部雷达合成的风场具有很高的精度,可以被看作"真实值"来定量估算反演风场的精确度。如上所述,多雷达合成风场需要同时被三部雷达扫描范围覆盖,而反演风场只需被两部雷达同时扫描(因为使用了双雷达反演方法),所以合成雷达风场的范围会稍小于反演风场。

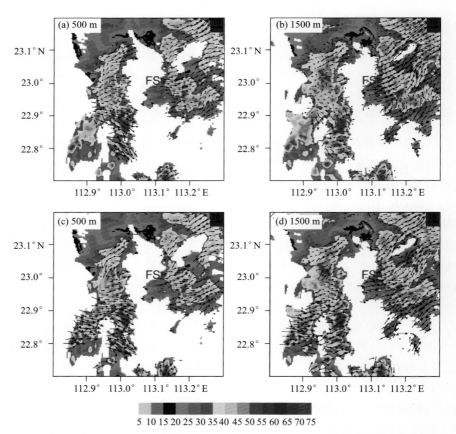

图5.3　2020年8月26日10时(a,b)多雷达合成风场和(c,d)对应的反演风场

((a,c)和(b,d)分别对应500 m和1500 m高度。彩色阴影表示雷达回波,佛山市位置用红色的"FS"进行标记)

尽管多雷达风场更加精确,但是我们仍然选择双雷达反演风场进行评估。主要是基于以下两个方面的考虑:(1)反演风场的覆盖范围更加宽广,这有助于提高资料同化的改进效果;(2)由于只需收到两部雷达即可开展风场反演计算,而合成风场需要等到收集三部雷达资料才能开始,因此反演风场的计算效率会更高。这对于实际业务来说更加适用,因为短临预报过程

中同化的时间是很短的。

5.3.4　基于雷达反射率的云参数调整

如前面提到的,WSM6 微物理参数化方案的预报变量包括液相和冰相粒子。因此,同时对液相和冰相粒子进行同化是一种较为理想的做法。不幸的是,目前相控阵雷达的反射率资料还没有被加入到 TRAMS_RUC_1km 模式的云分析系统中,因此还无法实现冰相粒子的反演。出于方便的考虑,本研究暂时采用 Brewster(1996)发展的一种利用雷达反射率反演液相水物质的简易方法。基于雨滴谱的 Marshal-Palmer 分布假设,雨水混合比 q_r 可由雷达反射率(Z_o)算出(Sun and Crook,1997):

$$q_r = 10.0^{\left(\frac{Z_o - 43.1}{17.5}\right)} / \rho \tag{5.3}$$

式中 ρ 为空气密度,可根据背景场的气压和温度计算得到。

雨滴末速度 V_t 和云水混合比 q_c 可以表示为(刘红亚等,2007):

$$V_t = 5.40 \times \frac{P_s}{P} \times q_r^{0.125} \tag{5.4}$$

$$q_c = -\frac{\frac{1}{\rho} \frac{\partial(\rho V_t q_r)}{\partial z}}{0.002 \times q_r^{0.875}} \tag{5.5}$$

式中 P_s 和 P 分别为地面气压和气压。由于这一反演方法是根据 Kessler(1969)暖云参数化方案发展而成的,因此它只能对雨水和云水混合比进行反演。由于缺乏相应的实际观测资料,目前还很难对反演的 q_c 和 q_r 进行精度评估。但是这个方法在 TRAMS 模式短临预报中的有效性已经得到了多次验证,可参考张艳霞等(2012)、徐道生等(2016)、张兰等(2019)的方法。

为了保证初始场的热力平衡,本试验根据水物质调整引起的潜热(LH)效应进一步对温度场进行调整:

$$\text{LH} = L_v(q_{r_{\text{obs}}} - q_{r_{\text{back}}}) + L_v(q_{c_{\text{obs}}} - q_{c_{\text{back}}}) \tag{5.6}$$

$$\Delta T = \frac{\text{LH}}{c_p} \tag{5.7}$$

其中潜热蒸发系数 $L_v = 2.5 \times 10^6$ J/kg,定压比热容 $c_p = 1005$ J/(kg·K),$q_{r_{\text{back}}}$ 和 $q_{c_{\text{back}}}$ 分别对应背景场的雨水和云水混合比,$q_{r_{\text{obs}}}$ 和 $q_{c_{\text{obs}}}$ 分别对应雷达观测反演的雨水和云水混合比。

最后,水汽场也根据 Zhao 等(2008)建议的方案进行调整。当实测雷达反射率达到 30 dBZ 以上时,将该格点的水汽混合比进行调整使得其相对湿度达到饱和。当观测反射率小于 30 dBZ 时,认为该格点不存在降水,此时需要保证其相对湿度小于 80%。可能这里假设 30 dBZ 达到饱和有些偏低,但是敏感性试验结果表明:如果将饱和阈值提高到 40 dBZ,水汽将被过度消减以至于出现明显的降水低估现象。因此,本试验仍然选择 30 dBZ 作为饱和判断阈值。由于仅仅根据雷达回波进行水汽调整的做法忽略了很多其他可能因素的影响,因此不可避免地会出现一些参数设置的不合理性。事实上,我们也注意到 Xu 等(2010)的研究过程中采用了类似的水汽调整方法,而他们的饱和阈值设置为 10 dBZ(在垂直速度非负的情况下)。水汽调整的不确定性说明有必要进一步研发更加复杂的和符合物理原理的新方案。例如,Pan 等(2020)的个例研究结果表明基于相对湿度和垂直速度关系建立的水汽调整方案(Tong et al.,2015)可以更加有效的改进降水预报。

5.3.5 试验设计

选取 2020 年 8 月 26 日发生在佛山地区的一次暴雨过程进行个例研究,本次降水过程主要集中在 26 日 09 时至 12 时这 3 个小时内。图 5.4a—c 给出了合成雷达反射率的逐小时演变情况。26 日 09 时佛山市东西两侧的对流单体逐渐向中心靠拢,10 时以后两者合并,然后在 11 时向佛山东南侧移动,这些对流单体的合并和移动是造成本次暴雨过程的主要因子。图 5.4d—f 给出了对应时刻的地面站观测。从 10 m 风场和 2 m 温度的分布可以清楚地看出,地面冷池(在本书中将冷池简单定义为 2 m 温度低于 26 ℃的区域)是推动对流单体合并及南移的主要因素。在 26 日 11 时,冷池前方的辐合线逐渐向东南方向移动,前方的暖湿空气被抬升并触发对流不稳定能量的释放。26 日 13 时以后,对流从东南方向移出佛山地区。

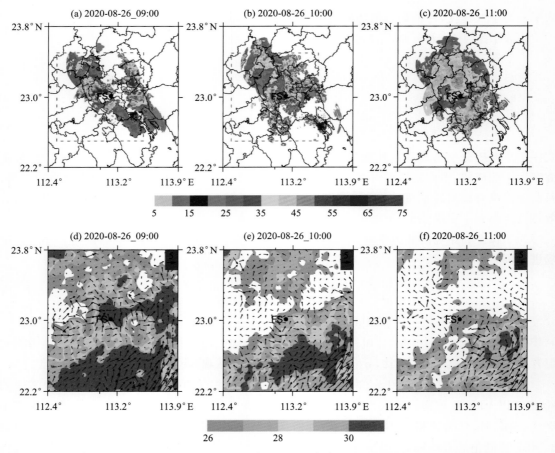

图 5.4 2020 年 8 月 26 日 9—11 时期间(a—c)合成雷达反射率和(d—f)地面站 2 m 温度(彩色)及 10 m 风观测(矢量)

(图(a—c)中的红色虚线方框是后文图 5.7 的分析区域,佛山市的位置用黑色实心圆圈标记)

由于这是相控阵雷达首次被同化到 TRAMS_RUC_1km 模式中,并且过去关于雷达反演风场的 Nudging 同化仍然比较少见,因此在该技术正式业务化应用之前有必要对一些相关因素的影响进行测试。图 5.5 展示了不同同化试验的具体设置。TRAMS_RUC_1km 模式于 2020 年 8 月 26 日 06 时启动,而真正的预报从 26 日 10 时开始。一共设计了 7 组试验来分析

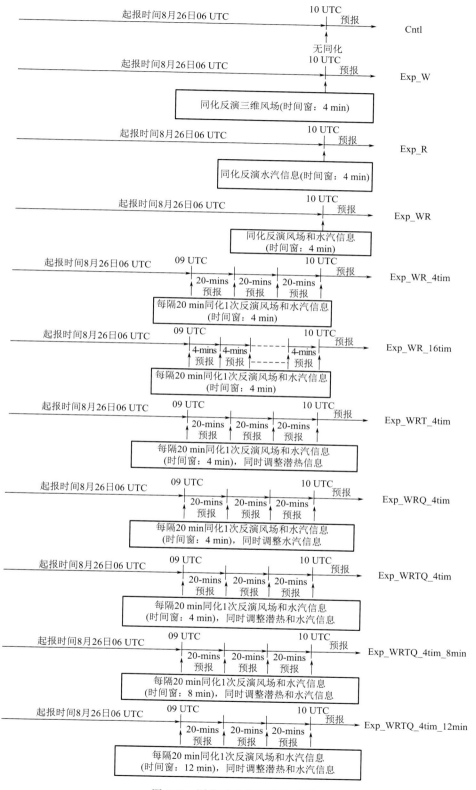

图 5.5　同化试验设计的示意图

和评估相控阵雷达资料同化对模式预报的影响。本试验主要针对以下一系列因素进行细节讨论:(1)风场和反射率同化的不同表现;(2)同化频率的影响;(3)水汽和温度调整的影响;(4)Nudging 松弛时间的敏感性。控制试验(Cntl)从 8 月 26 日 06 时启动预报,不做任何资料同化。Exp_W 和 Exp_R 试验分别对反演风场(u,v,w)和水物质(q_c,q_r)进行 Nudging,两个试验的松弛时间都是 4 min。Exp_WR 是 Exp_W 和 Exp_R 试验的合并。对 Exp_WR、Exp_WR_4tim 和 Exp_WR_16tim 试验结果进行比较,可以同化频率的影响。Exp_WR_4tim 是对 09:00、09:20、09:40、10:00 的反演风场和回波数据进行同化,而 Exp_WR_16tim 则进行 16 次连续同化,包括 09:00、09:04、09:08、09:12、09:16、09:20、09:24、09:28、09:32、09:36、09:40、09:44、09:48、09:52、09:56、10:00。为了探讨热力学变量调整的重要性,另外开展了三组试验 Exp_WRT_4tim,Exp_WRQ_4tim 和 Exp_WRTQ_4tim。这三组试验的同化方式和 Exp_WR_4tim 一致,但是增加了位温(θ)和水汽(q_v)的调整。最后,为了测试不同松弛时间的敏感性,我们又增加了两组试验:Exp_WRTQ_4tim_8min(松弛时间为 8 min)和 Exp_WRTQ_4tim_12min(松弛时间为 12 min)。

5.3.6   结果分析

5.3.6.1   风场和反射率同化的不同表现

通过 Exp_W,Exp_R 和 Exp_WR 三组试验的对比可以分析雷达风场和回波同化的各自影响。图 5.6 分别给出了 Cntl,Exp_W 和 Exp_R 试验的 1 h 降水预报图,它们分别是图 5.6c—d、e—f 和 g—h。与实况降水(图 5.6a,b)相比,Cntl 试验几乎完全漏报了佛山地区的降水。总的来说同化效果并不明显,但是仍然可以看到一些改进之处,例如模式报出了第 2 小时佛山地区的雨带,尽管和实况相比有一些偏北(图 5.6b)。

总的来说,Exp_W,Exp_R 和 Exp_WR 三组试验对佛山地区降水预报的改进效果并不明显,这可能是由于单一时次的资料同化对模式预报原本的预报轨迹影响不大(Zhao et al. 2006)。尽管如此,Exp_W,Exp_R 和 Exp_WR 试验预报的小时降雨量彼此之间非常相似,由此推断反演风场和水物质的同化对于降水预报的作用是相似的,这个推断与张兰等(2019)用 TRAMS_RUC_1 km 模式同化 S 波段多普勒雷达资料的实验结果不同。其中的原因需要进行更加深入的分析,但是反演风场和水物质的同化对于降水预报的结果影响较位温和温度弱得多。

5.3.6.2   同化频率的影响

试图提高资料同化对于降水预报的改进效果,本节设计了 Exp_WR_4tim 和 Exp_WR_16tim 两组试验。如图 5.5 所示,反射率和反演风场通过 Nudging 的方法引入模式,在 Exp_WR_4tim 试验中是每 20 min 一次,而 Exp_WR_16tim 试验中是每 4 min 一次。

从图 5.6k-n 可以看出,Exp_WR_4tim 和 Exp_WR_16tim 对于雨带落区和降水强度的预报效果有了明显的提高。从 10 时到 11 时,Exp_WR_4tim 对于佛山北部的降水有所低估(图 5.6i),随着进行同化频率的增加,模式对于降水的预报的效果逐渐变好,且 11 时到 12 时之间,位于佛山东部的雨带逐渐向南移动,向实际情况靠近。因此可以推断 10 时背景场中包含了更多的对流结构使得 Exp_WR_4tim 和 Exp_WR_16tim 试验的降水预报和 Exp_WR 试验相比改进较大。

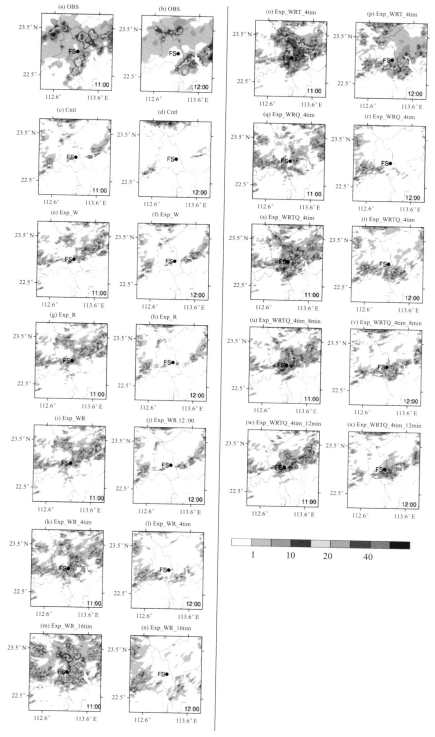

图 5.6　2020 年 8 月 26 日 11 时和 12 时的 1 h 累积雨量

((a,b)为观测,(c,d)为 Ctnl,(e,f)为 Exp_W,(g,h)为 Exp_R,(i,j)为 Exp_WR,(k,l)为 Exp_WR_4tim,(m,n)为 Exp_WR_16tim,(o,p)为 Exp_WRT_4tim,(q,r)为 Exp_WRQ_4tim,(s,t)为 Exp_WRTQ_4tim,(u,v)为 Exp_WRTQ_8min,(w,x)为 Exp_WRTQ_4tim_12min)

为缓解连续循环同化的累积效应,本节进一步研究了云中液相水物质和垂直速度。图 5.7 展示了区域平均(22.5°—23.5°N,112.5°—113.5°E,图 5.4 中的红色矩形区域)的雨水(q_r)和云水(q_c)。从图中可以看出,10:00 到 12:00 的 2 h 内,Exp_WR_4tim 和 Exp_WR_16tim 产生了更多的液相水物质,特别是在对流层的中底层。显然液相水物质的增多是高频率资料同化的结果,尤其是第一个小时内。可以注意到整个积分过程中 Cntl 和 Exp_WR 试验之间的水物质差异是很小的,这和上一个章节的结论保持一致。

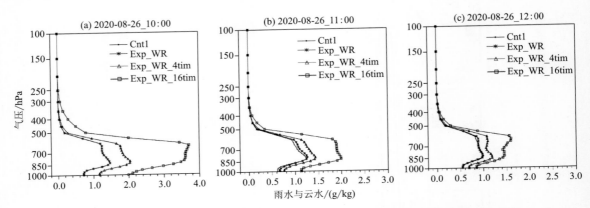

图 5.7 2 区域平均雨水(q_r)和云水(q_c)的垂直廓线(2020 年 8 月 26 日 22.5°—23.5°N,112.5°—113.5°E)(a)10:00;(b)11:00;(c)12:00

图 5.8 给出了 8 月 26 日 10 时的垂直速度经向剖面图(23.0°—23.2°N),用于探究连续同化对动力场的影响。由于对水凝物的低估,Cntl 试验中无论是上升还是下沉气流都很弱。尽管 Exp_WR 试验中的下沉气流和 Cntl 试验相比有些许加强,但是上升气流仍然很弱。也许是因为和背景场不协调,Exp_WR 试验中同化的雷达反演三维风场并没有起到作用,其中下沉气流的加强可以视为同化引入的水凝物蒸发引起周围环境冷却所导致的,这和 Yang 等(2009)无物理初始化的同化试验结果十分吻合。如果模式的动力框架和物理过程本身不协调,仅通过一次 Nudging 模式 spin-up 会比较困难。在 Exp_4tim 试验(图 5.8c)中,上升气流逐渐控制了对流区域,说明通过增加同化的频率可以强迫模式的动力场;Exp_16time 试验(图 5.8d)中上升和下沉气流的显著增强可以进一步证明这个观点。

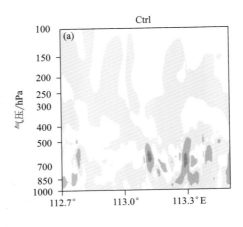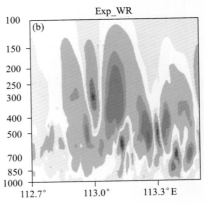

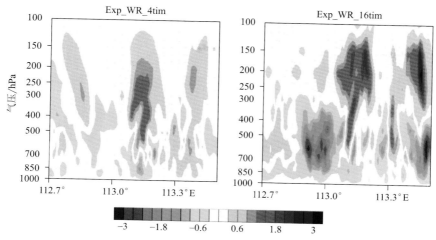

图 5.8　纬向平均的垂直速度经向剖面图(23.0°—23.2°N,2020 年 8 月 26 日 10:00)

以上讨论说明,和仅同化单个时次的资料相比,特别是本节用到的简单同化方法,连续循环同化对模式对流系统的 spin-up 有明显的改进。实际上,在离散的雷达同化方法如 3DVAR 和 EnkF 中,连续同化也是十分有必要的。由于观测资料和模式之间的不协调,适当的同化时间间隔是两者之间达到新平衡的关键点。如果同化频率过高,该阶段观测资料和模式之间的不平衡会引起明显的重力波(Pan et al.,2019;Lin et al.,2021)。如图 5.6m 所示,高频率的同化通常在引入分析增量的时候会产生重力波,导致了大量的虚假对流降水,事实上这也是本节所用同化方法的一个局限性。同样的现象出现在用 Nudging 方法进行 16 次温度和湿度的循环同化中。因此模式并不能更好地吸收更多相控阵雷达对于对流系统的观测资料,基于模式的平衡调整的考虑,大约每 20 min 同化一次的频率是比较合适的。接下来的试验中,将会以 Exp_WR_4tim 试验为基础展开。

虽然随着同化频率提高,观测数据对于模式预报的改进效果随之上升,但是模式的结果并没有预想中的好。Exp_WR_4tim 试验在开始的 1 h 内对降雨量有明显的低估(图 5.6k),在雷达资料同化的基础上,第 2 h 内的降雨量反而迅速下降。之前就有不少学者提出雷达资料同化的短时效性(Mandapaka et al.,2012;Supinie et al.,2017)。其中一个可能的原因是仅对动力和微物理场进行调整还不足以完全触发对流。热力场的平衡对于模式 spin-up 以及对流发生发展也很重要,因此下一章节将基于 Zhao 等(2008)提出的方法对湿度和温度进行调整。

5.3.6.3　云内湿度和温度调整的影响

为了进一步改善降水的临近预报,将采用 5.3.4 节中的"绝热初始化法"对云中温度和水汽进行调整。在 09 时,潜热对应的位温增量如图 5.9a 所示。在有对流系统的区域,潜热过程的影响比较明显,对流单体核心位温增量超过 8 K。正增温中心位于 6~7 km 的高度(约 500~400 hPa),这与 Ding(1989)的结论一致。

通过资料同化引入潜热已被证明是一种有效的对流初始化以及减少 spin-up 时间的方法(张诚忠 等,2017;Jacques at al.,2018)。通过引入潜热,Exp_WRT_4tim 试验模拟和小时降水和之前试验相比更加接近实况,尽管降雨量被高估了。

后续还进行了一系列的实验来探讨降水模拟中温度调整的敏感性。通过降低温度,虚假的降水得到了一定程度的抑制,但高估仍然非常明显。这表明降水高估不仅是温度调整单独造成的。其他热力学问题(如湿度)也可能在降水预报中发挥重要作用,应与温度一起调整以达到物理平衡。图 5.9b 显示了 09 时比湿的分析增量,在 22.8°—23.4°N 湿度调整需要减少 1～1.5 g/kg,说明背景场低层湿度偏高。但通过 Exp_WRQ_4tim 试验(图 5.6q,r)和 Exp_WR_4tim 试验(图 5.6k,l)对比,发现湿度的减少反而进一步加重了降水低估的情况,说明只调整湿度并不会改善降水的预报。

温度和湿度变量的共同调整时(Exp_WRTQ_4tim)效果最好(图 5.6s,t)。预报效果的提高得益于中层潜热的增加可以触发气流的上升运动,同时低层水汽的减少避免了对降水的高估。在这种情况下,同时调整温度和湿度对改善预报的效果至关重要。

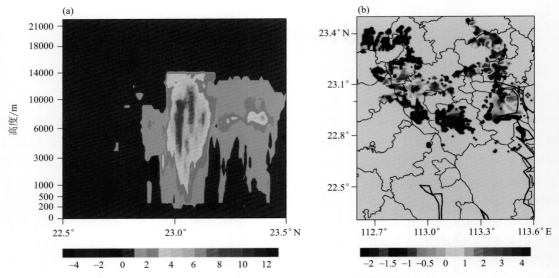

图 5.9　8 月 26 日 11:00 Exp_WRTQ_4tim 试验的分析增量
((a)位温(℃)剖面图(沿 113.0°E);(b)比湿度(g/kg),z＝1500 m 横截面)

为了验证雷达资料同化改善降水预报的合理性,接下来用观测资料对地面场进行了验证。如上节所述,11 时后,在冷池推动下对流系统向东南移动。Exp_WRT_4tim(图 5.10c)和 Exp_WRTQ_4tim(图 5.10e)试验都可以成功模拟出雨带后的冷池(图 5.10a—e 中 2 m 温度低于 26 ℃),而在 Cntl 试验(图 5.10b)和 Exp_WRQ_4tim 试验(图 5.10d)中则无法模拟出。值得注意的是,Exp_WRTQ_4tim 试验对冷锋后方 26～27 ℃区域的模拟和观测结果较为一致,观察 2 m 相对湿度场也可以得到类似的结论(图 5.10f—j)。Cntl 试验(图 5.10g)和 Exp_WRQ_4tim 试验(图 5.10i)的温度和湿度都偏高与降水的低估吻合。总的来说,与观测的湿度和温度场比较,对降水预报的改进是合理的。

由于对温度和湿度调整的结果对相控阵雷达资料同化的影响最为显著,我们进一步分析了 Exp_WR_4tim、Exp_WRT_4tim、Exp_WRQ_4tim 和 Exp_WRTQ_4tim 试验在 10 时雷达反射率和风场的垂直剖面。如图 5.11 所示,温度的调整可以在低层触发更多更强的上升和下沉气流,这有利于水凝物的形成和维持,这是改进 Cntl 试验降水低估的一个重要因素。从 Exp_WRQ_4tim 试验(图 5.11c)可以发现,仅减少低层湿度会进一步加重降水低估的情况,但对于削弱 Exp_WRT_4tim 试验(图 5.11b)500 hPa 以上强盛的上升气流,最终使得 Exp_WRTQ_4tim 试验(图 5.11d)的降雨量更为合理起着重要作用。

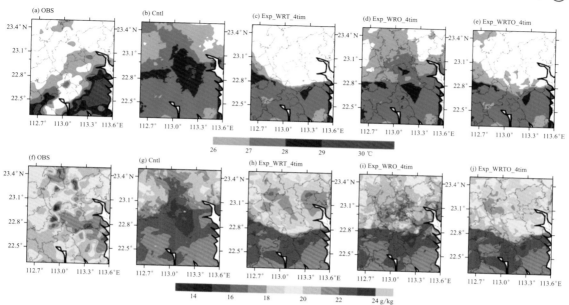

图 5.10　8 月 26 日 11:00 的 2 m 温度(℃)((a)观测;(b)Cntl;(c)Exp_WRT_4tim;(d)Exp_WTQ_4tim; (e)Exp_WRTQ_4tim)和 2 m 湿度((f)观测;(g)Cntl;(h)Exp_WRT_4tim;(i)Exp_WTQ_4tim;(j)Exp_WRTQ_4tim)

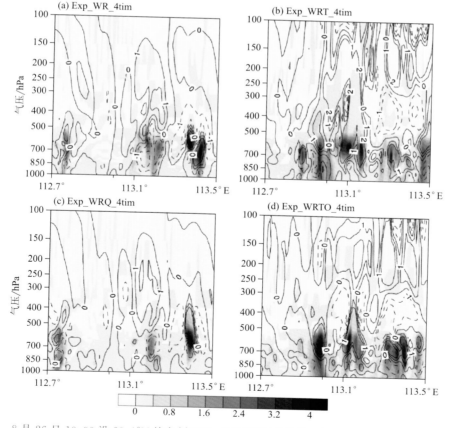

图 5.11　8 月 26 日 10:00 沿 23.1°N 纬向剖面图;垂直速度(等值线,单位:m/s),水成物(云水+雨水, 填色,单位 g/kg)((a)Exp_WR_4tim;(b)Exp_WRT_4tim;(c)Exp_WRQ_4tim;(d)Exp_WRTQ_4tim)

5.3.6.4 对 Nudging 方法松弛时间的敏感性

如公式(5.1)所示,松弛时间 δt 是 Nudging 过程中控制时间的一个可调参数,应该根据观测数据的类型进行调整(Skamarock et al.,2008)。本节研究了降水预报对松弛时间的敏感性,以确定同化相控阵雷达资料合理的 δt。 设置 Exp_WRTQ_4tim、Exp_WRTQ_4tim_8 min 和 Exp_WRTQ_4tim_12 min 试验的松弛时间分别为 4 min、8 min 和 12 min。当松弛时间从 4 min 延长到 12 min 时(图 5.6q,s,u),降水预报逐渐偏离观测(图 5.6a)。对比11:00—12:00UTC 期间的降水预报(图 5.6r,t,v),可以得到类似的结论。这正如 Lee 等(2006)研究所指出的,如果 δt 设定太长,雷达资料中包含许多有意义的小尺度信息会被过滤掉。

为了定量评估该方法的标性能,接下来计算了不同实验的 T_S 评分和 B_{IAS} 评分,如图 5.12 不同阈值的(a,b)TS 评分和(c,d)BIAS 评分;(a,c)11:00(b,d)12:00 所示。T_S 和 B_{IAS} 的计算方法如下:

$$T_S = \frac{N_A}{N_A + N_B + N_C} \qquad (5.8)$$

$$B_{IAS} = \frac{N_A + N_B}{N_A + N_C} \qquad (5.9)$$

其中 N_A 为降水预报正确点数,N_B 为空报点数,N_C 为漏报点数。由式(5.9)可知,当 B_{IAS} 大于(小于)1.0 时,降水被高估(低估)。

同化相控阵雷达观测资料后 T_S 评分明显增加(图 5.12a),B_{IAS} 评分的升高(图 5.12b)也说明 Cntl 试验降水低估的情况有所改善。需要指出的是,雷达同化效果在第 2 小时下降得非常快(图 5.12c 和 d)。这在雷达资料同化中是常见的现象(Fabry et al.,2020),Kalnay 等(2010)认为,与模式的 spin-up 有关。Kalnay 等(2010)指出,EnKF 中 spin-up 速度缓慢是初始场中引入随机扰动的不平衡造成的,它会导致初始时刻的分析结果比 3DVar 或 4DVar 差。然而,当 EnKF 用 3Dvar 误差协方差得到的平衡扰动进行初始化时,spin-up 问题并不严重。这意味着可能是集合成员初始随机扰动引起的不平衡导致了 EnKF 在初期效果较差。本节的 Exp_R 试验中,在不调整其他变量的情况下将雷达反射率反演得到的云水和雨水引入模型,破坏了初始场的物理平衡约束,必然会引起 spin-up 问题。如果没有持续的上升气流,雷达资料同化引入的云水和云雨将迅速下降,所以预报的改进效果在第 2 小时就不明显了。总的来说,EnKF 的和 Nudging 方法的 spin-up 问题都是由初始场的不平衡引起的。

由于动力场和热力场一致性较差,反演得到的三维风场仅在一次松弛作用下对控制试验(Cntl)的影响较小。比较 Exp_WR_4tim 和 Exp_WR_16tim 试验的 TS 评分,发现通过增加 Nudging 频率可以部分缓解该问题。提高初始场协调性的另一种方法是考虑潜热并根据雷达反射率调整湿度。热力场的调整使得第 2 h 的预报效果更好(图 5.12b,d)。

5.3.6.5 总结与讨论

本章通过个例研究,探讨了同化相控阵雷达观测资料对一次局地强降水预报的影响。首次将相控阵雷达资料同化到 TRAMS_RUC_1 km 模式中,旨在揭示相控阵雷达资料同化对改善局地暴雨临近预报的作用。在张兰等(2019)提出的方法上进一步考虑了潜热和温度调整进行雷达资料同化。

为了研究相控阵资料同化对降水预报的具体影响,设计了一系列的敏感性试验。并发现了两个显著提高预测技能的因素:(1)增加 Nudging 的频率;(2)调整温度和湿度场,达到更好

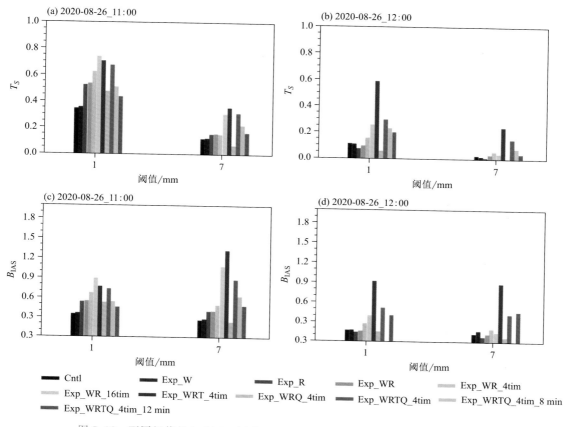

图 5.12　不同阈值的 (a,b) T_S 评分和 (c,d) B_{IAS} 评分 ((a,c)11:00;(b,d)12:00)

的热力学平衡。前者的作用可以通过比较 5.3.6.2 节中 Exp_WR、Exp_WR_4tim 和 Exp_WR_16tim 试验得出。通过缩短 Nudging 时间间隔可以增强上升和下沉气流,水成物的增加也反映了循环同化的累积效应。尽管同化频率的增加使得预报和观测更接近,但仍无法避免 Nudging 方法本身缺点的影响。例如,Exp_WR_16tim 出现的虚假降水,可能是由于资料同化引入物理量与模式不协调强迫产生的。因此,未来将采用 3Dvar/4DVAR 和 EnKF 等更完善的方法进行 TRAMS_RUC_1km 的雷达资料同化。调整温度和湿度场,使模拟的降水和实际更加吻合,对相控阵雷达同化改进短临预报至关重要。Exp_WR_4tim 到 Exp_WRT_4tim 试验降水预报的明显改善,说明潜热的同化发挥着重要的作用。关于相控阵雷达资料同化松弛时间的敏感性实验表明,小于 5 min 效果较好。

　　总的来说,本试验的改进效果有限,方法还较单一,下一步可采用更复杂的方法,包含更完整的平衡约束,以缓解 Nudging 技术的弱点。未来还将对高频相控阵雷达观测资料的同化与传统多普勒雷达在极端天气预报中的应用进行比较(Supinie et al.,2017)。考虑冰相粒子的同化也有助于提高降水的预报效果,下一步计划用 ARPS 数据分析系统(ADAS,Hu et al.,2006)云分析系统将雷达回波反演出模式需要的水成物。另外,还注意到通过 3DVAR 方法修正对流天气 Z-R 关系的统计量可以提高雷达反射率同化的效果(Fang et al.,2018)。然而,修正的华南地区 Z-R 关系(冯璐 等,2020)对本章采用的 Nudging 方法的影响并不明显,可能是间接同化方法中不同分析变量之间的依赖性较弱导致。

第6章

数据质量控制

6.1 衰减订正

雷达信号的衰减问题是影响雷达探测能力的重要因素,尤其是 X 波段雷达,由于波长更短(2.5～4 cm),更易受 Mie(米)散射及吸收作用影响造成回波强度减弱及较大的观测误差,因此资料使用前需要开展衰减订正工作(Park,2005)。单偏振体制的雷达衰减订正方法是根据衰减与降水关系的经验公式,利用实际降水量的大小去调整反射率因子值,再反推衰减大小。但是由于 Z-R 关系本身在不同的天气系统及不同的地域特征下会拟合出不同的经验因子,因此这种方法是极不稳定的,给预报工作带来较大的不确定性。对于具备双偏振探测能力的天气雷达,其衰减可通过偏振参数差分相移率 K_{dp} 来进行订正,K_{dp} 不受雷达定标、雨滴谱分布、雨区衰减以及波束充塞等影响(Bringi,1990;毕永恒,2012)。此外,X 波段雷达由于波长更短,K_{dp} 产品对降水粒子具有更高的敏感性,散射模拟表明 X 波段雷达 K_{dp} 分别是 C 波段、S 波段雷达的 1.4 倍和 3.0 倍(冯亮,2019)。

双偏振雷达 K_{dp} 与反射率因子 Z_h、差分反射因子 Z_{dr} 存在一一对应的订正关系,在雨区中,衰减率 A_H,差分衰减率 A_{DP}($A_{DP}=A_H-A_V$,A_H、A_V 分别为水平与垂直偏振波在降水区中的衰减率)能够线性的表示为:

$$A_H = a_1 K_{dp} \tag{6.1}$$

$$A_{DP} = a_2 K_{dp} \tag{6.2}$$

同时考虑到,在小雨状况下,K_{dp} 值比较小,往往会有较大的误差波动,从而对衰减订正、估测降水误差产生不可低估的影响,所以 X 波段双偏振相控阵天气雷达采用 Z_h-K_{dp} 联合衰减订正法进行订正,订正关系式为:

$$A_H = \begin{cases} a_1 K_{dp} & \sigma_1 \leqslant K_{dp} \leqslant \sigma_2 \\ a Z_h^{\beta} & K_{dp} < \sigma_1 \text{ 或者 } K_{dp} > \sigma_2 \end{cases} \tag{6.3}$$

$$A_{DP} = \begin{cases} a_2 K_{dp} & \sigma_1 \leqslant K_{dp} \leqslant \sigma_2 \\ r A_h^{d} & K_{dp} < \sigma_1 \text{ 或者 } K_{dp} > \sigma_2 \end{cases} \tag{6.4}$$

当 $K_{dp} < \sigma_1$ 或者 $K_{dp} > \sigma_2$ 时,采用 Z_h 方法对 A_H、A_{DP} 进行订正,系数 α、β、γ 和 d 都取固定值;当 $K_{dp} \geqslant \sigma_1$ 且 $K_{dp} \leqslant \sigma_2$ 时,采用 K_{dp} 法对 Z_H 进行衰减订正,此时采用自适应约束订正方法拟合获取 a_1 和 a_2 系数值,避免将系数设定为经验固定值的弊端,能够更加准确地进行衰减订正(胡志群,2008)。

6.1.1 衰减订正效果

2019 年 4 月 27 日广州发生一次大范围强降水过程,图 6.1 为采用该订正方法对当日 15 时

30 分广州帽峰山 X 波段双偏振相控阵雷达的 Z_h 和 Z_{dr} 进行衰减订正前后的对比图，从图

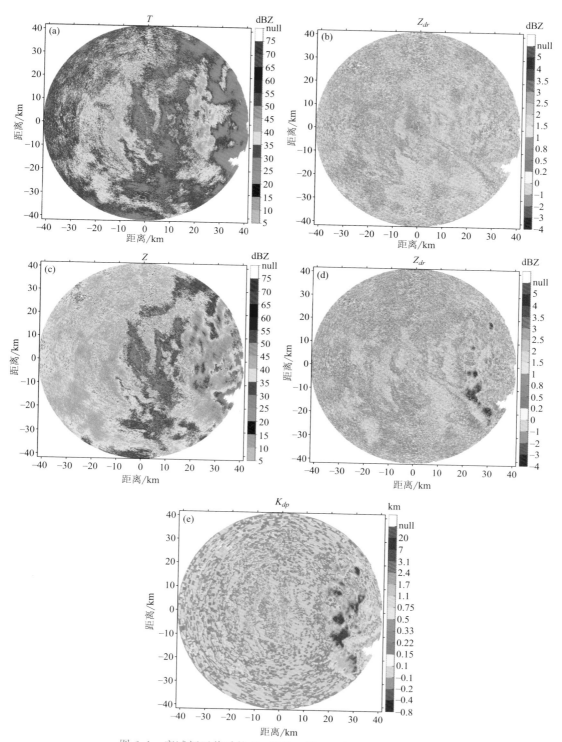

图 6.1 衰减订正前后的 Z_h 和 Z_{dr} 图：(a)未经订正的 Z_h；
(b)未经订正的 Z_{dr}；(c)订正后的 Z_h；(d)订正后的 Z_{dr}；(e)同时刻的 K_{dp}

6.1a 中可见,原始观测的反射率因子受衰减影响明显,尤其是在强回波的后侧,Z_h 随距离的增加而减小。图 6.1c 为订正后的反射率因子,可看出回波明显得到增强,最大反射率由订正前的 45~50 dBZ 增加到订正后的 50~55 dBZ,远距离处强回波后侧的反射率也得到明显增强。图 6.1b 为原始观测的 Z_{dr},受衰减影响,出现了较多的负值,根据双偏振理论,雷达波束穿过雨区时一般应为正值。图 6.1d 为衰减订正后的 Z_{dr},可明显看出大片的负值区已经得到订正。对于弱回波区域,Z_{dr} 接近于 0,对于强回波区域,Z_{dr} 增加明显,与 Z_h 具有较好的对应关系。另外,在 Z_{dr} 图的东南方向一条强 Z_{dr} 带为雷达受到避雷针的影响而产生的条状大值区(张羽,2022)。

6.2　径向速度退模糊

6.2.1　算法原理

当目标物的多普勒频移 f_{dop} 大于雷达脉冲重复频率 F 的一半时,就会产生速度模糊(即 f_{dop} 的识别将产生混淆)。目标物的实际径向速度值可由下式计算:

$$V_t = V_r + 2NV_{\max} \tag{6.5}$$

式中,V_t 为目标实际径向速度,V_r 为雷达测得的径向速度,N 为整数取值 0,± 1,± 2,… 称为 Nyquist 数。

由此可见,$N=0$ 对应无折叠(没有折叠),$N=1$ 对应一次折叠。显然,N 的大小反映了折叠次数。同样的一个测量速度 V_r 可能对应多个不同的实际速度,由于雷达只能探测到 V_r 和 V_t,必须确定 Nyquist 数 N,然后计算 V_t。 退速度折叠的关键,就是利用各种方法和手段确定风场中每个测量的 Nyquist 数 N 值。气象目标一般 N 取 0,± 1,± 2 就足够了。

速度退模糊主要依据连续性原理,即在大气中风场的分布总是连续的,由于速度折叠总是相邻库间的速度增加而呈现出明显的突变,选择适当的 N 值,使该速度梯度明显减少,即可认为此时的速度值是实际速度。当实际风场存在强切变,相邻库上的实际径向风相差很大时,连续性原则不再适用,这时首先要确定强切变线位置,然后再对折叠区域通过算法进行速度退模糊,对于孤立回波块及速度场存在整体折叠,要用不同的方法进行去折叠。总之,要根据不同情况,运用不同的算法通过软件退速度模糊,尽可能还原原始速度场实际速度值(肖艳姣,2012)。

X 波段双偏振相控阵采用四维退模糊方法,对四个维度信息进行分析(即距离门、方位角、仰角和时间维度),从而实现退模糊。具体算法流程为:其每次检查一层仰角,从最高层仰角(杂波最少)开始,降序检索每层仰角,将其数据与奈奎斯特速度(Nyquist velocity)相比较,利用雷达径向数据中门到门切变通常较低等数据特点,使用空间退模糊、加窗退模糊等约束,最后辅助由风场速度方位显示 VAD 生成的 EWVR 作为约束解决孤立回波问题,执行全四维雷达径向速度退模糊,直到校正完成整个雷达速度体扫。由于使用四个维度信息,使得算法不易受到强切变和噪声引起的误差的影响。

6.2.2　退模糊效果

2020 年 8 月 19 日 6 时许,第 7 号台风"海高斯"在珠海市金湾区沿海登陆,登陆时中心附近最大风力有 12 级(35 m/s),中心最低气压为 970 hPa。受台风外围环流影响,南沙区域的地面最大风速已经达到 30 m/s,超过雷达的最大测速范围。X 波段双偏振相控阵雷达在 2.7 度仰角的最大不模糊速度为 28.6 m/s,图 6.2 的左图中明显可见两大片的速度模糊,径向速度从 27 m/s 跳变到 -27 m/s，速度模糊会导致部分算法和产品出现异常或错误。经过速度退模糊算法处理，最大不模糊速度被拓展到 ±57 m/s，错误的径向速度基本得到恢复。

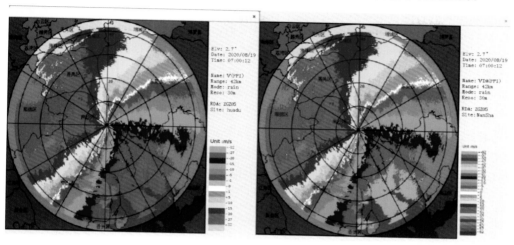

图 6.2　X 波段双偏振相控阵雷达径向速度退模糊前(左)和退模糊后(右)对比

6.3　Φ_{DP} 质控

6.3.1　初始差分传播相移 $\Phi_{DP}(0)$

差分传播相移(Φ_{DP})容易受到雷达系统噪声、地物回波、气象目标特性的影响，出现高低起伏的附加相位移。因此，在应用 Φ_{DP} 之前应先找到初始相位 $\Phi_{DP}(0)$。具体方法是：从径向第 1 个距离库开始，沿着径向向外滑动，计算连续 30 个距离库的 Φ_{DP} 的标准差 σ，当 $\sigma<5$ 且 $C_C>0.7$ 的连续距离库达到 10 个，则为一段连续的降水回波起始点，用这 10 个距离库的 Φ_{DP} 均值表示初始相位的大小 $\Phi_{DP}(0)$，并标记每个初始相位所在的径向位置(肖柳斯，2021)。

6.3.2　Φ_{DP} 退折叠

在双发双收的工作模式下，Φ_{DP} 取值范围是 $0°\sim360°$，当 Φ_{DP} 高于 $360°$ 时，会发生与多普勒速度类似的相位折叠问题，X 波段雷达尤其容易超过不模糊范围，因此需要对 Φ_{DP} 进行去折叠处理。需注意的是，在探测到非气象回波的方向上，Φ_{DP} 的脉动较大，但不属于折叠现象，因此在开展去折叠之前要限制 $C_C>0.9$ 以消除非降水回波的影响。

此外，斜率以及相邻距离库的标准差均能表现 Φ_{DP} 脉动情况，较大的斜率和标准差可能是由于地物杂波引起的。因此基于斜率和标准差的概率分布情况，限制取值范围，有助于抑制杂波的影响。沿起始距离库径向向外滑动 10 个距离库计算标准差(σ)，取 5 个距离库做线性拟合计算斜率(a)，根据概率分布可确定其取值范围为 $[-20,20]$，σ 为 $[0,6]$，只有符合以上阈值条件的数据才应用于分析及退折叠运算。具体步骤如下：(a)取初始差分相位 $\Phi_{DP}(0)$ 作为退折叠的初始参考值 R；(b)沿径向逐个距离库向外滑动，利用 a 更新参考值 $R=R+a\times\Delta r$，其中 Δr 为雷达分辨率，取 $\Delta r=30$m；(c)比较 R 和当前距离库的 Φ_{DP}，当 $R-\Phi_{DP}>80°$ 时，则认为 Φ_{DP} 发生了折叠，需进行去折叠处理：$\Phi_{DP}=\Phi_{DP}+360°$；(d)将去折叠后的 Φ_{DP} 值调整到$[0,180]$之间,则退折叠过程结束。

6.3.3 Φ_{DP} 滤波处理

Φ_{DP} 的径向廓线常常存在起伏现象,在应用之前需完成预处理工作,使 Φ_{DP} 数据更加平滑和连续,并保留有效的气象信息。常用的预处理方法包括滑动平均、中值滤波、卡尔曼滤波等(肖艳姣,2012;魏庆,2014)。

图 6.3 是 2020 年 8 月 12 日 15 时 30 分广州番禺 X 波段双偏振相控阵雷达 6.3°仰角 225°方位原始 Φ_{DP} 数据和经中值滤波后的 Φ_{DP} 数据距离廓线图,可看出 Φ_{DP} 有明显的距离积累效应,随着距离的增加,Φ_{DP} 呈现出明显的增大趋势。且随着回波强度的增加,增长速率越快,距离累计效应明显,数据质量较好。在远距离处 Φ_{DP} 出现比较大的波动,这可能是由于距离较远时回波信噪比也很低,导致 Φ_{DP} 的计算不稳定。另外,对 Φ_{DP} 进行 30 个距离库的中值滤波后,可消除原始数据中一些小的高频噪声,毛刺现象得到抑制,数据变得更加平滑。

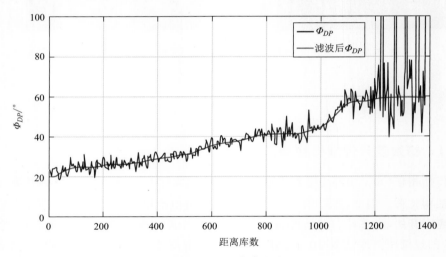

图 6.3 Φ_{DP} 滤波处理

6.4 K_{dp} 质控

考虑单纯从 Φ_{DP} 的值无法判断是否经过了降水粒子以及粒子的大小,因此,为了标准化 Φ_{DP},通过引入 K_{dp} 来表示 Φ_{DP} 随距离的变化率。K_{dp} 是由降水粒子前向散射的相位差异造成,它表示粒子对雷达波传播速度或相位的影响。在业务应用中,为了减少 Φ_{DP} 波动对 K_{dp} 的影响,不是简单的前后两个距离库相减后计算一个库的 K_{dp} 值,而是对几个距离库进行一定的平均、拟合。具体计算方法为

对于给定的有限距离,采用下式进行估算:

$$K_{dp} = \frac{\sum_{i-1}^{N}(\Phi_{DP}(r_i) - \overline{\Phi_{DP}}(r_i - r_0)}{2\sum_{i-1}^{n}(r_i - r_0)^2} \tag{6.6}$$

式中,r_i 为第 i 个库与雷达之间的径向距离;$\overline{\Phi_{DP}}$ 为 N 个库的 Φ_{DP} 的平均值。对于较强的回波区域,采用短距离的拟合以降低周围弱回波的影响,保留强回波的特点;对于弱降水,则采用较长的距离平均以降低因信噪比 SNR 减弱而造成的影响。

6.5　相关系数 C_C 质控

气象回波的 C_C 值一般大于 0.85 以上,但由冰晶单体粘连而成的湿雪 C_C 值有可能小于 0.8,而非气象回波一般低于 0.85。要分析气象回波与非气象回波 C_C 的差异,选取合适的数据是关键。基于气象回波与非气象回波的特点,气象回波从降雨过程中选取,且尽量避免选择被杂波污染的数据,非气象回波从晴空条件下选取,主要选择经过滤波的数据。通过反射率是否相等来判别数据是否经过滤波的处理。

通常情形下,C_C 对噪声较敏感,X 波段双偏振相控阵雷达在信号处理过程中针对低信噪比的情形采用了高阶算法计算 C_C,图 6.4 为气象回波在未进行弱信噪比和弱信噪比高阶处理算法后的 C_C 的概率密度分布曲线,可以看出,在新的信号处理算法下,低信噪比下的 C_C 指示性得到明显改善,在指示降水以及粒子分类时将更有效。

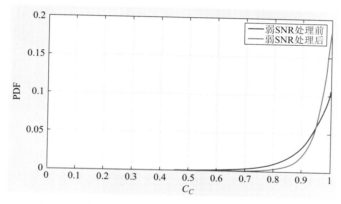

图 6.4　弱 SNR 处理前后的 C_C 的概率密度分布曲线

6.6　地物杂波抑制

一般情况下,雷达地物杂波抑制是通过多普勒频域实现的,地物在大多数情况下多为静态,所以在多普勒频谱上的特征为:在零多普勒频率占有一定宽度,通过该特征可以很好地区分并剔除静态地物杂波;但是当天气系统移动较慢时,会导致将有效信息一并滤除掉,这将会损伤所观测的天气系统的一致性,对预警预报带来不利影响。

天气雷达常用的 IIR 椭圆滤波器为时域滤波器,优点是容易实现,处理计算量较小。缺点是会将多普勒运动速度较慢的气象信号当成地物杂波一并滤除,反映在气象产品上为径向速度产品零速度带不清晰。X 波段双偏振相控阵雷达采用自适应高斯频域滤波器(GMAP),将信号变换到频率域后进行杂波处理,同时引入高斯模型来对零频信号进行恢复,能够恢复和保留处于零速度带气象数据,如图 6.5、图 6.6 所示。

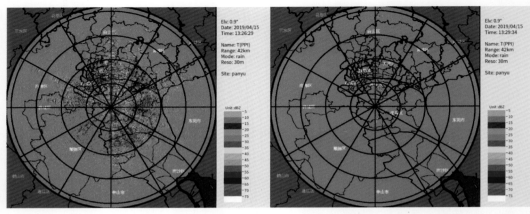

图 6.5　X 波段双偏振相控阵雷达地物杂波抑制处理前后对比

（左图为杂波处理前，右图为杂波处理后）

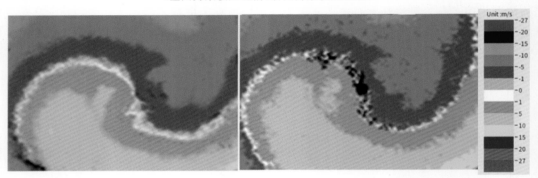

图 6.6　2018 年 11 月 25 日 18 时 00 分地物杂波零速度线对比

（左图为 X 波段双偏振相控阵雷达质控后的零速度线，右图为常规地物抑制方式导致的零速度线缺失）

6.7　反卷积技术

　　X 波段双偏振相控阵雷达的水平垂直波束宽度 3.6°/1.8°所带来的空间分辨率弱于 SA 雷达的水平垂直波束宽度 1°/1°，但同时具有更大的时间分辨率优势。针对空间分辨率问题，X 波段双偏振相控阵雷达引入了反卷积技术，实现了空间分辨率水平的提升，如图 6.7 所示，通过引入"反卷积技术"，可以实现将原 3.6°宽度波束形成的扫描波束，提高到接近为 0.9°的波束宽度效果，最终完成对方位以及俯仰分辨率的极大提升。

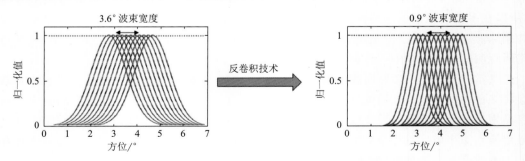

图 6.7　通过反卷积技术提高雷达方位分辨率

图 6.8 为实际观测个例中未使用反卷积技术和使用了反卷积技术的效果对比图；可见，通过引入该技术有效的提升了雷达方位分辨率，所观测的区域细节刻画更加的细致，云体内部结构过度更加均匀一致。

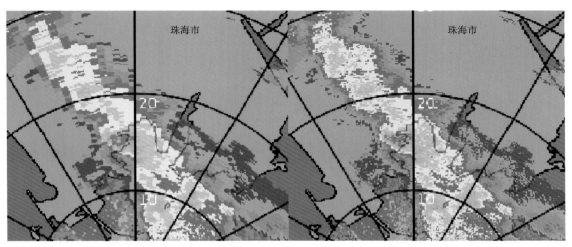

图 6.8　引入反卷积技术提升雷达方位分辨率（左图为未使用
反卷积技术的 PPI 图，右图为使用了反卷积技术的效果）

6.8　Z_{dr} 的质控

6.8.1　小雨法

Z_{dr} 系统误差订正方法主要有信号源法、太阳法、金属球法、小雨法等。业务中使用的 S 波段雷达具有完善的自动定标体系，定期采用信号源法、太阳法等定期对 Z_{dr} 进行订正。X 波段双偏振相控阵雷达系统设计高度集成，雷达安装后，无法像现有业务雷达那样通过外接信号源的方式对雷达各个组件和模块进行标定。X 波段双偏振相控阵雷达天线灵敏度较低，也难以利用太阳噪声进行定标。因此，X 波段双偏振相控阵主要采用小雨法和金属球法对 Z_{dr} 系统误差进行订正。

小雨滴的形状近似为球形，Z_H 与 Z_V 近似相等，Z_{dr} 值一般都较小，接近于零，因此可以利用小雨作为 Z_{dr} 系统误差检查和订正的自然目标物（詹棠，2019）。为评估差分反射率 Z_{dr} 数据的系统误差，选择小雨条件下的数据进行 Z_{de} 系统误差分析，在评估时数据选取遵循以下原则：

（1）选取区域低于 0℃ 层，以确保融化的冰晶不会污染小雨信号，为保证小雨信号条件选择反射率因子 5～20 dBZ 范围数据。

（2）相关系数在小雨条件下接近 1，在进行 Z_{dr} 系统误差评估时，选取相关系数不低于 0.95 的数据；

（3）选取 SNR 不低于 20 的数据，以排除噪声对小信号的影响。此外，为排除地物及杂波滤波的影响，选取没有地物滤波的数据；

（4）当小雨对应的弱回波区靠近或者位于强对流降水区域的边缘时，会受到大雨滴的影响,从而使 Z_{dr} 的估计出现偏差,因此,在实际 Z_{dr} 系统偏差估计中避免使用强对流降水过程的数据,而使用层状云降水过程的数据。

图 6.9 是一次小雨过程期间满足条件数据的 Z_{dr} 统计分布图,Z_{dr} 接近正态分布,其统计中值约为 0.156 dB。

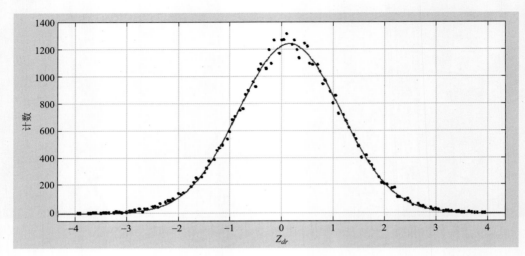

图 6.9 Z_{dr} 系统偏差示意图

图 6.10 一次层云降水过程期间选择满足的数据计算得到各体扫的 Z_{dr} 系统偏差演变。期间 Z_{dr} 系统偏差不超过 0.15 dB,标准差为 0.06。

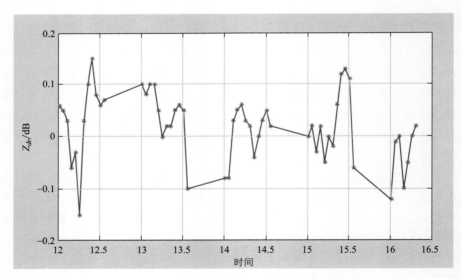

图 6.10 Z_{dr} 系统偏差随时间的变化

6.8.2 金属球法

金属球作为理想散射体,它能将照射到其上的电磁波能量,均匀的向四周散射,当后向散射位于几何光学区时,其后向散射截面仅取决于金属球半径。金属球反射的能量可以通过雷达方程计算出来,根据测出的 Z_H 和 Z_V 如果不同,则其差值就是 Z_{dr} 的系统误差,可将差值作为系统误差的订正值,实现雷达从发射、接收、数据处理等全链路的系统定标,确保雷达观测数据质量(雷卫延,2021;朱毅,2021)。图 6.11 为金属球定标示意图。

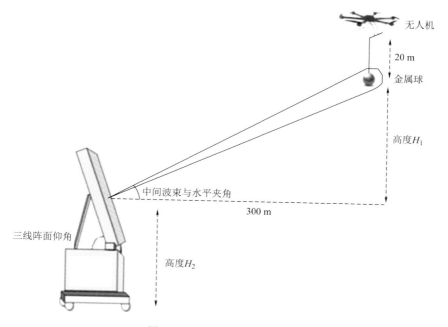

图 6.11　金属球定标示意图

根据天气雷达方程,对于已知"点"目标,天气雷达方程为:

$$P_r(\mathrm{W}) = \frac{P_t G^2 \lambda^2 \sigma \cdot G_{\mathrm{receiver}}}{(4\pi)^3 R^4} \tag{6.7}$$

P_r 为回波信号功率(W),R 为回波距离(m),λ 为雷达工作波长(m),P_t 为雷达发射脉冲功率(W),G 为天线增益,G_{receiver} 为接收通道增益。

2020 年 1 月在广州多次开展金属球定标试验,试验数据如表 6.1 所示。在 1 到 10 月开展的多次定标过程中花都、帽峰山、南海 3 部雷达在仰角为 0°方向上存在遮挡,数据跳跃比较大,定标数据不可信;而花都、帽峰山、南海、番禺 4 部雷达在仰角为 5°、10°、15°方向上无外界干扰,Z_{dr} 平均值均表现稳定,波动范围<0.2 dB,标准差均满足<0.1 指标要求。番禺雷达 10°仰角 Z_{dr} 平均值为-0.3088 dB,超出<0.2 dB 的指标要求。

表 6.1　金属球定标试验结果

雷达站点	定标变量	雷达仰角			
		15°	10°	5°	0°
花都	Z_{dr}	-0.092 3	0.053 8	0.035 1	3.111 1
		-0.112 1	0.006 6	-0.024 1	0.204 8
		-0.102 2	0.045 4	-0.093 7	2.660 0
	平均值	-0.102 2	0.035 3	-0.027 6	1.992 0(无效)
	标准差	0.009 9	0.025 2	0.064 5	1.564 1

雷达站点	定标变量	雷达仰角			
		15°	10°	5°	0°
帽峰山	Z_{dr}	0.008 7	-	0.234 4	−0.270 7
		0.014 6	-	0.255 4	−0.472 1
		−0.029 4	-	0.243 0	−0.259 2
		0.150 5	-	0.254 4	−0.042 7
		0.176 5	-	0.244 5	−0.330 0
	平均值	0.080 2	-	0.246 3	−0.274 9(无效)
	标准差	0.087 5	-	0.008 7	0.155 0
南海	Z_{dr}	−0.213 7	−0.210 9	0.054 1	3.329 8
		−0.211 3	−0.226 6	0.081 4	−0.162 2
		−0.156 2	−0.219 5	0.003 8	−0.064 5
	平均值	−0.193 7	−0.219 0	0.046 4	1.034 4(无效)
	标准差	0.032 5	0.007 9	0.039 4	1.989 0
番禺	Z_{dr}	−0.149 3	−0.257 6	0.146 4	-
		−0.160 6	−0.343 6	0.334 9	-
		−0.137 1	−0.272 1	0.174 5	-
		−0.122 8	−0.361 8		-
	平均值	−0.142 5	−0.308 8	0.118 6	-
	标准差	0.016 2	0.051 6	0.073 8	-

6.9 对比观测

为了验证衰减订正后雷达探测数据的准确性,可利用 CINRAD/SA 雷达进行对比观测(张羽,2022)。广州 CINRAD/SA 雷达位于广州市番禺区南村镇,与番禺 X 波段双偏振相控阵雷达相距约 3.8 km,雷达海拔高度相差约 100 m,观测地点接近。为避免地物杂波、地物遮挡(X 波段双偏振相控阵雷达在 4.5°以下仰角遮挡较严重)等对观测数据的影响,选择 X 波段双偏振相控阵雷达 6.3°和 S 波段双偏振雷达 6.0°仰角的回波强度进行对比。表 6.2 为两部雷达的性能参数。

表 6.2　X 波段双偏振相控阵雷达与 S 波段雷达性能参数对比

参数	X 波段双偏振相控阵天气雷达	S 波段双偏振天气雷达
天线形式	一维电子扫描相控阵体制	抛物面天线
扫描策略	水平机械扫描,垂直相控阵扫描	机械伺服控制方位和俯仰
天线尺寸	长 1.3 m,宽 0.7 m	8.5 m
工作频率	9.49 GHz	2.885 GHz
天线增益	≥36 dB	≥44 dB
波束宽度	水平 3.6°,垂直 1.8°	≤1°

参数	X 波段双偏振相控阵天气雷达	S 波段双偏振天气雷达
极化方式	水平垂直双极化	水平垂直双极化
极化隔离度	≥30 dB	≥30 dB
脉冲宽度	20 μs(未压缩),0.2 μs(压缩)	1.57 μs,4.7 μs
峰值功率	256 W	650 kW
探测距离	42 km	460 km
距离分辨率	30 m	250 m
脉冲重复频率	≤4 kHz	322~1304 Hz
体扫时间	90 s	360 s

6.9.1　回波强度对比

图 6.12 为 X 波段双偏振相控阵雷达原始回波强度、衰减订正后的回波强度和 CIN-RAD/SA 雷达观测的回波强度对比图，显示距离均为雷达中心观测半径 42 km。原始回波强度明显偏弱，订正后强度明显增加，尤其是雷达站西侧的强回波得到明显的恢复，最强回波由订正前的 40 dBZ 左右增加到 50 dBZ 左右。从 X 波段双偏振相控阵雷达订正后的回波与 CINRAD/SA 对比看，两者的回波强度、结构接近，X 波段双偏振相控阵雷达最小空间分辨率高达 30 m，观测到降水回波的结构更加精细。但是 X 波段双偏振相控阵雷达观测到的回波面积小于 CINRAD/SA，尤其是小于 15 dBZ 的弱回波区域，X 波段双偏振相控阵雷达出现了大量的缺测。这主要是由于 X 波段双偏振相控阵雷达的发射功率和天线增益远低于 CINRAD/SA 雷达，导致灵敏度过低，加上衰减影响，无法探测到更多的弱回波信息。

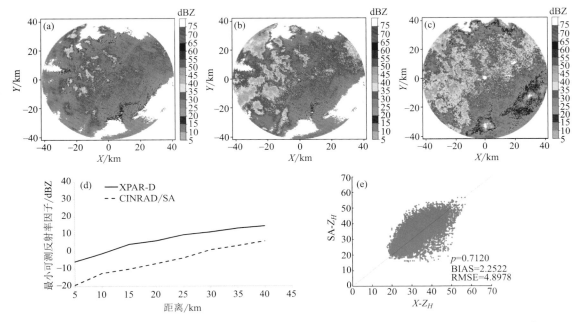

图 6.12　X 波段双偏振相控阵雷达与 CINRAD/SA 回波强度对比（a）X 波段双偏振相控阵雷达原始 Z_H；
（b）X 波段双偏振相控阵雷达订正后的 Z_H；（c）CINRAD/SA Z_H；（d）灵敏度对比；（e）回波强度散点图对比

取出两部雷达各仰角未经插值处理的反射率因子数据按 1 km 分段统计最小值，做出最小可测反射率因子沿距离变化的廓线，如图 6.12d 所示，两部雷达的最小可测反射率都随着探测距离的增长而变大，CINRAD/SA 雷达灵敏度远远优于 X 波段双偏振相控阵雷达，在 30 km 处，CINRAD/SA 雷达的最小可测反射率为 0 dBZ 左右，X 波段双偏振相控阵雷达则为 11 dBZ，两者差值达到 11 dBZ。

由于两部雷达空间分辨率不同，需使空间分辨率基本一致后再开展定量对比。X 波段双偏振相控阵雷达最小距离分辨率为 30 m，CINRAD/SA 雷达最小距离分辨率为 250 m，因此需先将 X 波段双偏振相控阵雷达数据进行 8 或 9 个距离库的平均，把径向分辨率变为接近 250 m。考虑两部雷达不在同一观测地点，还需将两部雷达探测的回波数据进行位置匹配。计算时先将 X 波段双偏振相控阵雷达的极坐标数据转换为经纬度及高度的大地坐标，再通过与 CINRAD/SA 雷达大地坐标间的匹配得到需要的极坐标，从而将不同位置的雷达资料建立对应关系。匹配后，对于 X 波段双偏振相控阵雷达的任意一个观测数据，都可在 CINRAD/SA 雷达数据上找到一个与其位置相匹配的数据，实现不同位置雷达观测数据的一一对应和定量对比分析。图 6.12e 是两部雷达时空匹配后的反射率因子散点图（为了更准确对比两者强度差异，将 X 波段双偏振相控阵雷达缺测部分在 CINRAD/SA 雷达中进行了同步去除）。X 波段双偏振相控阵雷达衰减订正后的 Z_H 值与 CINRAD/SA 雷达一致性较高，相关系数达 0.71，但是总体仍弱于 CINRAD/SA 雷达，平均偏差约 2.2 dB，均方根误差约 4.8 dB。X 波段双偏振相控阵雷达的回波强度值整体偏弱，一方面可能是由于 X 波段双偏振相控阵雷达存在一定的系统误差，需要进一步标定。另一方面需要进一步优化衰减订正算法，尤其是衰减订正系数的合理性。

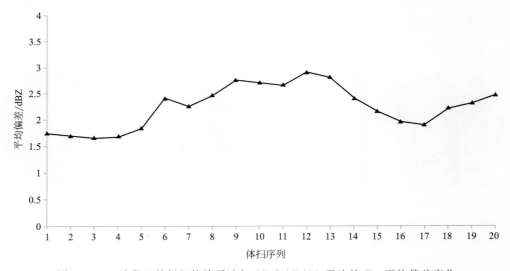

图 6.13　X 波段双偏振相控阵雷达与 CINRAD/SA 雷达的 Z_H 平均偏差变化

为了进一步说明两部雷达探测的回波强度差异及随时间变化的稳定性，分别计算了两部雷达 2.5 km 高度等高面的雷达反射率（CAPPI），并统计了多个体扫数据两者之间的平均差。图 6.13 是 2020 年 8 月 12 日 15：00—17：00 之间 20 个体扫数据 CAPPI 反射率因子的平均偏差波动图。X 波段双偏振相控阵雷达衰减订正后的反射率因子与 CINRAD/SA 雷达平均偏差在 1.5～3.0 dBZ，20 个体扫的平均偏差为 2.2 dBZ。表明 X 波段双偏振相控阵雷达与 CINRAD/SA 雷达之间可能存在一定的系统偏差，同时受衰减影响，X 波段双偏振相控阵雷达不同体扫间探测的回波强度数据误差会出现一定的波动。

6.9.2　Z_{dr} 参量对比

根据双偏振雷达理论，弱降水的 Z_{dr} 值应接近于 0，随着 Z_H 的增加，粒子尺寸变大，形状更加扁平，Z_{dr} 将呈现增大的趋势。图 6.14 是 2020 年 8 月 12 日 15 时 30 分 X 波段双偏振相控阵雷达 6.3°仰角和 CINRAD/SA 雷达 6.0°仰角的 Z_{dr} 对比图，X 波段双偏振相控阵雷达在远距离处的 Z_{dr} 出现了明显的缺测，回波面积小于 CINRAD/SA 雷达；CINRAD/SA 雷达的 Z_{dr} 数据噪声更明显，相邻数据间起伏波动较大。从 Z_{dr} 强度看，两部雷达的 Z_{dr} 基本在 −1~1 dB 之间，为更好地观察 Z_{dr} 随 Z_H 的变化情况，计算了 X 波段双偏振相控阵雷达的 Z_H-Z_{dr} 散点图（计算时仅选取了 0℃ 层以下且对应的相关系数大于 0.95 的数据），结果如图 6.14c 所示。整体上 Z_{dr} 随着回波强度 Z_H 的增大而增大，变化趋势一致。当 $Z_H < 30$ dBZ 时，对应的 Z_{dr} 主要在 −1~1 dB 之间，Z_{dr} 在零值之间波动较大，且有部分 Z_{dr} 为负值，一方面可能是弱回波时受低信噪比 SNR 影响，导致实际测量中 Z_{dr} 值出现较大的波动，另一方面可能是受衰减影响导致。随着回波强度的增加，特别是 Z_H 大于 35 dBZ 以后，Z_{dr} 值基本都在 0 dB 以上，增长的趋势也更明显，当 Z_H 达到 50 dBZ 时，Z_{dr} 可以达到 2 dB 以上。

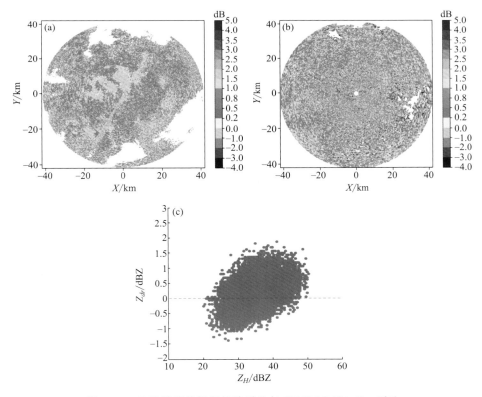

图 6.14　X 波段双偏振相控阵雷达与 CINRAD/SA Z_{dr} 对比

（（a）X 波段双偏振相控阵雷达的 Z_{dr}；（b）CINRAD/SA 的 Z_{dr}；（c）X 波段双偏振相控阵雷达的 Z_H-Z_{dr} 散点图）

6.9.3　Φ_{DP} 和 K_{dp} 数据分析

从 X 波段双偏振相控阵雷达和 CINRAD/SA 雷达的 K_{dp} 对比图（图 6.15）可以看到，CINRAD/SA 雷达 K_{dp} 产品出现了较多的缺测，这主要由于其 K_{dp} 的计算还与相关系数 C_C 值建立了关联，当 CC<0.9 时，认为 Φ_{DP} 积累了相当多的错误，计算的 K_{dp} 准确性大大降低，因此对 CC<0.9 的距离库不计算 K_{dp}。在靠近雷达站的区域，由于地物杂波的影响，相当多的距离库 CC 都低于 0.9，导致 K_{dp} 没有被计算和显示。从两部雷达的 K_{dp} 值强度看，X 波段双偏振相控阵雷达高于 CINRAD/SA 雷达，这主要是由于 X 波段双偏振相控阵雷达的波长更短，对降水强度的变化更敏感。为更好地观察 X 波段双偏振相控阵雷达 K_{dp} 随 Z_H 的变化情况以及与 CINRAD/SA 对比，计算了两部雷达不同 Z_H 对应的 K_{dp} 的平均值（图 6.15c），当回波强度较弱（小于 20 dBZ）时，两部雷达的 K_{dp} 都接近于 0 左右。当 Z_H 超过 20 dBZ 后，X 波段双偏振相控阵雷达的 K_{dp} 开始明显增加，CINRAD/SA 的 K_{dp} 变化不明显。当 Z_H 达到 30 dBZ 时，X 波段双偏振相控阵雷达的 K_{dp} 已接近 0.5°/km 左右，CINRAD/SA 依然接近 0°/km。当 Z_H 超过 30 dBZ 后，CINRAD/SA 的 K_{dp} 才开始明显增加，但是 X 波段双偏振相控阵雷达的 K_{dp} 增加更加迅速，说明其对降水的敏感性更高。当 Z_H 达到 40 dBZ 时，X 波段双偏振相控阵雷达的 K_{dp} 达到 1°/km，CINRAD/SA 的 K_{dp} 约为 0.28°/km。当 Z_H 达到 50 dBZ 时，X 波段双偏振相控阵雷达的 K_{dp} 达到 2.3°/km，CINRAD/SA 的 K_{dp} 约为 0.7°/km。这些都说明 X 波段双偏振相控阵雷达的 K_{dp} 与 Z_H 具有很好的一致性，且对降水的敏感性高于 CINRAD/SA，其平均值约为 CINRAD/SA 的 3.3 倍，与 X 波段雷达和 S 波段雷达 K_{dp} 的散射模拟很接近，这些都说明 X 波段双偏振相控阵雷达的 K_{dp} 数据质量较好。

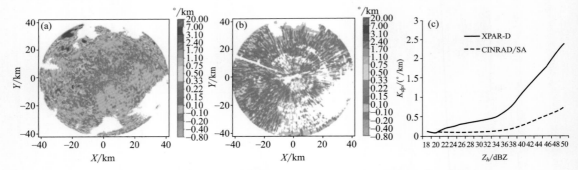

图 6.15　X 波段双偏振相控阵雷达与 CINRAD/SA 的 K_{dp} 对比分析

（（a）X 波段双偏振相控阵雷达的 K_{dp}；（b）CINRAD/SA 的 K_{dp}；（c）K_{dp} 与 Z_h 敏感性对比）

6.9.4　X 波段双偏振相控阵雷达与雨滴谱仪对比

采用雨滴谱仪观测数据可进一步对 X 波段双偏振相控阵雷达数据质量进行对比检验。试验中的雨滴谱仪为二维雨滴谱仪（2DVD），采用 2 个方向相互垂直的激光高速线阵列扫描，可有效避免一维激光雨滴谱仪出现的粒子重叠误差，观测精度更高。二维雨滴谱仪位于广州黄埔国家气象观测基地，距离雷达站约 28 km，相对雷达的方位角约为 36°。为了检验 X 波段双偏振相控阵雷达数据质量情况，首先根据雷达和雨滴位置进行数据匹配，然后基于雨滴谱数据利用 T 矩阵法计算反射率因子 Z_H，再与雨滴谱仪上方 2.7°仰角的雷达探测数据

Z_H 进行匹配对比（雨滴谱仪所在方位角在 0.9° 仰角存在部分遮挡，选择 2.7° 仰角对比，此时回波距离地面雨滴谱仪的高度约为 1.3 km）。若已知雨滴谱分布 $N(D)$，对应的雷达反射率因子 Z_H 可用后向散射系数矩阵元素反演得到：

$$Z_{h,v} = \frac{4\lambda^4}{\pi^4 |K|^2} \int_{D_{\min}}^{D_{\max}} |f_{hh,vv}(\pi,D)|^2 N(D)\mathrm{d}D, [\mathrm{mm}^6 \cdot \mathrm{m}^{-3}] \tag{6.8}$$

$$Z_{H,V} = 10\lg10(Z_{h,v}), [\mathrm{dBZ}] \tag{6.9}$$

式中，下标"H"和"h"代表水平偏振方向，"V"和"v"代表垂直偏振方向，λ 为雷达波长，$|K|^2$ 为粒子的介电常数，$f(\pi,D)$ 为粒子的后向散射系数，$N(D)\mathrm{d}D$ 表示单位体积内，雨滴直径处于 $D \sim D+\mathrm{d}D$ 之间的粒子数。

基于 2020 年 8 月 12 日 15—17 时搜集的数据计算 Z_H 值，并将其与雷达测量值进行时间匹配后对比。考虑雨滴谱数据观测频次为 1 min，雷达约为 1.5 min，两者对比的时间间隔选择为每 3 min 一次。图 6.16 显示了 Z_H 与雷达测量强度的对比图，其中实线为雨滴谱仪上方对应的雷达 2.7° 仰角的 Z_H 值，虚线为由雨滴谱仪数据计算得到的 Z_H 值。分别计算了雨滴谱仪和雷达两者样本数据的统计相关系数 ρ，平均偏差 B_{IAS}，均方根误差 R_{MSE}。由图 6.16 可看出，雷达测量的 Z_H 比雨滴谱 Z_H 偏弱，基本处于雨滴谱 Z_H 下方，但是两者变化的趋势和一致性很好，相关系数达 0.87，平均偏差为 2.12 dBZ，均方根误差为 2.58 dBZ。

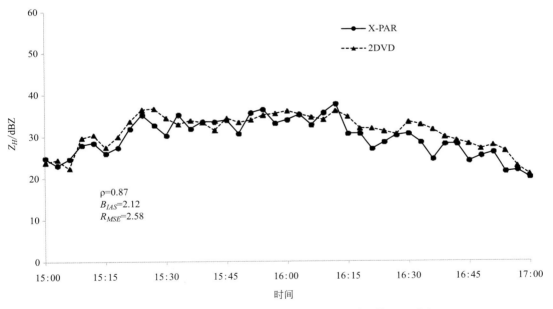

图 6.16　雨滴谱与 X 波段双偏振相控阵雷达测量值 Z_H 对比

6.10　本章小结

本章主要介绍了 X 波段双偏振相控阵雷达数据质控方法。利用金属球法和小雨法对雷达系统进行定标，降低观测偏振。利用 K_{dp} 参数对反射率 Z 和差分反射率 Z_{dr} 进行订正，降低衰减影响。通过地物杂波抑制处理，径向速度退模糊处理，Φ_{DP} 质控处理，反卷积技术应用等进一步提高数据质量。利用 S 波段业务雷达、地面雨滴谱观测等对 X 波段双偏振相控阵雷达进行对比观测和检验。X 波段双偏振相控阵雷达属于新型技术体制雷达，雷达数据质量除受衰减影响外，还受雷达硬件、标定方法、软件算法、观测模式等影响，如何提高数据质量依然面临巨大挑战，未来还需要在实践中进一步解决和优化。

第 7 章

主要观测产品

　　X 波段双偏振相控阵雷达输出的基础产品包括：反射率因子 Z、径向速度 V、速度谱宽 W、差分反射率 Z_{dr}，差分传播相移 Φ_{DP}，差分传播相移率 K_{dp}，相关系数 C_C（见图 7.1）。

　　主要的二次气象产品主要包括反射率产品：组合反射率产品 CR、回波顶高产品 ETOP、三维回波产品 3D ECHO、垂直累积液态水含量产品 VIL；降水产品：双偏振定量降水估测 QPE、一小时累积降水量产品 OHP、3 h 累积降水量产品 THP、风暴总累积降水量产品 STP；风场产品：速度方位显示产品 VAD、速度方位显示风廓线产品 VWP、方位涡度产品 AS、径向散度产品 RS、三维风场产品 WIND；强对流产品：风暴跟踪信息产品 STI、冰雹指数产品 HI、龙卷识别产品 TDA；粒子分类产品：粒子相态识别产品 HCL；0℃层产品：双偏振零度层产品 ML、融合拼图产品等（俞小鼎，2007；李柏，2011；李良序，2020）。

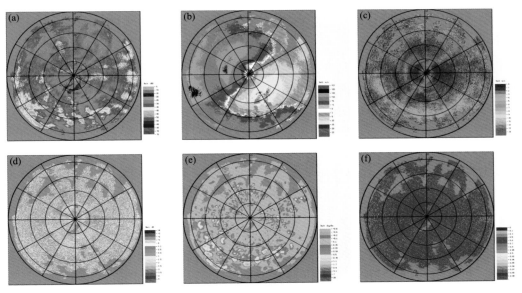

图 7.1　X 波段双偏振相控阵雷达基本观测产品（(a)反射率；(b)径向速度；
(c)速度谱宽；(d)差分反射率；(e)差分相移率；(f)相关系数）

7.1　基本观测产品

7.1.1　反射率

反射率 PPI 产品是一种常用的雷达产品，主要用于监测和预测降水系统和雷暴云的发展和演变,为天气预报和防灾减灾提供重要的数据支持。雷达反射率因子 Z 为单位体积内所有小球粒子直径的 6 次方之和(单位 mm^6/m^3)。由于 Z 对雨滴直径的变化非常敏感,由毛毛雨(直径 0.2 mm)变化到大雨滴,雨滴直径变化约 10 倍,但 Z 值变化达百万倍。于是其值使用 dBZ 来表示,则其变化的幅度与雨滴直径变化的幅度趋于一致,方便记忆和描述降雨情况。

一般来说,反射率值越大,发生暴雨、冰雹、雷雨大风等强对流天气的可能性就越大。使用时,除了回波强度外,还要综合考虑回波面积、高度、移动方向和速度等情况。大范围强回波时,X 波段双偏振相控阵雷达受衰减影响明显,可能造成回波强度的低估。

7.1.2　径向速度

径向速度是目标物的铅直方向速度和水平运动速度在雷达波束方向上的投影。雷达探测的径向风并不代表水平实际风,它们之间的关系为:雷达波束与实际风向的夹角越大,则径向速度值越小;实际风速小,径向速度也越小;径向速度的正负是由实际风在雷达波束上的投影确定,同向为正,反向为负,即离开雷达的径向速度为正,流向雷达的径向速度为负。

在产品图上,径向速度的大小和正负通过颜色变化来表示,一般暖色表示正的径向速度,冷色表示负的径向速度,因此在分析速度图时,除了查看径向速度大小,还要留意色标。

径向速度可用于识别高、低空急流、辐合辐散、中气旋、反气旋和龙卷涡旋等。径向速度产品在使用时要注意,当径向速度值超过雷达的测量范围时,会出现速度模糊,不合适的退模糊会显示错误的速度值。

7.1.3　谱宽

雷达测量的径向速度实际上是多个脉冲对计算的脉冲径向速度的平均值,而相应的标准差称为谱宽。谱宽表征脉冲有效照射体内不同大小的速度偏离其平均值的程度。它与有效照射体内各粒子的运动速度和方向的差别成正比。当谱宽增加,速度估计的可靠性降低。谱宽数据可以用来对径向数据的可靠性径向校验,高谱宽值表明速度没有代表性,但这不能完全说明速度可靠性变差,恶劣天气会使谱宽变高,这为分析恶劣天气提供了良好的依据。谱宽常用于检查径向速度估值的可靠性,也可用于确定湍流区域或者估计湍流大小、风切变、边界层位置等。

7.1.4　差分反射率因子 Z_{dr}

差分反射率用在单个脉冲空间内,水平和垂直极化脉冲返回信号的功率比,单位为分贝(dB)。Z_{dr} 的定义为:

$$Z_{dr} = 10\lg(Z_{hh}/Z_{vv}) = 10\lg Z_{hh} - 10\lg(Z_{vv}) \tag{7.1}$$

差分反射率与降水粒子的尺寸和轴比有关,反映降水粒子偏离球形的程度、降水粒子在空间的取向以及降水粒子的相态。一般应与 Z_H 配合使用才能对降水目标作出准确判断。对于较小的降水粒子(如毛毛雨),其形状一般呈球形,水平和垂直通道的反射率基本相等,Z_{dr} 接近于 0;对于较大的降水粒子,呈现出更扁的椭球形,Z_{dr} 值会大于 0,可达 3~5 dB。冰雹由于翻转作用,整体效果接近球形,Z_{dr} 在零值附近。但是当存在尺寸更大的冰雹时,Z_{dr} 会由于米散射效应变成负值。由于 Z_{dr} 值较小,所以要求其测量精度高。但是 X 波段双偏振相控阵雷达由于衰减影响,Z_{dr} 可能出现较大的误差,使用时要特别留意。

7.1.5　差分相移 $\pmb{\Phi}_{\mathrm{DP}}$

差分相移表示在一个特定距离水平极化和垂直极化脉冲信号往返到天线的双程相角差，单位为(°)，取值范围从$-180°\sim180°$。差分相移与粒子形状、相态、取向以及通过降水区的长度有关，具有距离累计效应。

7.1.6　差分相移率 $\pmb{K}_{dp}$

差分相移率定义为水平和垂直通道差分相移 Φ_{DP} 的距离导数，单位为度/千米(°/km)。其表达式为：

$$K_{dp} = \frac{1}{2} \frac{\Phi_{DP}(r_n) - \Phi_{DP}(r_m)}{r_n - r_m} \tag{7.2}$$

式中，r_m 与 r_n 是降水区中两个相邻距离库的中心距雷达的距离，$\Phi_{DP}(r_m)$ 与 $\Phi_{DP}(r_n)$ 表示在 r_m 与 r_n 处获得的差分相位值。K_{dp} 反映的是 Φ_{DP} 随距离变化的程度，其值与雨区长度无关。取值范围为$-0.8\sim20°/km$。差分相移率的值与粒子数密度、粒子介电常数和粒子椭率有关。对于较小的降水，形状接近圆形，其差分 K_{dp} 值就较小，接近于 0；对于冰雹，其介电常数较低，K_{dp} 也约等于 0，但是接近融化的小冰雹在雷达看来如同大的雨滴，会产生较高的 K_{dp} 值。X 波段双偏振相控阵由于波长更短，其 K_{dp} 值对降水敏感性高于 S 波段雷达，具有更大的变化范围。另外，K_{dp} 不受衰减、雷达定标、半波束阻挡等影响，是 X 波段双偏振相控阵雷达衰减订正和定量降水估测的重要参数。

7.1.7　相关系数 C_c

相关系数用来衡量单个脉冲采样体内，水平和垂直极化脉冲返回信号的相似度，取值范围从 $0\sim1.05$(无量纲)。相关系数对降水粒子的椭圆率变化、倾斜角、形状不规则性以及相态比较敏感。非气象回波，例如鸟、昆虫和地物等，形状变化复杂通常相关系数低于 0.8；一些具有复杂形状和混合相态的气象回波，如冰雹和湿雪，相关系数一般低于 0.85。对于形状、类型和尺寸一致性非常好的气象回波，如雨和雪，相关系数通常高于 0.97。

7.2　主要二次产品

7.2.1　粒子相态识别

粒子相态识别算法是利用不同相态的粒子在不同雷达偏振量上的特征表现建立基于模糊逻辑的识别算法实现小雨、中雨、大雨、大滴、冰雹、雨夹雹、霰/雹、雪、湿雪、冰晶、地物杂波等不同粒子相态的自动识别。其中，大滴相态的定义为：雨滴谱集中于降雨粒子直径较大的区间、而小滴粒子的数量严重不足，大滴粒子的直径可超过 3 mm。6 种用于相态识别的雷达参量分别是：Z、Z_{DR}、ρ_{hv}、K_{dp}、Z 的标准差 $S_D(Z)$、Φ_{DP} 的标准差 $S_D(\Phi_{DP})$。其中，$S_D(Z)$ 表征了径向上 Z 和 Φ_{DP} 的小尺度波动，主要用于识别非气象回波。

雷达原始观测的 Z、Z_{DR}、ρ_{hv}、Φ_{DP} 参量首先经过一定的质量控制和预处理，包括了噪声的去除、衰减的订正、K_{dp} 的分段最小二乘拟合等步骤。

　　对于预处理后的输入参量,粒子相关识别方法将逐距离库的粒子特征与典型降水相态的双偏振特征进行对比,选出最为相似的相态作为该距离库的识别结果,该过程称为模糊逻辑运算。在此过程中,数据质量系数被用于量化误差对识别的影响,而权重值被用于量化各参量对于不同相态的敏感性。考虑到一些降水相态(如雨和干雪)的双偏振参量特征较为接近,还需要引入融化层的信息,帮助算法去掉该高度不应出现的相态分类。对于最终的识别结果,使用物理经验阈值来剔除明显的错误的分类,提高相态识别的准确度。

　　模糊逻辑方法本质上是通过简单的数学运算,将各偏振参量的信息有效整合在一起。隶属函数是模糊逻辑方法的基本计算单元,表示了某偏振参量与降水相态的匹配程度。其基于模糊逻辑的识别过程见图 7.2 所示,主要包含四个步骤,分别为模糊化、规则推断、结果集成和去模糊化。

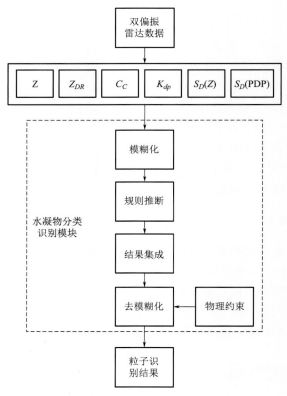

图 7.2　粒子相态识别流程

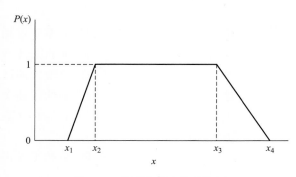

图 7.3　梯形隶属函数示意图

　　模糊化中需要确定隶属函数,选择模糊逻辑方法中常用的梯形函数作为隶属函数。将观测到的雷达参数作为自变量,模糊基作为因变量。将可分辨的水凝物粒子相态类型分为 11 种,观测量分为 6 个。每一种观测量都能对应 11 种模糊基,每一种粒子类型对应 6 种模糊基。图 7.3 中,x 轴为任意双偏振参量,$P(x)$ 为某一降水相态的隶属函数,具体由梯形的四个顶点

x_1、x_2、x_3、x_4 描述。$P(x)$ 在 $x_2 \sim x_3$ 的范围内数值为 1,表示观测值 x 与该相态的匹配程度很好;相反 $P(x)$ 在 $x < x_1$ 或 $x > x_4$ 的区间内数值为 0,表示观测值并不属于该相态分类。$x_1 \sim x_2$ 和 $x_3 \sim x_4$ 则为 $P(x)$ 数值由 $0 \sim 1$ 和 $1 \sim 0$ 的过渡区间。

规则推断是设定每一个粒子类型的雷达参数的特征范围阈值和权重系数,粒子类型的识别问题主要集中在模糊逻辑算法的规则构建上,确定每个隶属度函数中的 x_1、x_2、x_3、x_4 参数是模糊逻辑算法判断水凝物粒子相态类型的关键。

根据上一步的规则推断,每一个变量的隶属函数均精确对应一段取值范围,通过加权平均的方式算出的概率值表征了该粒子属于某一相态分类的概率,再从所有粒子的概率值中选取出最大概率值。

最后在去模糊化中主要是确定集成过程得到的最大概率值所对应的粒子类型,并通过物理经验阈值的判断来剔除明显的错误的分类。若 Z 值小于 40 dBZ,则冰雹粒子的分类被去除;若 Z 值大于 50 dBZ,则小雨粒子的分类被去除。若 C_C 值大于 0.97,则地物杂波的分类被去除。若粒子通过物理经验阈值的判断,则将该分类结果将其作为该粒子的识别结果。图 7.4 为一次降水过的粒子相态识别结果。

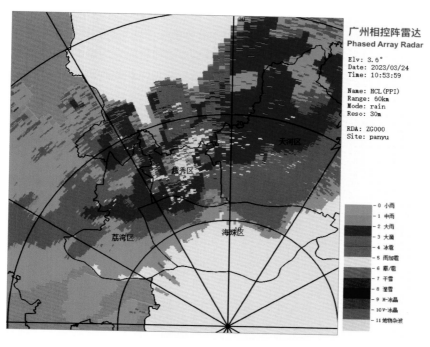

图 7.4　一次冰雹过程的 X 波段双偏振相控阵雷达粒子相态识别产品

7.2.2　定量降水估测

单偏振雷达估测降水中,只有反射率因子(Z)产品包含了雨强信息,因此雷达降水估测的目的就是找到并应用幂函数关系(Z-R)从反射率因子(Z)中获取雨强。由于 Z 和 R 非线性相关,且随雨滴谱变化而变化。因此不存在单一的 Z-R 关系式能够概括整个自然雨滴谱的变化。双偏振雷达估测降水中,除反射率因子外,差分反射率因子 Z_{dr} 依赖于雨滴形状,和雨滴的尺寸有关。差分相移率 K_{dp} 与降水强度有关,它们的关系比 Z-R 关系更接近于线性。因此可以通过对双偏振量的使用来提高降雨估计的准确性。常见的定量降水估测关系式包括 $R(Z_h)$、$R(Z_h,Z_{dr})$、$R(K_{dp})$ 等,其表达式如下:

$$R(Z_h)=aZ_h^b \tag{7.3}$$

$$R(Z_h,Z_{dr})=aZ_h^bZ_{dr}^c \tag{7.4}$$

$$R(K_{dp})=aK_{dp} \tag{7.5}$$

对于 X 波段双偏振相控阵雷达,当降水强度较大时,考虑 Z_h 和 Z_{dr} 受衰减影响明显,并不适用于强降水的估测。而 K_{dp} 值则不易受强降水衰减影响,且随着降水强度的增加迅速增大,观测误差较小,因此 K_{dp} 更适用于强降水估测。当降水强度较弱时,K_{dp} 参数受噪声等影响大,会产生较大的测量误差,影响弱降水的估测精度。综合考虑 Z_h 和 K_{dp} 参数在不同降水强度下的优势,X 波段双偏振相控阵雷达更适合采用 $R(Z_h)$ 和 $R(K_{dp})$ 相结合的方法优化定量降水估测方法,简称 $R(C)$ 方法,其表达式为:

$$R(C)=\begin{cases} R(Z_h) & K_{dp}<\delta \\ R(K_{dp}) & K_{dp}\geqslant\delta \end{cases} \tag{7.6}$$

计算时可将 δ 设置为 $0.5°/km$,当 δ 小于 $0.5°/km$ 时,认为 K_{dp} 测量精度较低,此时采用 $R(Z_h)$ 关系式进行降水估测,当 $\delta\geqslant0.5°/km$ 时,认为 K_{dp} 的值更可信,采用 $R(K_{dp})$ 关系进行降水估测。采用这种方法可以在降水强度较大时利用不受衰减和雷达定标影响的偏振参数 K_{dp} 进行降水反演以提高 QPE 准确性;而在降水较弱时,又能减少双偏振量噪声的影响,保持 QPE 稳定性和准确性(胡志群,2008;Zhang et al.,2023)。图 7.5 为 X 波段双偏振相控阵雷达的 1 h QPE 产品。

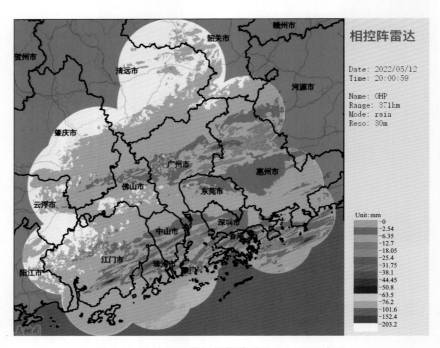

图 7.5　X 波段双偏振相控阵雷达 1 h QPE 产品

7.2.3　三维回波产品

三维回波产品将雷达反射率强度数据进行三维空间上的插值后提取等值面,形成多层的三维等值面数据,数据经过三维可视化平台进行三维渲染,得到三维回波产品(见图7.6)。该产品色标与反射率强度色标一致,通过三维渲染技术,在三维可视化平台可呈现回波的三维结构,通过调整各层等值面的透明度对降雨系统的三维结构进行透视。

该可用于风暴的三维结构和形态分析,通过三维回波可以更直观、更精准地判断风暴的性质、强弱和发展趋势。但是,该产品数据量大,传输和渲染需要较多资源。

图 7.6　强对流风暴的三维回波产品

7.2.4　风暴跟踪信息产品 STI

风暴跟踪信息产品(STI)是风暴识别与跟踪算法(SCIT)结果的图形方式输出产品,SCIT算法由四个部分组成:风暴段识别,风暴中心定位,风暴单体跟踪与风暴位置预报。风暴段识别算法识别出每个PPI上径向反射率因子超过一定阈值的连续段,将识别结果输入风暴定位算法;风暴定位算法将风暴段组合成每个PPI上的二维风暴分量,再根据风暴垂直相关性组合成三维风暴单体,计算每个单体属性后输入风暴跟踪和位置预报算法;风暴跟踪和位置预报算法通过对最后两个体扫间风暴体匹配实现风暴跟踪,再作线性外推预报其位置。

风暴跟踪与预报是根据连续时间内的多个体扫描识别出的风暴单体及其特征,通过对最后两个体扫风暴体匹配实现风暴跟踪,再做外推预报其位置。首先根据前一时刻每一个风暴体的运动矢量估计其在当前时刻的运动矢量(若为第一次体扫则使用缺省运动矢量)。对于前一探测到的风暴,计算每个风暴当前时刻的估计位置与当前时刻任意风暴的质量权重中心的距离。若前一时刻的某一风暴在当前时刻没有风暴与之相关,则认为发生风暴合并;若当前时刻的某一风暴在前一时刻没有风暴与之相关,则标记该风暴为新生风暴。根据匹配结果,计算当前时刻每一风暴的运动矢量。图7.7为X波段双偏振相控阵雷达组合反射率与STI叠加产品。

7.2.5　龙卷识别产品 TDA

早期的龙卷探测算法称为龙卷涡旋信号探测算法(TVS),TVS以中气旋算法为基础,对每一个识别出的中气旋探测水平以及外围5%的范围内的最大正负速度,然后计算切度值。

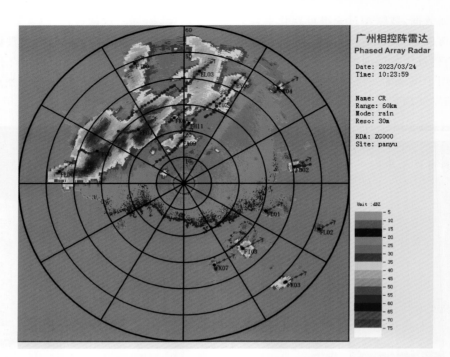

图 7.7　X 波段双偏振相控阵雷达 STI 产品

若切变大于阈值,则认为该中气旋有发展为龙卷的可能性。新的龙卷探测算法(TDA)不需要在有中气旋的基础上识别 TVS,而是采用类似于 SCIT 算法的过程来识别涡旋(Mitchell et al. ,1998)。TDA 识别涡旋的主要特点是:(1)寻找距雷达相同距离处相邻方位角的两个距离库间的径向速度切变;(2)不要求算法首先识别中气旋。

　　其算法结构与中气旋算法类似(图 7.8)。首先对于每一仰角扫描寻找距雷达相同距离处相邻方位角的两个距离库间的径向速度差,寻找过程要求在雷达半径以内,8 km 高度以下。如果速度数据对应的反射率因子在 0 dBZ 以下,则不予考虑,接下来考察下一个距离处的下一对速度数据。同时,如果任何速度数据受到距离折叠回波的影响或数据缺失,则继续考察下一个距离处的速度对。计算在距雷达相同距离处所有相邻速度距离库的速度差值和速度对的高度。如果速度差值超过一个规定的可调阈值(例如 11 m/s),则该速度对作为一个切变段储存起来,下列属性被记录下来:开始和结束的方位角(°),速度差值(m/s),切变($10^{-3} \cdot s^{-1}$),距雷达的距离(km)和雷达以上高度 ARL(km)。上述过程重复进行直到一个雷达仰角扫描内的所有速度数据都被处理并且所有超过最小速度差阈值的切变段都被找到。

　　一旦确定了一个仰角扫描内所有的切变段,然后确定每个仰角扫描的二维特征。构造二维特征的过程按照下列次序使用 6 个速度差阈值:35 m/s,30 m/s,25 m/s,20 m/s,15 m/s 和 11 m/s。使用多个阈值的技术可以发现那些可能镶嵌在长的切变区(例如沿雷达径向取向的胞线)内的涡旋核心。

　　开始只考虑超过最大速度差阈值的切变段(例如 35 m/s),每个二维特征至少由三个切变段构成,每个切变段的质心距其最邻近的切变段质心的方位角方向的距离要小于 1°(可调参数),径向距离小于 500 m(可调参数)。上述过程继续直到所有二维特征被找到。计算所有二维特征的纵横比(径向尺度/方位角方向尺度),如果纵横比超过规定阈值(目前为 4),那么丢弃相应的二维特征。纵横比的检验是为了避免将一些方位角方向切变区如阵风锋识别为涡旋。所有剩余的(没有丢弃的)二维特征被认定为"二维涡旋",其相应的质心的方位角(°)、距离(km)、最大速度差(m/s)、最大切变($10^{-3} \cdot s^{-1}$)和高度 ARL(km)被记录和储存。上述过程对低一些的速度差阈值重复进行。如果具有较低速度差阈值的二维涡旋与具有较高速度差阈值的二维涡旋重叠情况下,则丢弃较低速度差阈值的二维涡旋。

当一个体扫的所有仰角扫描上的二维涡旋都被识别后,开始整个体扫范围内进行垂直连续性检验。一个三维特征至少由两个二维涡旋构成,两个二维涡旋之间最多相隔一个仰角。构成三维特征的二维涡旋质心之间的水平距离要求小于 2.5 km。所有由三个以上(含三个)二维涡旋构成的三维特征称为三维涡旋。每个三维涡旋可以划分为两种类型:TDA 和高架TDA(ETDA)。如果一个三维涡旋满足:(1)最小的强度和厚度判据;(2)该三维涡旋的底扩展到 0.5°仰角或者一个规定的高度(目前是 600 m),则该三维涡旋被称为 TDA。如果三维涡旋只满足上述条件(1)而不满足条件(2),则被称为 ETDA。一旦一个三维涡旋被确定类别,则贮存以下属性:三维涡旋底部的最大库到库的速度差,构成三维涡旋的所有二维涡旋中的最大切变($s^{-1} \times 1000$),相应二维涡旋中心的高度(km),以及该三维涡旋的厚度(km)。此外,还计算一个称为龙卷强度指数 TSI 的诊断参数。TSI 是通过垂直累加构成三维涡旋的每一个二维涡旋的以高度为权重的最大库到库的速度差值而得到的。TDA 定义为三维涡旋的底在 0.5°仰角或低于 600 m ARL,涡旋厚度至少为 1.5 km,涡旋中最大速度切变至少为 36 m/s 或涡旋底部的速度切变至少为 25 m/s(图 7.9)。ETVS 称为抬高的龙卷涡旋特征,定义为三维涡旋的底在0.5°仰角以上且高于 600 m ARL,涡旋厚度至少为 1.5 km,涡旋底部的速度切变至少为 25 m/s。

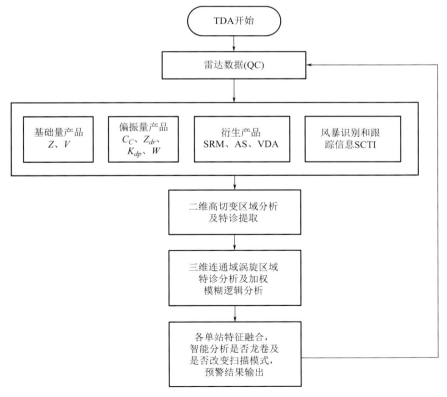

图 7.8 龙卷探测算法流程图

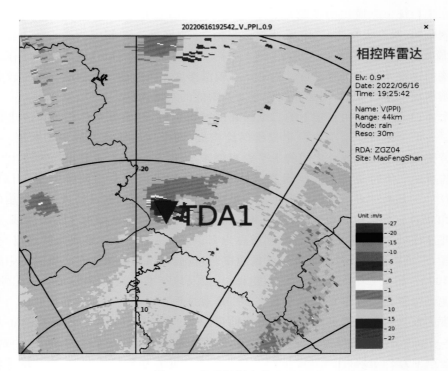

图 7.9　龙卷识别产品 TDA

7.3　本章小结

　　本章主要介绍了 X 波段双偏振相控阵雷达的基本观测产品和二次产品，基本产品包括反射率因子 Z、径向速度 V、速度谱宽 W、差分反射率 Z_{dr}，差分传播相移 Φ_{DP}，差分传播相移率 K_{dp}，相关系数 C_C。 二次产品包括粒子相态识别产品、定量降水估测产品、三维回波显示产品、风暴追踪产品、龙卷识别产品等。通过对这些高时空分辨率产品的综合应用，可以为强对流精细监测和临近预警提供更多支撑。考虑目前 X 波段双偏振相控阵雷达的大部分产品算法都源至业务布网天气雷达，其适用性需要在应用中进一步检验和优化改进。

第8章

典型天气过程观测分析

8.1 雷暴大风

雷暴大风是对流风暴产生的龙卷以外的地面直线型大风。对流风暴中的下沉气流达到地面时产生辐散,造成地面大风,它是对流风暴最经常产生的天气现象。对流风暴或雷暴通常由一个或多个对流单体组成,对流单体水平尺度从 $1\sim2$ km 的积云塔,到几十千米的积雨云系。对流单体分为普通单体和超级单体。超级单体是一种非常强烈的相当稳定的对流单体,通常伴随着强烈的灾害性天气。对流风暴(雷暴)可以由一个对流单体组成,也可以由多个对流单体组成,后者占绝大多数。由单个单体构成的对流风暴(雷暴)分为普通单体风暴和孤立的超级单体风暴。由多个单体构成的对流风暴(雷暴)也分为两类,团状分布的称为多单体风暴,线状分布的称为多单体线状风暴或线状多单体风暴,其中部分满足一些附加条件的也可以称为飑线。

因此,对流风暴(雷暴)可以分为以下四类:(1)普通单体风暴;(2)多单体风暴;(3)多单体线状风暴或飑线;(4)超级单体风暴。前三类风暴既可以是强风暴,也可以是非强风暴,第四类风暴一定是强风暴。需要指出的是,上述分类并不满足相互排他的原则。多单体风暴和飑线中的某一对流单体可以是超级单体。尽管广义上的多单体风暴可以含有超级单体,一般来讲,当谈到多单体风暴时,通常指全部由普通单体构成的多单体风暴。当说到超级单体风暴时,可以指孤立的超级单体风暴,也可以指包括超级单体在内多个单体构成的风暴,其中超级单体占支配地位。最新的分类方法倾向于将对流风暴分为超级单体风暴和非超级单体风暴两大类,但从业务应用的角度考虑,采用普通单体风暴、多单体风暴、多单体线状风暴或飑线和超级单体风暴的传统分类方法更方便(俞小鼎等,2006)。

8.1.1 普通风暴

8.1.1.1 普通单体风暴生命史三阶段概念模型

如上所述,对流风暴(雷暴)通常由一个或多个对流单体组成,对流风暴单体具有强烈的垂直运动并激发深对流的产生。普通单体风暴由单个单体组成,属于局地对流系统,尺度小,通常在 $10\sim20$ km,生命史短。风暴单体发展的强弱及其移向移速与周围的热力和动力环境有密切关系。根据积云中盛行的垂直速度的大小和方向,普通单体风暴的演化过程通常包括三个阶段:塔状积云阶段、成熟阶段和消亡阶段。下面分别加以说明。

(1)塔状积云阶段

塔状积云阶段由上升气流所控制,上升速度一般随高度增加,这种上升气流主要由局地暖空气的正浮力或者由低层辐合引起,上升速度一般为5~10 m/s,个别达到25 m/s。风暴单体的生长与湿空气上升时的降水微粒形成有关。初始雷达回波的水平尺度为1 km左右,垂直尺度略大于水平尺度。初始回波顶通常在−16~−4 ℃的高度上,回波底在0 ℃高度附近。初始回波形成后,随着雨滴和雪花等水成物不断生成和增长,回波向上向下同时增长,但是回波不及地,此时最强回波强度一般在云体的中上部。在塔状积云的后期,降水能够引发下沉气流。

(2)成熟阶段

普通单体风暴成熟阶段实际上是上升气流和下沉气流共存的阶段。成熟阶段开始于雨最初从云底降落之时。此阶段的降水通常降落到地面,可认为雷达回波及地是对流单体成熟阶段的开始。此时,云中上升气流达到最大。随着降水过程的开始,由于降水粒子所产生的拖曳作用,形成了下沉气流。之后,这种下沉气流在垂直和水平方向上扩展。这种冷性下沉气流作为一股冷空气,在近地面的低层向外扩散,与单体运动前方的低层暖湿空气交汇形成飑锋,又称阵风锋或出流边界。成熟阶段的对流单体的中上部,认为上升气流和过冷水滴及冰晶等水成物。当云顶伸展到对流层顶附近时,不再向上发展,而向该处的环境风下风方向扩展,出现水平伸展的云砧。云砧内的水成物仍能产生足够强的雷达回波,云砧回波可延伸到几十千米至上百千米,其实际水平尺度可达100~200 km。

(3)消亡阶段

普通单体风暴的消亡阶段为下沉气流所控制,此时降水发展到整个对流云体。实际上,当下沉气流扩展到整个单体,暖湿空气源被扩展的冷池切断时,风暴单体开始消亡。从雷达回波上看,回波强中心由较高高度迅速下降到地面附近,回波垂直高度迅速降低,回波强度减弱,并且分裂消失。

总之,一个典型的普通单体风暴生命史的三个阶段各经历约8~15 min,其整个生命史约为25~45 min。事实上,自然界中孤立的对流单体并不多见。大多数情况下,一个对流风暴包含了几个单体,一个单体达到成熟阶段,而另一个单体还处于新生发展阶段。在有利的环境条件下,其生命史可维持数小时之久。

8.1.1.2 2021年5月27日广州中部局地强对流天气过程

(1)天气实况

2021年5月27日15—17时,广州中部自西向东出现了一次雷暴大风伴随局地短时强降水天气,10个自动站录得7级以上短时大风,黄埔区1个自动站录得最大小时雨量22 mm。

(2)天气形势和中尺度天气分析

2021年5月27日08时,副热带高压环流控制华南地区,广州受到副高边缘西偏南气流影响,各层均为弱的反气旋流场(图8.1)。清远T-$\ln P$图显示有较好的不稳定条件(CAPE=1593.6,K=34,SI=−0.84)但整层水汽饱和程度不高,T-T_d基本在2 ℃以上(图8.2)。14时地面处于弱冷高压前,冷锋大致位于广西中北部至湖南南部一线,珠三角以西有西南-东北走向辐合线(图8.3)。

(3)雷达回波特征

对流风暴单体5月27日14时30分左右在佛山南海生成,然后由高空盛行的西南气流引导向东北方向移动,穿过广州中心城区进入广州黄埔区,且单体回波在移动过程中逐渐发展,并于15时30分前后在黄埔和白云区交界达到最强,回波强度达67.5 dBZ,尺度达10~15 km,回波移速12.5 m/s左右。15时30分以后,风暴单体强度逐渐减弱并继续向东北方

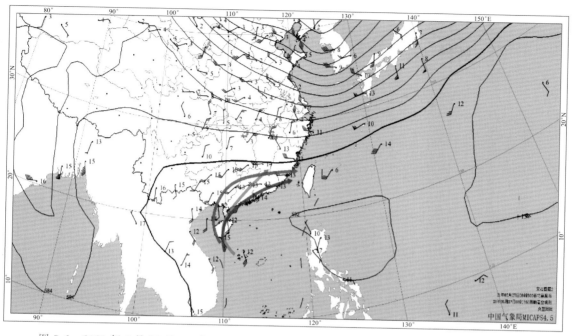

图 8.1　2021 年 5 月 27 日 08 时 500 hPa 高度场、850 hPa 风场和 500、700、850 hPa 风速轴分析

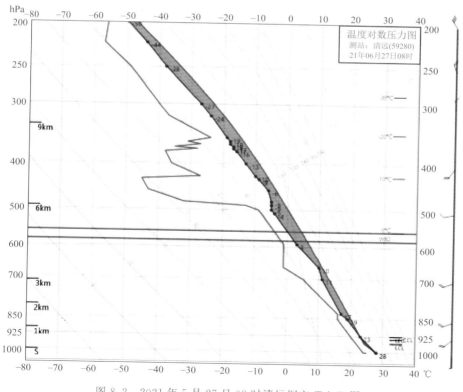

图 8.2　2021 年 5 月 27 日 08 时清远探空 T-$\ln P$ 图

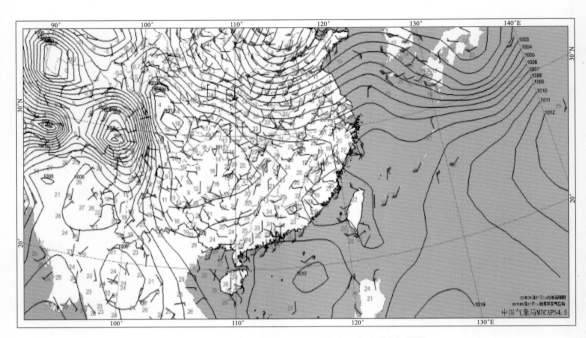

图 8.3　2021 年 5 月 27 日 08 时地面气压场和风场

向移动,同时移速减慢,16 时 20 分左右移到广州从化区,于 16 时 40 分左右完全消散,生命史约 2 h。

　　从图 8.4 可以看出,14 时 22 分左右在佛山市禅城区有一弱的、尺度在 2 km 左右的对流单体生成,生成时风暴核心最大强度为 32 dBZ,而 CINRAD/SA 雷达在 14 时 30 分才对此对流单体的生成有所反应,因此 X 波段双偏振相控阵雷达可以提前 CINRAD/SA 雷达 8 min 捕捉到对流单体的初生信息。此后,由于风暴下沉气流冷池伴随的阵风锋导致单体回波在向东北方向移动的过程中不断加强,尺度不断扩大,15 时 24 分左右风暴核心反射率因子达最强,为 68.5 dBZ,尺度达到 12 km;15 时 30 分以后,随着阵风锋逐渐远离风暴主体,下沉气流出流减弱,风暴在继续东北移的同时逐渐减弱,最终完全消散(图 8.5)。而在番禺相控阵雷达上,

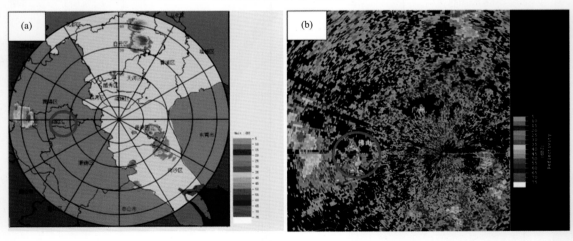

图 8.4　番禺 X 波段双偏振相控阵雷达 14 时 22 分反射率因子(a)
和 CINRAD/SA 雷达 14 时 30 分反射率因子特征(b)

初生的对流单体向东北方向移动并不断发展,但在进入广州市荔湾区以后强度明显减弱,与此同时,在其移动方向的前方又有一单体新生,并与旧单体合并、加强,随后继续向东北方向移动(图 8.6)。而 CINRAD/SA 雷达只能反映出对流单体生成后的持续加强过程,无法反映风暴强度更加细节的变化。从差分相移率 K_{dp} 的演变和雨量变化也可以看出(图 8.7),在旧单体生成并移动至荔湾区的过程中,差分相移率 K_{dp} 最大为 5.2°/km,半小时雨量基本在 5 mm 以下;而在新旧单体合并重组以后,K_{dp} 明显增强,最大值达到 9°/km,半小时雨量也增强到 10 mm 以上。

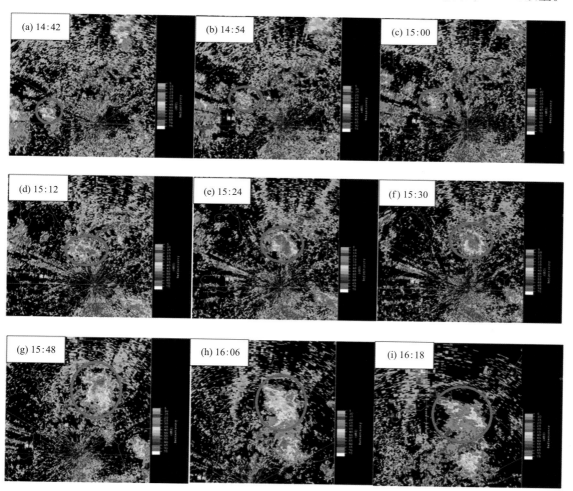

图 8.5　CINRAD/SA 雷达不同时次 0.5°仰角反射率因子特征

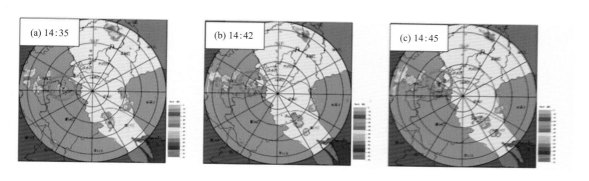

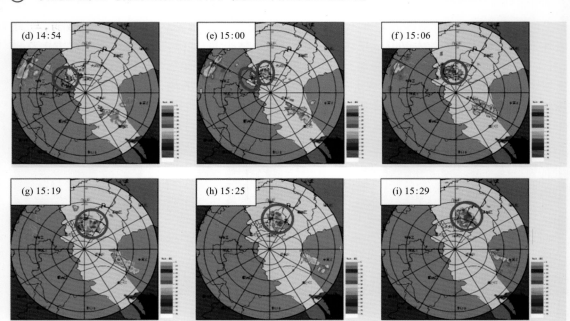

图 8.6　番禺 X 波段双偏振相控阵雷达不同时次 0.9°仰角反射率因子特征

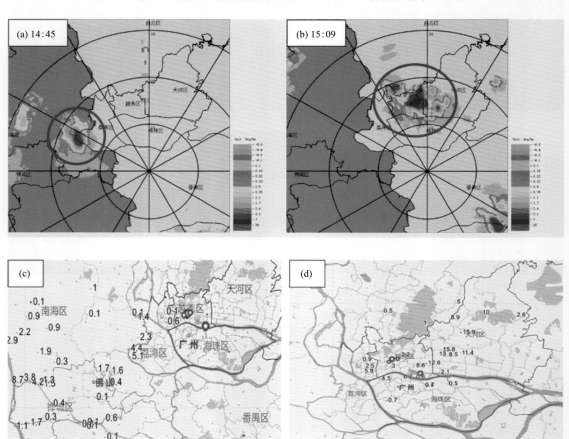

图 8.7　番禺 X 波段双偏振相控阵雷达 0.9°仰角 14 时 45 分和 15 时 09 分差分相移率 K_{dp}
特征（a—b）和 14 时 30 分至 15 时 00 分和 15 时 00 分至 15 时 30 分雨量（c—d）

图 8.8 所示为不同时次雷达反射率因子的垂直剖面特征。可以看出,在整个过程中,对流风暴始终为单体结构,其强度回波没有明显的倾斜特征,主要呈竖直结构;在风暴发展阶段(15时 30 分以前),回波不断向上发展,在最强盛阶段(15 时 30 分前后),55 dBZ 的强回波发展高度达到 7 km 附近。风暴单体的反射率因子核在 15 时 30 分以后从对流层中层下降到地面附近,对应下沉气流的触地,造成广州中心城区以及白云和黄埔区交界 6～7 级短时大风的出现。

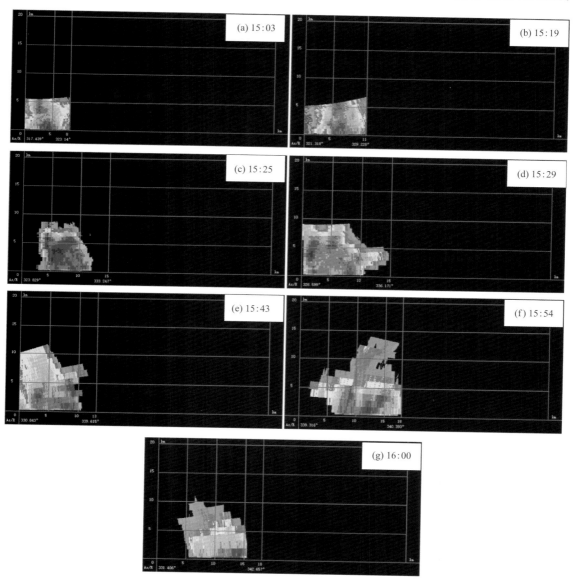

图 8.8 不同时次反射率因子的垂直剖面特征

图 8.9 和图 8.10 分别为 CINRAD/SA 雷达不同时次 0.5°仰角的径向速度特征和帽峰山相控阵雷达不同时次的径向速度特征。可以看出,从 15 时 20 分至 16 时 00 分,近地面始终有一个大风核存在,并由广州市天河区向东北方向移至黄埔区北部。在 CINRAD/SA 雷达上,大风核距地面高度始终在 500 m 以下,径向速度绝对值始终保持在 15 m/s 以上,最大值达 22 m/s,出现在 15 时 54 分,与该过程中最大阵风(白云区太和镇 16.8 m/s)出现的时间一致;

而在 X 波段双偏振相控阵雷达上,大风核距地面高度始终在 300 m 以下,径向速度绝对值始终保持在 15 m/s 以上,最大值达 22.5 m/s,出现在 15 时 28 分,与实况最大阵风出现的时间不一致。此外,从 15 时 18 分至 15 时 30 分,在 CINRAD/SA 雷达上近地面出现辐散特征,对应辐散中心的速度极大值和极小值之间的差值为 26.5 m/s,尺度为 6.2 km,距离地面 0.3~0.4 km,表征风暴单体下沉气流在近地面的强烈辐散,与低层大风核相配合;而在相控阵雷达上,并未见到清晰的近地面风场辐散特征。

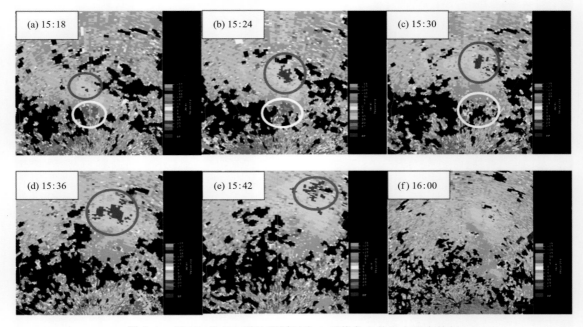

图 8.9   CINRAD/SA 雷达不同时次 0.5°仰角上的径向速度特征

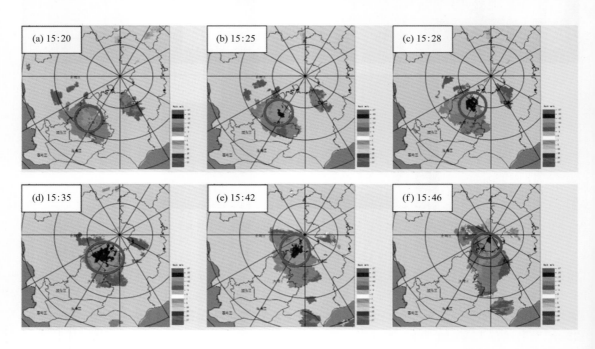

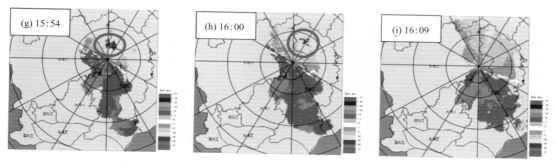

图 8.10　帽峰山 X 波段双偏振相控阵雷达同时次的径向速度特征

　　图 8.11 为帽峰山 X 波段双偏振相控阵雷达 15 时 19 分和 15 时 20 分的径向速度及其垂直剖面特征,以及 CINRAD/SA 雷达 15 时 24 分的径向速度及其垂直剖面特征。从帽峰山 X 波段双偏振相控阵雷达上可以看出,在 15 时 20 分左右,在天河区西部上空 6～7 km 的高度上存在径向辐合特征,最强径向速度辐合的速度极大值和极小值之间的差值为 20～21 m/s,尺度为 2～3 km,虽未达到显著的 MARC 标准,但径向辐合特征还是非常清晰的;此外,在中层径向辐合的下方存在大风核,且从 15 时 19 分到 15 时 20 分该大风核高度有所下降,可以预计地面大风发生的可能性很大。因此,中层径向辐合特征和低空大风核高度的下降先于地面大风出现,是雷暴大风发生的有利预警指标。而在 CINRAD/SA 雷达上同样可以看到中层径向辐合特征,但由于空间分辨率有限,径向辐合的结构形态不如相控阵雷达反映的清晰和精细,特征不易识别;此外,X 波段双偏振相控阵雷达的中层径向辐合特征出现在 15 时 19 分,而

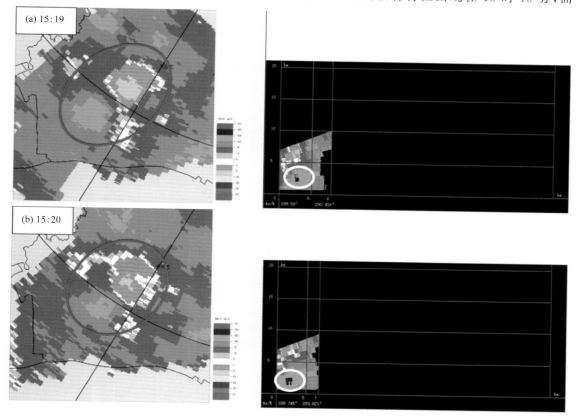

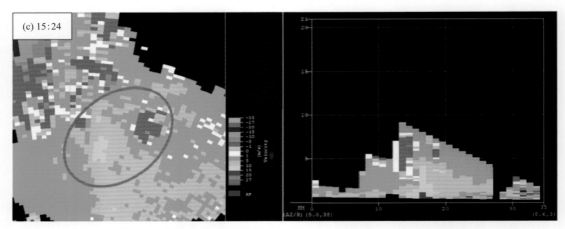

图 8.11　帽峰山 X 波段双偏振相控阵雷达 15 时 19 分(a)、15 时 20 分(b)的径向速度
及其剖面特征,以及 CINRAD/SA 雷达 15 时 24 分(c)的径向速度及其剖面特征

CINRAD/SA 雷达的中层径向辐合特征出现在 15 时 24 分,偏晚 5 min 左右,因此 X 波段双偏振相控阵雷达在特征指标出现的时间上有更多的提前量,对预报预警产品的发布有更大的优势和指示性。

8.1.1.3　2019 年 7 月 18 日珠海一次下击暴流天气过程

(1)天气实况

2019 年 7 月 18 日 13 至 17 时,珠海市出现一次强对流天气过程,其中 14 时 05 分到 14 时 40 分珠海中部地区出现了下击暴流,横琴芒洲地面观测站录得到极大风速 22.4 m/s,大风持续约半个小时,该站小时雨强 51.5 mm,其中 5 分钟最大降雨量达到 13.7 mm,短时雨强大,其周边 5~10 km 范围内的自动气象站也出现了 8~9 级短时大风,并伴有短时强降雨和雷暴。

(2)天气形势和层结条件分析

2019 年 7 月 18 日 08 时 200 hPa(图 8.12a)上在我国南方地区高空存在一个反气旋环流,珠海位于其南侧边缘的东北急流区,风速达到 40 m/s;在 500 hPa(图 8.12b)上,由于热带风暴"丹娜丝"的活动,在巴士海峡至南海中部存在一个广阔的台风槽,同时在西南地区有一个反气旋环流,珠海处于台风槽和反气旋之间的东北大风区;在 850 hPa(图 8.12c),西南地区有一个低涡存在发展,珠海位于低涡和"丹娜丝"之间的偏北气流中,但风速明显大于广东其他地区;地面上(图 8.12d),珠海位于台风槽的低压区内,气压梯度很小,处于偏北气流中,地面风速较小。

从香港站(距离珠海市下击暴流区域约 70 km)探空资料分析(图 8.13),在湿度条件方面,整体呈现"上干下湿"结构,低层湿层(相对湿度≥80%)达到 1.5 km(850hPa)高度,在 4 km(600hPa)高度左右的 $T-T_d$ 接近 25 ℃,存在明显的干层,这种湿度层结结构有利于地面大风天气的发生;在垂直风向风速分布方面,低层为偏北风,高层转为东北风,0~6 km 垂直风速切变超过 20 m/s,风暴承载层(300~600 hPa)的平均风速 18.6 m/s,平均风向 226°。以往的研究(高晓梅 等,2018)表明,风暴承载层平均风速大,有利于中层冷空气夹卷,导致下沉气流的动量下传,对地面大风的形成有利;在温度条件方面,850 hPa 与 500 hPa 的温差达到 24.1 ℃,温度垂直递减率大,有利于雷暴大风的出现,但 0 ℃ 层高度在 5.5 km,−20 ℃ 层在

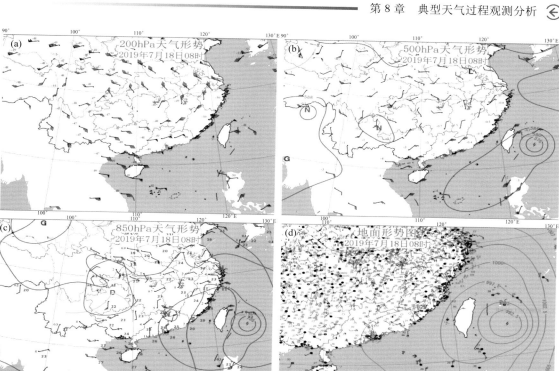

图 8.12　2019 年 7 月 18 日 08 时 200 hPa(a)、500 hPa(b)、850 hPa(c)和地面(d)天气形势

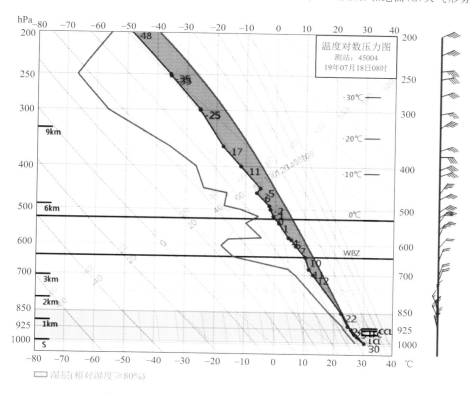

图 8.13　2019 年 7 月 18 日 08 时香港站 *T*-ln*P* 图

8.8 km,0 ℃层和−20 ℃过高,以往总结的华南地区冰雹天气发生条件(李怀宇 等,2015),层结条件不利于冰雹的产生;K 指数为 36.4 ℃,SI 指数−1.06,CAPE 达到 3594.7 J/kg,对流凝结高度、自由对流高度均不足 1 km,表明在大气层结极其不稳定。

(3)海风辐合线触发对流

受台风"丹娜丝"外围下沉气流和地面弱偏北风的影响,18 日上午开始珠海气温快速上升,但由于海陆热力性质的差异,陆地的升温速率明显高于沿岸和海岛地区。13 时(图 8.14c)珠海市西部地区气温普遍上升至 36～38 ℃,东部地区 35～36 ℃,沿岸区 32～34 ℃,海岛仅为 31～33 ℃,气温呈现"西高东低"的态势,在东部地区水平温度梯度达到 0.2 ℃/km 以上,非常有利于海风锋的发展。

由于海陆温度差加大,导致海上与沿岸和内陆的大气的密度和气压差不断增加,偏东向的海风逐渐加强,与内陆的偏北风形成地面风辐合线,逐渐发展为海风锋。11 时东部海岛逐渐转为偏东风,与陆地偏北气流在东部海岸线附近形成弱的辐合带;12 时随着海风的加强,沿岸地区的风向逐渐转为偏东风,地面辐合线不断向东部陆地推进,形成一条自东北向西南的地面海风锋,有利于近地层的暖湿空气被强迫抬升,形成更强的上升气流;13 时锋线接近珠海中部地区(图 8.14f),并在锋线附近触发对流。

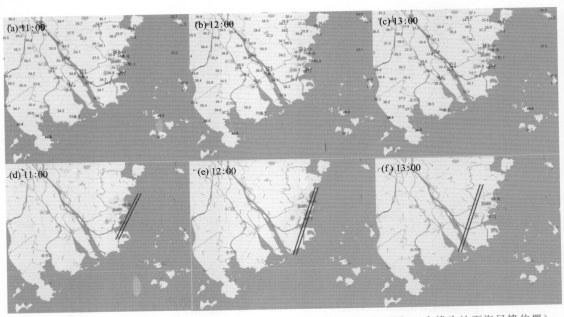

图 8.14　2019 年 7 月 18 日珠海市地面自动站气温和平均风力时间序列图(双实线为地面海风锋位置)
((a)11 时气温;(b)12 时气温;(c)13 时气温;(d)11 平均风;(e)12 时平均风;(f)13 时平均风)

横琴粤澳深度合作区以北地区(图 8.15a 中红色圆形区域)地势平坦,其南北两侧均有山脉阻挡,西侧则为宽阔的磨刀门水道,东侧为澳门港。随着海风锋推进到珠海中部后,在地形作用下,海风从东侧、南侧吹入水面,出现偏东风和偏南风,其与西侧河道的偏北风形成局地辐合,在 13 时 06 分产生对流单体 S(图 8.15a),并快速发展。到 13 时 30 分(图 8.15b),对流单体 S 发展旺盛,并在其北侧地面产生了下沉辐散气流,南侧的海风继续沿磨刀门水道向北推进,东侧的海风推进到中山市坦洲镇附近平原,同时在中山市坦洲镇附近形成了新的风向辐合(图 8.15b 中红色圆形区域),形成了另一个对流单体 N。

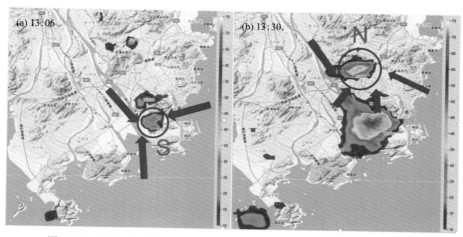

图 8.15　2019 年 7 月 18 日 13 时 06 分(a)和 13 时 30 分(b)初生对流时
3 km 高度 CAPPI 发射率因子(箭头表示初生对流附近平均风向)

（4）X 波段双偏振相控阵雷达资料分析

由于海风锋附近的对流云团距离横琴粤澳深度合作区的相控阵雷达仅有 5～15 km,其能够完整地观测到对流云团的整个发展过程,同时,该位置又刚好是珠海市相控阵雷达网观测重叠区,相控阵雷达网可以很好地反演出不同高度 CAPPI 拼图(图 8.16)。

13 时在相控阵雷达站的西北偏北方 5～15 km 范围内有分散对流单体生成,之后对流单体逐渐发展加强,并缓慢向偏南方向移动。对流云系西侧主要为偏北风,风力较强,东侧为偏东风,风力较弱。随后云系东侧的风力不断加大,在风力辐合带内形成了 S、N 两个主要的强对流单体,两个强对流单体区域内 3 km 高度反射率因子≥50 dBZ,说明对流单体发展旺盛。

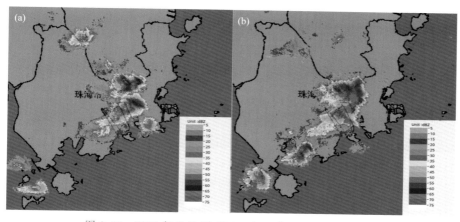

图 8.16　2019 年 7 月 18 日 13 时 50 分(a)和 14 时 02 分
(b)珠海相控阵雷达组网 3.5 km 高度反射率因子 CAPPI 拼图

13 时 56 分在横琴相控阵雷达西北偏北方(330°,13 km)的北侧 N 对流单体中,有一个直径 3 km 左右的气旋速度对形成,在 6.3°、8.1°、9.9°仰角 PPI 速度图(图 8.17)上均可看到,其径向负速度在−20～−15 m/s,正速度在 5 m/s 左右。相控阵雷达中气旋产品也显示,在该区域存在一个中气旋,该中气旋回波底高 1.0 km,回波顶高 3.1 km,中心高度 2.1 km,最大入流 19.1 m/s,最大出流 5.5 m/s。根据 Andra(1997)确定的中气旋的判定标准,该涡旋属于弱中气旋。14时02分开始中气旋右侧风场显著减弱,其中层回波反射率因子迅速降低,中气旋逐渐消亡,两个对流单体逐渐向西移动,在磨刀门水道上,南侧对流单体S逐渐合并到北侧对流单体中两个对流单体也逐渐靠近合并(图8.16b)。

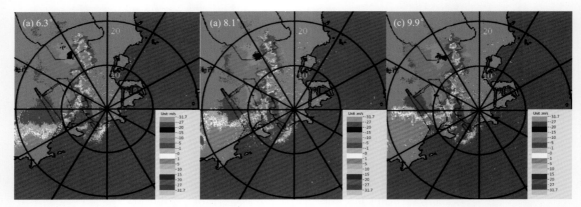

图8.17 2019年7月18日13时56分横琴相控阵雷达6.3°(a)、8.1°(b)、9.9°(c)仰角PPI速度图

从14时03分相控阵雷达5.5 km高度CAPPI拼图反射率因子(图8.18a)显示,珠海中部地区(蓝色圆圈区域)反射率因子普遍在45 dBZ以上,部分地区达到55 dBZ以上。之后,珠海中部地区的发射率因子明显下降,至14时07分(图8.18b)蓝色圆圈区域内反射率因子在45～55 dBZ,没有达到55 dBZ以上的区域了。

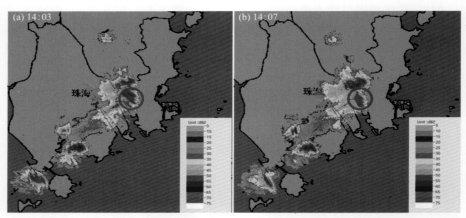

图8.18 2019年7月18日14时03分(a)和14时07分(b)
珠海相控阵雷达组网5.5km高度CAPPI拼图反射率因子

从14时05分横琴相控阵雷达可以看到(图8.19a),在横琴相控阵雷达西北方8～15 km范围内(红色圆圈区域内)出现明显的速度辐合,负速度达到−15 m/s以上,正速度在10 m/s以上。之后在14时07分的0.9°仰角速度图(图8.19b)显示,在横琴相控阵雷达西北偏西方5～15 km范围内(红色圆圈区域内)附近出现明显的下沉辐散气流,雷达径向速度达到−15 m/s以上,显示地面可能出现下击暴流天气。

从横琴芒洲地面观测站气象要素变化图(图略)可以看到,其在14时05分至14时10分,芒洲站的气温从28.6 ℃下降到25.6 ℃,5 min降雨量达到13.7 mm,平均风速从5.7 m/s增加至12.2 m/s,极大风速从9.3 m/s(14时)增大至21.8 m/s(14时10分),出现明显的下击

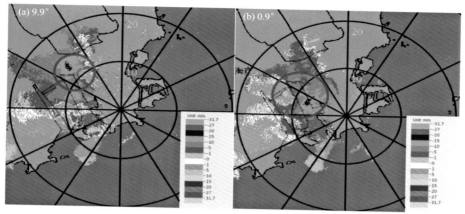

图 8.19 2019 年 7 月 18 日横琴相控阵雷达 14 时 05 分的 9.9°仰角(a)和 14 时 10 分的 0.9°仰角(b)速度图

暴流天气。由于下沉气流的影响,珠海中部区域气温显著下降至 28~29 ℃,同时,其下沉辐散的偏东气流与西部地区的偏北风辐合,激发了西部地区的对流单体,导致珠海市西部地区也出现了雷雨大风天气。

(5)珠澳雷达与相控阵雷达对比分析

珠澳共建 S 波段双偏振多普勒天气雷达(以下简称珠澳雷达)于 2013 年 12 月正式投入试运行,其雷达探测时间分辨率为 6 min,空间分辨率为 250 m。横琴相控阵雷达与其对比,在探测的时空分辨率更高,探测结果更为精细。

① 中气旋探测对比

由于此次中气旋存在的时间短,强度弱,在其生命史中只有一个时次(14 时)被珠澳雷达观测到了中气旋特征(图 8.20a),对比相同时刻两者的观测可以发现,珠澳雷达观测到的中气旋速度对较为模糊,相控阵雷达观测得更为精细(图 8.20b),中气旋速度对更为明显。

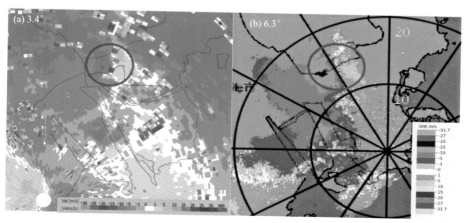

图 8.20 2019 年 7 月 18 日 14 时珠澳雷达 3.4°仰角(a)和横琴相控阵雷达 6.3°仰角(b)速度图

② 下击暴流过程观测对比

在珠澳雷达 14 时 06 分的 0.1°仰角(图 8.21a)的观测中可以看到,距离雷达中心东北方 20 km 左右处(图中红色圆形处)有明显的径向辐散出现,正速度明显大于负速度;沿雷达 24°仰角做雷达反射率(图 8.21b)和速度(图 8.21c)的剖面,在反射率剖面图上,在距离珠澳雷达

2~10 km 范围内有强对流回波存在,且强对流回波已经接地;在速度剖面图上,距离珠澳雷达 15 km 处的 2~4.5 km 高度上存在中层径向辐合但并不清晰,在距离雷达 18 km 左右近地面出现下沉辐散气流。由于珠澳雷达不同仰角观测时间不一致,对于此次变化迅速的下击暴流过程其垂直观测并不连贯。

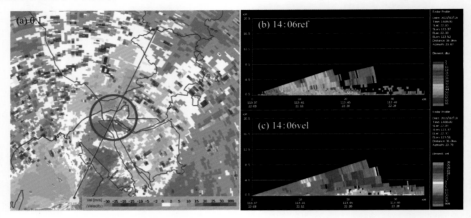

图 8.21　7 月 18 日 14 时 06 分珠澳雷达 0.1°仰角径向速度(a)、24°仰角强度(b)、速度(c)剖面图

　　从横琴相控雷达 297°角 14 时 03 分至 14 时 08 分连续的观测(图 8.22)显示,此次下击暴流过程开始前(14 时 03 分),在距离横琴相控雷达 9 km 左右处的 2~3 km 高度上出现了明显的中层辐合现象(图 8.22c、d),同时强对流回波开始接地,风暴质心下降,雷达径向负速度逐渐加大,地面开始出现大风但强度不强。14 时 06 分中层辐合仍然存在,对流质心不断下降(图 8.22e),在相同距离处的雷达径向负速度更大,并出现了径向负速度,表明近地面出现下沉辐散气流,即下击暴流,地面大风明显加强。从相控阵雷达连续观测可以发现,中层径向辐合较下击暴流早几分钟出现。

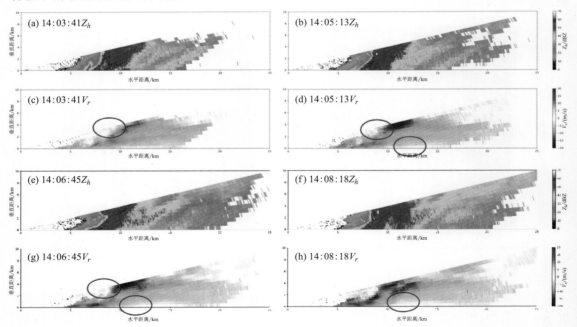

图 8.22　7 月 18 日 14 时 03 分至 14 时 08 分横琴相控阵雷达 297°强度(a、b、e、f)和速度(c、d、g、h)剖面图

（6）小结

利用珠海市地面自动气象站观测资料、MICAPS 资料和双偏振相控阵雷达资料对 2019 年 7 月 18 日下午一次由海风锋激发的下击暴流天气过程进行分析，结果表明：

① 本次下击暴流过程发生在台风外围高空东北急流中，大气层结呈现"上干下湿"结构，0～6 km 垂直风速切变超过 20 m/s，风暴承载层（300～600 hPa）风暴承载层平均风速大，温度垂直递减率大，对流凝结高度、自由对流高度低，K 指数、SI 指数、CAPE 等都有利于下击暴流天气发生。

② 海陆热力性质差异，导致中午珠海东部沿海地区出现了显著的偏东向海风，其于陆地的偏北辐合，形成海风锋，触发此次下击暴流的强对流系统。

③ 强对流系统中有弱中气旋存在，下击暴流发生前有中层反射率因子减小、径向速度辐合、近地面气流辐散等现象，但时间提前量较短，仅有几分钟。

④ 相控阵雷达由于其时空分辨率高，可以发现对流系统中较小、较弱的中气旋，并清晰地看到中层反射率因子减小、径向速度辐合、近地面气流辐散等现象，对于下击暴流的预警有重要作用。

8.1.2　多单体风暴

2021 年 7 月 16 日多单体风暴个例。

（1）天气实况

2021 年 7 月 16 日 17 时左右，在广州市以北地区、增城区东部至惠州龙门一带已经有组织较为分散的多单体风暴发展，随后两股回波带连成一片向东南偏南方向发展，截至 21 时，造成广州中西部地区大范围的短时强降水和 6～8 级雷雨大风天气，其中白云区金沙街录得全市最大累积雨量 90.9 mm，白云区江高镇录得最大小时雨量 81.3 mm，越秀区梅花村录得最大阵风 9 级（21 m/s）。

（2）影响系统和环境条件分析

由 16 日 08 时的高度空配置可以看出（图 8.23），500 hPa 华南至南海地区处于副高控制，其中南海东北部靠近粤东一带有扰动发展并逐渐向广东省沿海靠近，850 hPa 风场显示珠三角及其以东处于扰动北侧偏东风和反气旋环流的过渡地带，并分别在粤北、珠三角东部产生风向辐合，在南海东北部至广州以东为 850 hPa 和 925 hPa 湿区，而南海西北部至粤西的反气旋环流中大部分为干区，除了风场辐合以外也存在一定程度的湿度锋区。

由 08 时的广州 $T\text{-}\ln P$ 图可以看出（图 8.24）大气整层湿度较高，经过抬升点修正后，地面至 925 hPa 温度符合干绝热递减率，有利于出现雷暴大风；CAPE 值很大，达到 3977 J/kg，但是 0～6 km 垂直风切变较小（7.7 m/s），另外 0 ℃层高度接近 6 km，不太有利于冰雹的产生；大气柱含水量在 50～60 kg/m²，850～500 hPa 风速很小（2～4 级），意味着风暴一旦发生，移动速度较慢，有利于产生短时强降水。

（3）雷达回波演变特征

分析本次过程总体的雷达演变特征（图 8.25）发现：风暴整体向南移动，移速较慢，与 850～500 hPa 弱的偏北风对应，另外风暴单体也存在右移特征，因此整个多单体风暴移动以向南为主，但存在一定的偏西分量。17 时开始多单体风暴的回波在广州周边地区发展，17 时—17 时 36 分，0.5°仰角上增城区持续观测到阵风锋，并在阵风锋经过之处，离风暴主体一定距离处触发新生对流，后续与风暴主体连成一片；在 19 时 36 分前后风暴主体南侧一定距离存在对流新

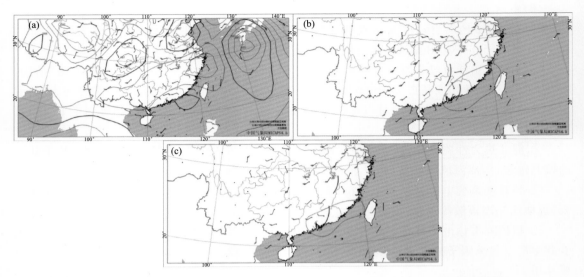

图 8.23　2021 年 7 月 16 日 08 时 500 hPa 形势场(a)、850 hPa 风场(b)、925 hPa 风场(c)

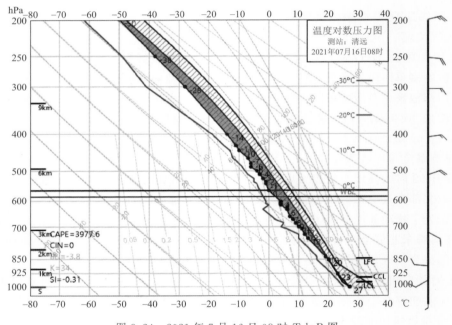

图 8.24　2021 年 7 月 16 日 08 时 T-$\ln P$ 图

生,因此本次过程传播上有对流跳跃性往前传播的特点。在速度场上,17 时在风暴主体以南, 0.5°仰角显示边界层为弱东南风,风暴主体存在后侧入流,部分区域达到急流强度,随着风暴逐渐靠近雷达中心,0.5°仰角更清晰地观测到后侧入流大风区,18 时 12 分观测到风速最大达到 20 m/s,距离地面大约 800 m 高度处,19 时 36 分风暴主体越过雷达中心,近地面风场转为一致的偏北风,大风区仍然维持并随着风暴主体继续向南移动。

　　重点分析 17 时 12 分至 17 时 36 分期间风暴主体前端新生对流的发生发展(图 8.26),总体来说两种雷达都能及时反映对流新生,不过 CINRAD/SA 雷达的组合反射率因子图杂波较

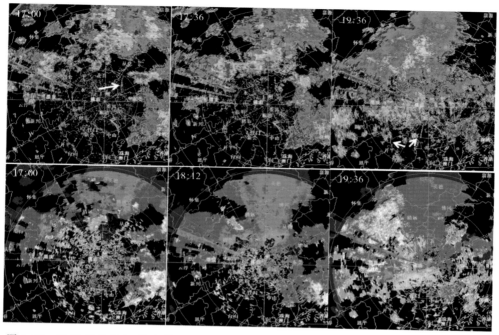

图 8.25　2021 年 7 月 16 日广州 CINRAD/SA 雷达 0.5°仰角反射率因子图(上)和速度图(下)

多,X 波段双偏振相控阵雷达组合反射率因子图杂波很少,画面更清晰干净。从 17 时 12 分的两部雷达都可以观测到位于花都、增城北部和东莞等地的回波;17 时 18 分 CINRAD/SA 雷达观测到花都的回波主体东南侧不远处出现新生单体(单体 A),而 X 波段双偏振相控阵雷达则在 17 时 16—17 分已经观测到单体 A 的发生发展,比 CINRAD/SA 雷达提前 1～2 min;17 时 24 分,A 单体东北侧不远处再次新生单体 B,同时在增城的风暴主体以东也出现一串新生单体,此现象在 17 时 23 分的 X 波段双偏振相控阵雷达已经观测到,比 CINRAD/SA 雷达提前 1 min;从 17 时 24—30 分,A、B 和 C 单体都快速发展,CINRAD/SA 雷达只有 2 个体扫的图像,而 X 波段双偏振相控阵雷达有 6 次体扫的图像,更加完整地捕捉其快速发展的过程和趋势,另外从对 C 处的单体观测来看,X 波段双偏振相控阵雷达对其回波的结构探测更为精准,也更能清晰地观测到该处单体不断地往东北方向发展出新生单体的趋势;17 时 36 分,A、B 单体继续发展扩大,与原来花都区、增城区北部的风暴主体连成一片,后续往南扩张,X 波段双偏振相控阵雷达于 17 时 34 分观测到单体合并,比 CINRAD/SA 雷达提前 2 min。

　　本次过程雷雨大风明显,因此继续对比 CINRAD/SA 雷达和 X 波段双偏振相控阵雷达对于速度场的探测(图 8.27)。17 时 21 分帽峰山的 X 波段双偏振相控阵雷达开始在从化西北部观测大风(大于 16 m/s),CINRAD/SA 雷达在 17 时 18 分至 17 时 24 分也观测到从化西北部的大风像素点,由于 CINRAD/SA 雷达探测范围更大,同时也观测到从化东北部的大风,由此可见从化可能出现大风;随后大风区逐步往南扩散发展,17 时 38 分,X 波段双偏振相控阵雷达观测到大风区到达从化南部,并形成 3 个中心,且在最西侧的大风区前沿第一次观测到大于 20 m/s 的风速,预示着雷达大风进一步加强。CINRAD/SA 雷达观测的大风区前沿的位置与 X 波段双偏振相控阵雷达接近,但并未在大风区前沿观测到大于 20 m/s 的大风,不过 CIN-RAD/SA 雷达把回波后部的大风区(从化中部)完整地探测到,而 X 波段双偏振相控阵雷达

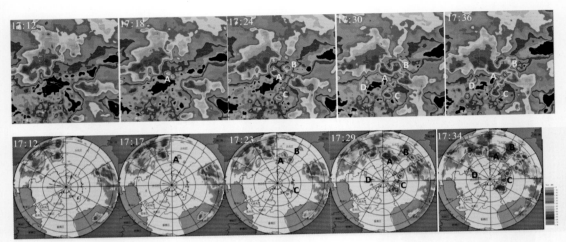

图 8.26　2021 年 7 月 16 日 17 时 12 分、17 时 18 分、17 时 24 分、17 时 30 分、17 时 36 分
广州 CINRAD/SA 雷达组合反射率因子图（上）和 17 时 12 分、17 时 17 分、17 时 23 分、
17 时 29 分、17 时 34 分广州 X 波段双偏振相控阵雷达组合反射率因子图（下）

由于衰减问题，后部的大风区已经观测不到；17 时 49 分在本阶段风力发展最强时刻，从 X 波段双偏振相控阵雷达可以看到风暴前沿分为 3 个大风区，其中东、西两个大风区的风速最大值都大于 20 m/s，而 CINRAD/SA 雷达也能明显观测到 3 个大风区，对中间和东侧的大风区的大风强度与 X 波段双偏振相控阵雷达接近，而西侧的大风区最大风力强度明显不如 X 波段双偏振相控阵雷达。

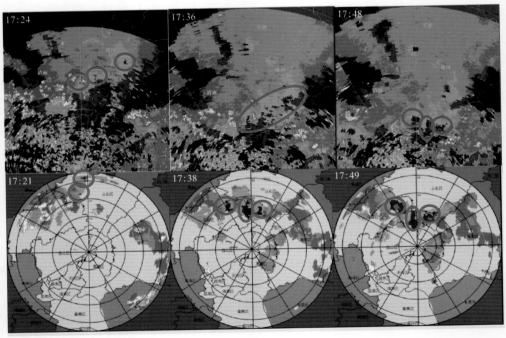

图 8.27　17 时 24 分、17 时 36 分、17 时 48 分广州 CINRAD/SA 雷达 0.5°仰角速度图（上）和
17 时 21 分、17 时 38 分、17 时 49 分广州帽峰山 X 波段双偏振相控阵雷达 0.9°仰角速度图（下）

分析图 8.26 中 A 处的两个新生单体在发展最旺盛的时刻（17 时 30 分）的剖面图（图 8.28），总体而言 CINRAD/SA 雷达和 X 波段双偏振相控阵雷达观测的单体结构较为相似，X 波段双偏振相控阵雷达对单体的结构看得更为精细，也更加连续，尤其是在差分相移率 K_{dp} 和相关系数 C_C 产品中，CINRAD/SA 雷达在低层和中层存在一定的数据缺失，而 X 波段双偏振相控阵雷达几乎没有出现这个问题，X 波段双偏振相控阵雷达能完整给观测到右侧单体垂直方面上 K_{dp} 的结构，由此可以分析处右侧单体处正在发生强降水。另外在 C_C 产品上，X 波段双偏振相控阵雷达能更清晰地展示 3～7 km 高度处粒子的一致性不佳，CINRAD/SA 雷达对此也有一定的反映，但不如 X 波段双偏振相控阵雷达清晰。

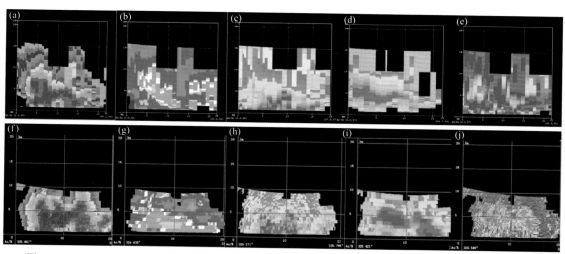

图 8.28　17 时 30 分广州 CINRAD/SA 雷达和广州帽峰山 X 波段双偏振相控阵雷达单体 A 反射率因子（a,f）、速度（b,g）、差分反射率 Z_{dr}（c,h）、差分相移率 K_{dp}（d,i）和相关系数 C_C（e,j）剖面图

再分析一个本次过程的强单体，选取 17 时 06 分位于花都以北风暴前沿的单体（图 8.29a），通过对比 0.5°和 6.0°仰角的反射率因子发现（图 8.29b、c），低层存在有界弱回波区，高层大反射率因子位于低层弱反射率因子之上，说明此处存在强烈的上升运动，该单体最强反射率因子达到 67 dBZ 左右，大于 50 dBZ 强回波伸展至 8 km，可以判断高层存在较大的冰粒子，相态识别产品也识别出冰雹相态（图略），但是由于 0 ℃层较高（6 km 左右）以及地面温度较高（30～32 ℃），地面降雹可能性小。2.4°仰角的速度场观测到单体内存在弱切变，切变速度 8 m/s，并伴有轻微的辐合（图 8.29d），有一定概率发生雷雨大风；在箭头处，0.5°仰角的差分反射率因子（Z_{dr}）较大，而差分相移率（K_{dp}）梯度很大，箭头东北侧为入流气流和强上升运动区，粒子在气流的"分选作用"下，较大的粒子降落在"回波墙"附近，因此在有界弱回波区附近 Z_{dr} 较大（图 8.29e），而上升气流后端和下沉气流中（箭头的南侧）粒子含量较丰富，上升气流中粒子含量较少，因此箭头两侧 K_{dp} 值差异较大（图 8.29f），从相态识别产品也清晰地展示了箭头北侧识别为小雨和大雨滴，箭头南侧为大雨两种状态的差异（图 8.29g），因此箭头的南侧发生短时强降水的可能性很大。

用 X 波段双偏振相控阵雷达观测同样的强单体，各产品衰减较严重，只能观测到该单体东侧的结构，其观测结果与 CINRAD/SA 雷达较为接近，也能清晰地反映低层有界弱回波区大于 16 m/s 的负速度中心、单体中心东南侧的大的差分相移率 K_{dp} 以及相态识别产品识别出大雨（图 8.30）。

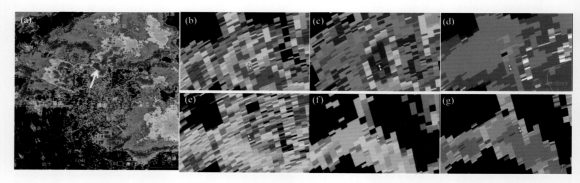

图 8.29　2021 年 7 月 16 日 17 时 06 分广州 CINRAD/SA 雷达组合反射率
因子(a)、仰角 0.5°反射率因子(b)、仰角 6.0°反射率因子(c)、仰角 2.4°速度(d)、
仰角 0.5°差分反射率因子(e)、仰角 0.5°差分相移率(f)和仰角 0.5°相态识别(g)

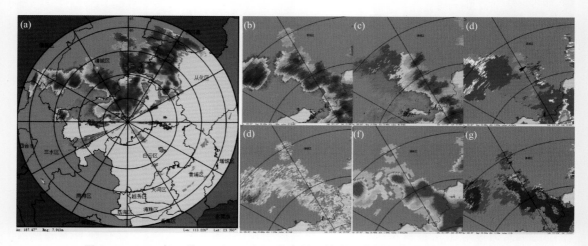

图 8.30　2021 年 7 月 16 日 17 时 06 分广州 X 波段双偏振相控阵雷达组合反射率
因子(a)、仰角 2.7°反射率因子(b)、仰角 18.9°反射率因子(c)、仰角 9.9°速度(d)、
仰角 2.7°差分反射率因子(e)、仰角 2.7°差分相移率(f)和仰角 2.7°相态识别(g)

　　总体来说,X 波段双偏振相控阵雷达由于更新速度快,分辨率高,对多单体风暴的观测能够更快速地捕捉风暴前沿的新生对流发生发展,对其发展趋势和过程的动态反映更加连续,对其结构也观测得更精细;但由于探测范围较小,又容易衰减,对于风暴后部的对流情况以及发展很强的单体的观测效果不如 CINRAD/SA 雷达。

8.1.3　超级单体风暴

8.1.3.1　2022 年 3 月 26 日广州午后强对流天气过程

（1）过程回顾及天气形势分析

　　3 月 26 日下午广州市及周边市县普遍出现了短时强降水和 8～9 级雷暴大风等强对流天气,佛山南海、越秀、天河、白云、黄埔先后在 14 时 57 分至 15 时 56 分之间记录到冰雹现象,其中广州站(59287)记录到冰雹直径为 1.6 cm(图 8.31)。

这是一次典型的锋面低槽背景下产生的强对流天气过程。3 月 26 日 08 时,500 hPa 副高强盛且呈块状分布,青藏高原附近有高空浅槽东移,广州受高空浅槽前西南气流控制,高空波动不断。低层有西南低涡在广西和贵州一带发展,粤北地区有切变维持,广州处于切变南侧的西南急流中,暖湿输送明显,且西南急流在广州附近形成风速辐合。另外,广州处于地面冷锋前的低槽中,冷空气南下与暖空气形成对峙激发强对流天气(图 8.32)。

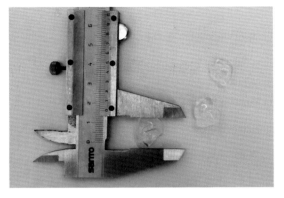

图 8.31　广州国家观测站冰雹直径记录

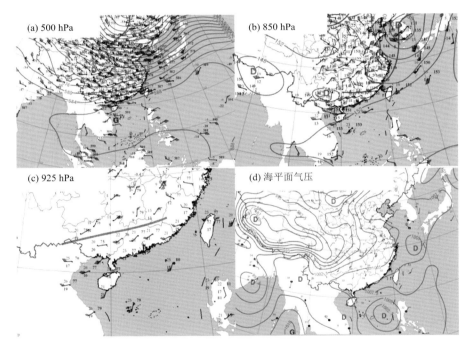

图 8.32　2022 年 3 月 26 日天气形势图

能量条件方面,在对流发生前夕,即 2022 年 3 月 25 至 26 日,华南偏南暖湿气流迅速增大,由于前期较强冷空气影响,广州出现重度回南现象,番禺沙头镇露点温度高于地温 3 ℃左右,大气暖湿能量累积充足。26 日 08 时清远 $T\text{-}\ln P$ 图显示大气层结上干下湿,湿层厚度伸展至 600 hPa 附近,0～3 km 垂直风切变 17.6 m/s,0～6 km 垂直风切变 28.4 m/s,利用 14 时的露点和温度订正 $T\text{-}\ln P$ 图,显示 CAPE 值 1483.4 J/kg,K 指数 36.4 ℃(图 8.33)。

利用布设在广州站的新型探空资料微波辐射计,观测其二次产品大气不稳定参数的变化情况,该微波辐射计同址的雨量计在 15 时 40 分之后才开始录得小量级降水,即其资料受降水影响比较小,因此可信度高。图 8.34 可以看出不稳定参数 LI 和能量参数 CAPE 值在强对流出现之前表现出明显的变化,LI 指数上午 10 时之后持续下降,14 时 20 分达到最低值－11.1 ℃,随后其值明显上升。CAPE 值上午 10 时后亦出现明显上升趋势,14 时 26 分记录得到最大 CAPE

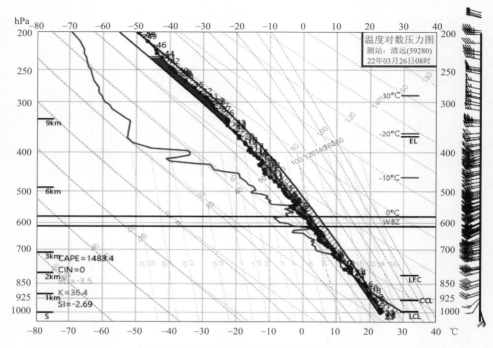

图 8.33　2022 年 3 月 26 日清远 T-lnP 图

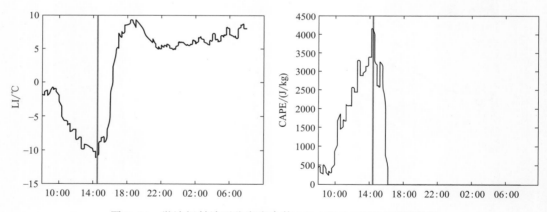

图 8.34　微波辐射计不稳定度参数 LI(a)和 CAPE(b)时间序列

值为 4151 J/kg,随后呈现快速下降形态,两种参数表面在 14 时 30 分以前大气不稳定度和能量是快速增强阶段,预示周边强对流天气发生的可能性增大。

（2）超级单体风暴过程概述

26 日午后回波开始活跃,对流单体分散在东北-西南向的回波带中向东推进并发展加强,本次需要关注的单体回波 14 时前后位于肇庆鼎湖区与三水区交界一带,与周边回波带脱离,如图 8.35,6.5°仰角对该单体的发展趋势描述较好,可见该单体于 14 时 18 分开始出现旁瓣回波,强反射率因子向上发展增强,最强反射率因子已经达到 65.5 dBZ,14 时 36 分该单体强回波面积继续加强并扩大,开始出现三体散射特征,14 时 54 分出现钩状回波,最强反射率因子达到 79.5 dBZ,三体散射长钉发展到 56 km,旁瓣回波长约 16 km,是超级单体发展鼎盛时期;

14 时 57 分南海狮山农试站记录到冰雹出现,15 时 18 分三体散射特征逐步消失,并以钩状回波形态移入广州城区,移入广州城区后回波形态变化较大,但最强反射率因子仍在 75 dBZ 左右,多地出现冰雹,16 时 30 分该单体回波移出广州。

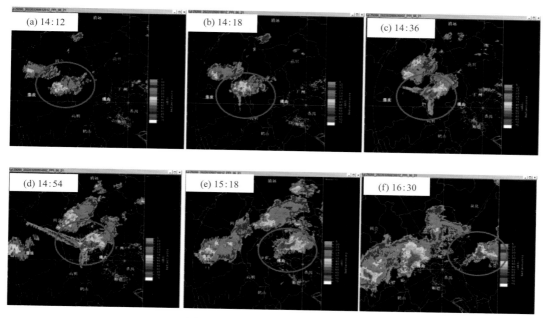

图 8.35　超级单体风暴过程演变

此次广州强对流过程超级单体发展最为明显的时间阶段是 15 时前后,此时回波正位于南海相控阵雷达附近,造成重要时刻相控阵雷达观测资料的缺失,为了最大限度用相控阵雷达观测单体回波的发展,14 时 50 分前使用南海 X 波段双偏振相控阵雷达资料分析,14 时 50 分后使用番禺 X 波段双偏振相控阵雷达进行分析。

(3)X 波段双偏振相控阵雷达与 CINRAD/SA 雷达对比分析

以广州 CINRAD/SA 雷达作为参考,对比超级单体风暴距离相控阵雷达基站远近时探测性能的差别(图 8.36)。14 时 36 分是超级单体风暴快速发展增强阶段,此时超级单体风暴正在逐渐接近相控阵雷达南海基站,距离基站大约 8 km,由于强反射率因子后侧回波受到衰减,超级单体回波形态不完整,入流 V 型缺口未表现,且没有表现出如 CINRAD/SA 雷达的三体散射和旁瓣回波特征。离雷达较近一侧雷达波束仍有一定穿透性,回波衰减较弱,其最强反射率因子强度与 CINRAD/SA 雷达相当,最强反射率因子在 66 dBZ 左右,与 CINRAD/SA 雷达相差 6 dBZ 左右。剖面图方面,X 波段双偏振相控阵雷达及 CINRAD/SA 雷达都较好地表现出了斜升回波的特征,最强回波中心在 4 km 附近,都表现出有界弱回波区的发展。另外,相控阵雷达的回波分辨率更精细,1 km 以下 55 dBZ 左右的回波触地特征明显,表明此刻地面正在发生强天气,而 CINRAD/SA 雷达在 1 km 以下缺乏探测资料。

14 时 55 分前后,超级单体风暴正在影响南海相控阵雷达站,所以采用番禺相控阵雷达进行接力观测(图 8.37),此时超级单体风暴距离番禺相控阵雷达基站大约 30 km。CINRAD/SA 雷达 6.3°仰角可以看到明显的超级单体回波形态特征:钩状回波结构,最强反射率因子达到 75 dBZ 以上,拥有长达 56 km 的三体散射回波及明显旁瓣回波,剖面图上回波悬垂及有界

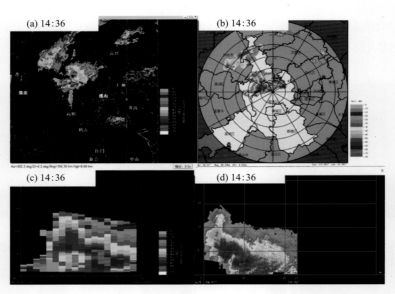

图 8.36　14 时 36 分前后广州 CINRAD/SA 雷达(a,c)和 X 波段双偏振相控阵雷达(b,d)对比图

弱回波区十分明显,70 dBZ 强度的回波伸展到 7 km 左右,55 dBZ 强度回波伸展到 10 km 左右。而 X 波段双偏振相控阵雷达回波衰减十分严重,波束无法穿过云中的大冰雹和大水滴,最强反射率因子仅 60 dBZ,且回波后侧有明显的 V 型缺口,剖面图对弱回波区、回波悬垂等有效信息的探测能力较差,但 X 波段双偏振相控阵雷达有效探测高度高于 CINRAD/SA 雷达,图 8.37(d)可见 35～40 dBZ 的回波拓展到 15 km 以上,说明对流发展强盛。

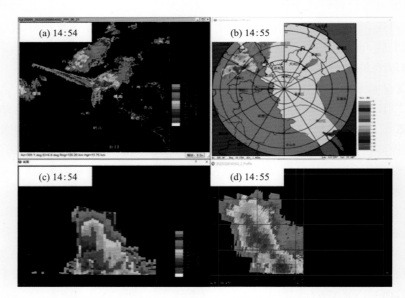

图 8.37　14 时 55 分前后广州 CINRAD/SA 雷达(a,c)和 X 波段双偏振相控阵雷达(b,d)对比图

14 时 36 分至 14 时 43 分是超级单体风暴组织化的关键时期(图 8.38),低层钩状回波逐渐形成,中层逐渐形成有界弱回波区,相控阵雷达在 14 时 36 分虽然监测到有界弱回波出现的迹象,但是由于强回波的衰减后期无法观测到强回波中心在中高层的加强和拓展,进而也未能

探测出有界弱回波区,但由于相控阵雷达时间分辨率高,在 CINRAD/SA 雷达一个体扫的时间内,相控阵雷达清晰地显示出了强回波随时间增强而逐渐及地的过程,该时间段内地面强对流天气明显增强,高要金利镇及南海丹灶镇附近地面出现 5 min 的 8～10 mm 左右短时强降水及 6～7 级大风,14 时 57 分海南观测到冰雹。

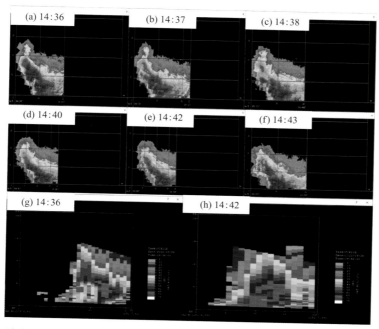

图 8.38　X 波段双偏振相控阵雷达(a—f)和广州 CINRAD/SA 雷达(g,h)单体剖面时间演变图

14 时 50 分至 16 时是地面观测到冰雹的高峰时期,图 8.39 图可见 14 时 50 分前后番禺相控阵雷达观测到超级单体风暴进入其观测范围内,15 时之前的时刻都能清晰地观测到单体内的一个小尺度的中层径向辐合区,负速度达 20.5 m/s,正速度达 6 m/s,速度核直径 4.5 km;15 时 01 分负速度核心有西南移动的趋势,即开始出现气旋特征,15 时 02 分至 15 时 08 分完成辐合式气旋到气旋的转变,期间正负速度对相对转速 14 m/s,核区直径 5 km,距离雷达 30 km,属于弱中气旋范畴;15 时 16 分气旋旋转速度变慢,最大转速 12.5 m/s,15 时 20 分中气旋东移进入广州城区。

由图 8.40 可知,相较 CINRAD/SA 雷达而言,X 波段双偏振相控阵雷达对小尺度速度核的探测相对清晰。CINRAD/SA 雷达由于发射功率大,可以探测到由地物或者弱云雨产生的较多非零速度回波区域,使得对流单体速度识别上造成干扰;另外虽然 CINRAD/SA 雷达也表现出了中层径向辐合出现气旋式旋转特征,但 15 时至 15 时 12 分由其转变为中气旋的过程不清晰,而此时利用相控阵雷达可以更方便判别气旋及其演变特征。

在超级单体风暴距离番禺相控阵雷达 30 km 附近时,对比两部雷达对超级单体风暴的识别(如图 8.41),可见两部雷达都能识别出清晰的钩状回波结构、中气旋特征。双偏振量方面,相控阵雷达对超级单体风暴的识别较为清晰,图 8.41(b)可以清晰看到钩状回波入流区附近对应的 Z_{dr} 大值区,对应上升气流对大粒子的分选,该区 K_{dp} 值在 3 °/km 左右,反射率因子 60 dBZ 上下,对应大雨区;由于 K_{dp} 只涉及位相差,不受雷达定标、衰减影响,相控阵雷达精细化观测所能提供的 K_{dp} 信息会更多,对比两部雷达的表现,可见钩状回波后侧强 K_{dp} 区域在相控

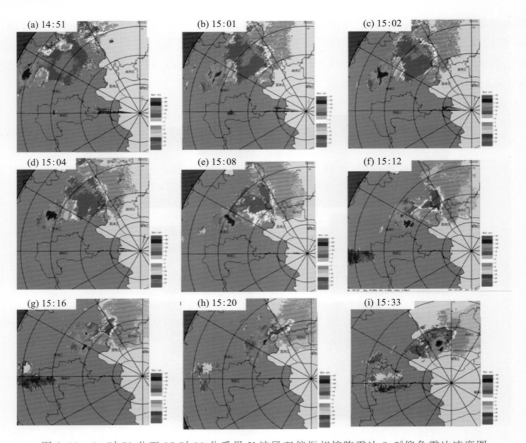

图 8.39　14 时 51 分至 15 时 33 分番禺 X 波段双偏振相控阵雷达 2.7°仰角雷达速度图

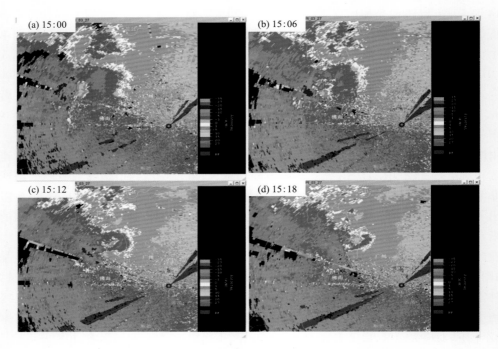

图 8.40　15—15 时 18 分广州 CINRAD/SA 雷达 2.4°仰角速度图

阵雷达上显示更明显，面积更大，值更高，其值超过 3 °/km，该区域对应 Z_{dr} 小值区，代表密集的小粒子造成的强降水区域；相关系数方面，CINRAD/SA 雷达在超级单体风暴周边有较多低值区，对风暴内部低相关系数区的识别造成干扰，而相控阵雷达可以观测到钩状回波的北侧有大片低值区，相关系数 C_C 在 $0.85\sim0.92$，该区域 K_{dp} 值也较大，推测为冰雹与降水粒子混合物，图 8.41(l) 相控阵相态识别产品也分析出该区域有冰雹及雹水混合物的出现，相对于 CINRAD/SA 雷达相态识别而言，相控阵雷达对粒子的相态分析能更为细致。

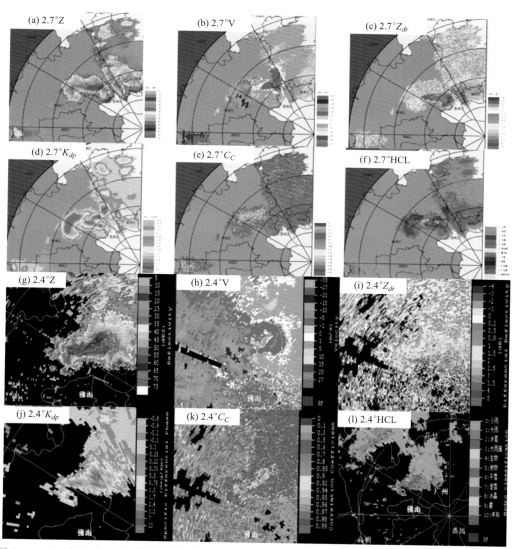

图 8.41　15 时 12 分 X 波段双偏振相控阵雷达 2.7°仰角(a—f)及 CINRAD/SA 雷达 2.4°仰角(g—l)反射率因子、速度、Z_{dr}、K_{dp}、C_C、HCL 产品

　　该过程雷达冰雹产品对比方面，CINRAD/SA 雷达与相控阵雷达表现也有较大的区别。由图 8.42 可见无论是 CINRAD/SA 雷达还是相控阵雷达都识别出了冰雹特征，并能观测到冰雹进入广州城区的移动路径，与实况报告冰雹出现的地点较为一致，但总体而言，相控阵雷达对冰雹识别敏感于 CINRAD/SA 雷达，其在雷暴单体附近的冰雹标识多于 CINRAD/SA 雷达。

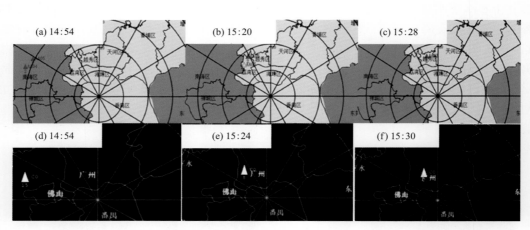

图 8.42 X 波段双偏振相控阵雷达（a—c）和 CINRAD/SA 雷达（d—f）冰雹产品对比

该过程雷达中气旋产品对比方面，相控阵雷达在 14 时 30 分以后陆续识别出风暴可能具有中气旋特征，但 CINRAD/SA 雷达仅 14 时 36 分前后识别出两个体扫的中气旋特征（图 8.43）。相控阵雷达由于空间分辨率高，对中气旋的识别，特别是较弱的中气旋识别要敏感于 CINRAD/SA 雷达，有助于风暴性质及其发展趋势的判断。

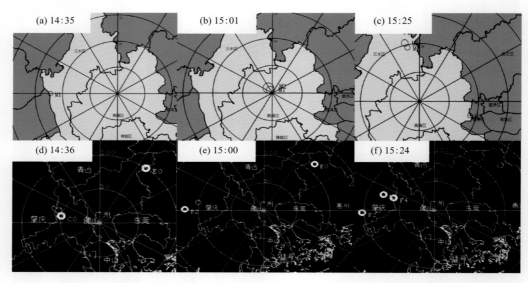

图 8.43 X 波段双偏振相控阵雷达（a—c）和 CINRAD/SA 雷达（d—f）中气旋产品

3 月 26 日广州超级单体风暴过程，相控阵雷达反射率因子产品探测三体散射、有界弱回波特征的能力弱，且强回波衰减严重，强回波后侧衰减形成的 V 型缺口明显；强降水回波距离雷达 30 km 以外衰减明显，但对距离相控阵雷达 10 km 左右的前回波前侧有一定探测能力，并可清晰观测到高时间分辨率的强回波及地的特征，X 波段双偏振相控阵雷达的高时间分辨率观测和其低空探测能力与 CINRAD/SA 雷达优势互补探测可为预警发布提供参考；CINRAD/SA 雷达发射功率较强导致杂波明显，而 X 波段双偏振相控阵雷达对于小尺度速度大值区的观测有一定优势，可清楚地观测到辐合转变气旋的趋势，这对强对流天气的发生维持发展有较好的预示作用。另外,偏振量方面,由于 K_{dp} 不受衰减影响,X 波段双偏振相控阵雷达 K_{dp} 产品对强降水区域有较强的指示意义;CINRAD/SA 雷达相关系数 C_C 在超级单体风暴周边有较多低值区的干扰,比较而言,X 波段双偏振相控阵雷达能更好地观测到风暴中相关系数低值区,相控阵雷达偏振量的识别优势也导致相态识别产品对雹水混合区识别优于 CINRAD/SA 雷达。对于雷达中气旋和冰雹产品,X 波段双偏振相控阵雷达和 CINRAD/SA 雷达都有一定的冰雹探测能力,而 X 波段双偏振相控阵雷达对中气旋的探测要比 CINRAD/SA 雷达更敏感,虽然有空报风险,但是对弱中气旋有一定的捕捉能力。

8.1.3.2　2020 年 9 月 12 日深圳微下击暴流

(1)天气实况

9 月 12 日 13 时起,深圳市发生局地强雷雨。强降雨集中在福田、罗湖、盐田和大鹏等地区;16 时 30 分珠江口降雨云团逐渐发展,16 时 30 分到 17 时 30 分宝安北部和光明降雨加强(图 8.44a),17 时 30 分到 18 时 30 分强回波影响宝安区(图 8.44b),18 时 30 分后宝安降雨明显减弱,弱降雨持续至 19 时 30 分前后;19 时后惠州西部雷雨云系南压影响龙岗、坪山、大鹏一带。22 时 10 分全市降雨结束。

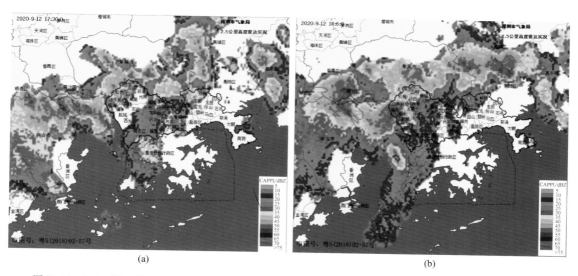

图 8.44　2020 年 9 月 12 日 17 时 30 分宝安、光明降雨加强(a) 18 时 12 分强回波正在影响宝安(b)

根据深圳市自动站网观测信息统计,9 月 11 日 20 时至 12 日 22 时 10 分,全市记录到大雨到暴雨,局部大暴雨(图 8.45),全市平均雨量 33.3 mm,各区平均雨量最大 45.4 mm(福田区)。期间全市最大累计雨量 101.8 mm(南山区招商街道西部通道站)。最大小时雨量为 71.1 mm(宝安区福永街道深圳机场北站)。伴有 7~8 级短时大风(图 8.46)。全市共有 4 个站记录到 7 级以上阵风,其中深圳机场北自动站记录到极大风 17.5 m/s(8 级)。宝安区地铁 20 号线工地却出现了龙门式起重机倾覆的事故。

(2)现场灾害调查

当天没有出现较大范围的强对流天气,自动站监测网仅有一个站记录到 17.5 m/s 的 8 级阵风,对现场进行了灾害调查确定事故的原因。事发工地位于深圳市宝安区珠江口西侧的岸

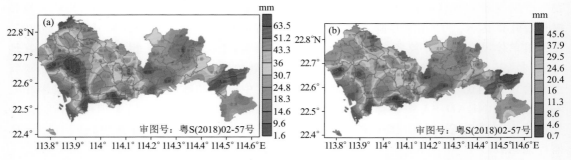

图 8.45 2020 年 11 日 20 时—12 日 22 时 10 分深圳自动站观测累计雨量(a)与最大小时雨量分布(b)

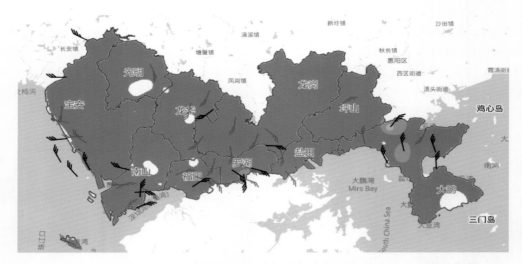

图 8.46 2020 年 11 日 20 时—12 日 20 时 深圳自动站观测 6 级以上日极大风分布

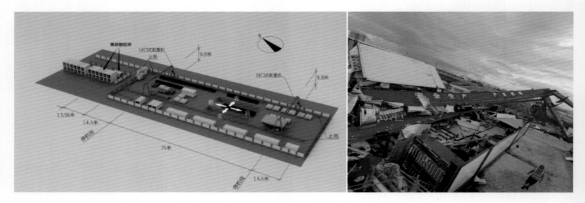

图 8.47 事故现场布局示意图(左)和龙门式起重机倾覆后状态(右)

边,有两台龙门式起重机在接近南北走向的轨道上运行(图 8.47)。根据现场监控视频显示,18 时 09 分受大风影响,两台起重机先后分别沿轨道向北移动,移至轨道尽头后向北倾覆,将北侧的临时建筑压塌。

据现场灾情调查(图 8.49),位于红色箭头右侧的损毁临时建筑物向右前方倾斜(图 8.49中蓝色箭头),龙门式起重机向偏北方向移动,左侧房屋屋顶全被掀翻(图 8.48),离房屋约

20 m 附近树枝一致向左前方折断或倾倒。损毁建筑物倾斜方向、树木倒伏方向与下击暴流造成的辐散型风场吻合。根据灾害指示物的方向分布和影响范围,推测图 8.49 中红色箭头为微下击暴流影响的路径。

图 8.48　路径左侧建筑房顶被掀翻

图 8.49　微下击暴流路径推测图(蓝色箭头为建筑物倾斜的方向、龙门式起重机及树木倒伏方向)

从路径图上测量,该下击暴流上岸后陆上影响长度约 800~1000 m。从现场目测,两排房子间距约 70 m,估测下击暴流水平尺度约 60~80 m 左右,从 18 时 08 分左右上岸到影响龙门式起重机 18 时 10 分 44 秒,在陆上时间持续约 3~4 min。现场没有发现旋转风影响的痕迹,本次过程没有龙卷影响。

(3)影响系统和环境条件分析

由 9 月 12 日 08 时 T-$\ln P$ 图可以看出,500 hPa 华南和南海大部处于副高控制范围内,850 hPa 华南沿海处在弱反气旋的中心,低层湿度大,大范围比湿超过 14 g/kg。因处在副高脊线附近,整层风力均较弱,地面背景风场为弱北风,但在午后受海陆风效应影响,珠江口附近沿海有局地海风锋辐合线。

由 08 时香港 T-$\ln P$ 图可以看出,大气整层接近饱和,T_{850} 达到 24 ℃,经 14 时地面资料订正后 CAPE 高达 3215.8 J/kg,925 hPa 以下温度层结接近干绝热,有利出现雷暴大风。但因整层风速都较小,垂直风切变很小(0~6 km 垂直风切变仅 2.7 m/s),所以环境条件并不利于出现移动性大范围的雷暴大风,反而有利于在脉冲风暴中以微下击暴流形式形成地面大风。

(4)雷达回波演变

从 CINRAD/SA 雷达(图 8.50 第一列)上可以看出,17 时之后,原本位于珠江口北侧广州南沙附近的回波突然增强并向南发展,至 17 时 42 分已南压至深圳宝安以西的珠江口上,此时回波的东缘较其他方向反射率因子梯度更大,为低层入流区。至 17 时 54 分 CINRAD/SA 雷达(图 8.50 第三行第一列)上低层入流区反射率因子梯度加大,在低层入流加强的同时,整体

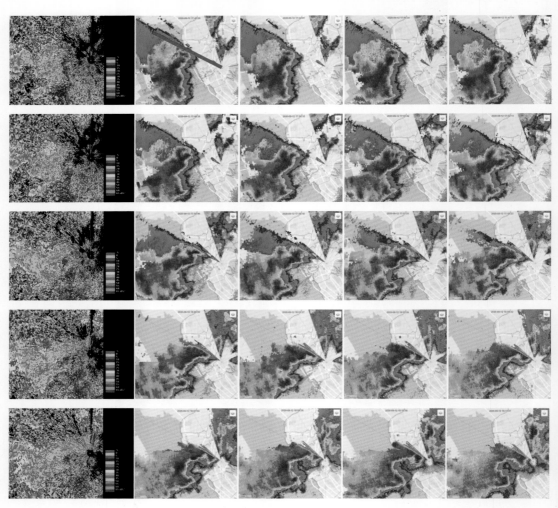

图 8.50　17 时 42 分—18 时 11 分的 CINRAD/SA 雷达与 X 波段双偏振相控阵雷达回波演变对比
(第一列为 CINRAD/SA 雷达每隔 6 min 的 0.5°仰角反射率因子 PPI,后四列为 X 波段双偏振
相控阵雷达每隔 1.5 min 的 0.9°仰角反射率因子 PPI。同一行为对应同一时间段内的体扫,
CINRAD/SA 雷达一个体扫时间对应 X 波段双偏振相控阵雷达做四次体扫。两部雷达西北
方向均有遮挡。图 8.51 和图 8.52 为沿本图第一行第二列中红色线段的剖面)

位于珠江口的回波向东发展出一块最大反射率因子达 60 dBZ 的突出部分(图 8.50 第四行和第五行第一列),事故发生地就位于此突出部分。反射率因子质心的快速下降是下击暴流的一个重要特征,但在 CINRAD/SA 雷达 6 min 一次的体扫上做剖面未能观测到质心高度的变化,无法找出下击暴流的回波证据。

在 X 波段双偏振相控阵雷达的反射率因子 PPI 上,回波的整体演变趋势与 CINRAD/SA 雷达类似,但因为时间分辨率提高到 1.5 min,回波向东突出发展的演变更具有连续性(图 8.50 第二到三行后四列)。而且因为空间分辨率提高到 30 m,X 波段双偏振相控阵雷达图上的入流区反射率因子梯度增大特征也更明显(图 8.50 第三行第三列),能看到一个尖锐的入流缺口。但 X 波段双偏振相控阵雷达的回波衰减也使得北侧的回波无法被观测。

但在 X 波段双偏振相控阵雷达的反射率因子剖面图上则可以清晰地观测到回波质心的快速下降,也就是说通过 X 波段双偏振相控阵雷达找到了微下击暴流发生的回波证据。从 X 波段双偏振相控阵雷达反射率因子剖面可以看出 17 时 50 分至 18 时 10 分之间,有多次反射率因子质心高度快速下降的过程,其中图 8.51 和图 8.52 为其中两次典型过程。在图 8.51 中,超过 60 dBZ 的强回波中心用 3 min 时间从 3.1 km 高度下降至地面。在图 8.52 中,最强达到 65 dBZ 的回波中心用 1.5 min 从 1.1 km 高度下降至地面。从时间和位置可以判断出,图 8.52 中的这次质心下降即是造成龙门式起重机倾覆的微下击暴流过程。但因为发生微下击暴流地点距离雷达过近(7 km 左右),受最高仰角限制,无法观测到 1.6 km 高度以上的特征。

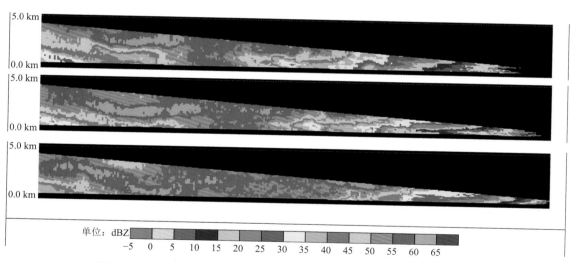

图 8.51　三个连续时次 X 波段双偏振相控阵雷达的反射率因子垂直剖面
(17 时 56 分 18 秒、17 时 57 分 51 秒、17 时 59 分 23 秒)

连续多个质心下降过程最终在地面形成了一个完整的辐散速度场。从 CINRAD/SA 雷达(图略)和 X 波段双偏振相控阵雷达的径向速度 PPI(图 8.53)上可以看到,回波向东突出的部分径向风达到 15 m/s,和位于珠江口中的回波主体形成了一个直径 6 km 的辐散速度对(水平散度 $3 \times 10^{-3} s^{-1}$),此速度对的尺度和散度满足宏下击暴流的定义。但因为速度对主体位于珠江口,地表为水面,无灾害指示物可以印证宏下击暴流的发生,也无目击报告。只有东侧上岸的一个微下击暴流(图 8.54)被观测到并造成了龙门式起重机倾覆。

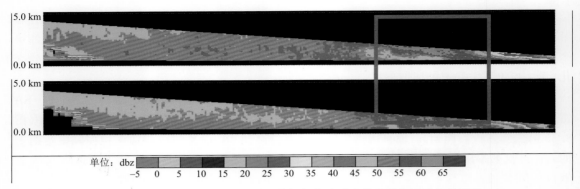

图 8.52　两个连续时次 X 波段双偏振相控阵雷达的反射率因子垂直剖面
（18 时 08 分 36 秒、18 时 10 分 08 秒）

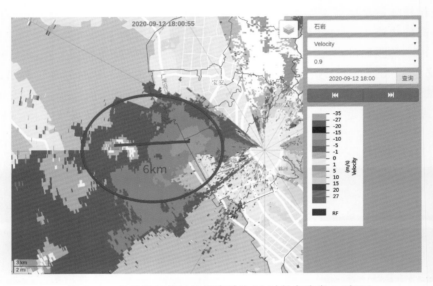

图 8.53　X 波段双偏振相控阵雷达 18 时径向速度 0.9°PPI

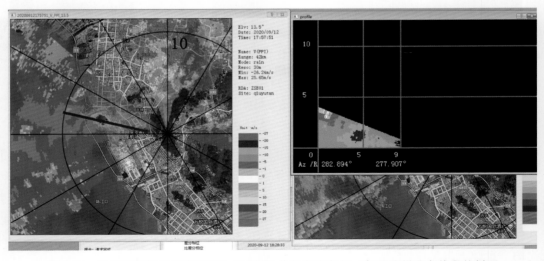

图 8.54　X 波段双偏振相控阵雷达 17 时 57 分径向速度 13.5°PPI 和沿蓝色线段的剖面

（5）小结

X 波段双偏振相控阵雷达的空间和时间分辨率优势使得其对下击暴流事件中雷暴变化发展和结构的观测更加精细,特别是更容易捕捉到反射率因子质心的下降。在此次过程中,自动站未能直接观测到小尺度的灾害性大风,X 波段双偏振相控阵雷达结合现场灾害调查给微下击暴流的发生提供了充足的证据。但 X 波段双偏振相控阵雷达固有的衰减问题使得它难以对回波整体有完整的刻画。另外,此次事故地点距离雷达站仅 7 km,观测范围和最高仰角的限制使得雷达在下击暴流事件中仅能刻画出低层的速度特征,而无法观测到中层入流特征。

8.1.4 飑线

8.1.4.1 2020 年 5 月 11 日飑线过程

（1）天气实况

2020 年 5 月 11 日 15 时至 12 日 00 时,广东省受西北-东南移动的飑线影响,出现了大范围的灾害性大风天气。全省共有 285 个站次出现了 17.2 m/s 以上的大风,其中清远、肇庆、佛山、广州、东莞、深圳、惠州先后出现 10 级以上的大风,深汕合作区赤石镇 23 时录得最大阵风 30 m/s。

（2）环境特征分析

此次飑线过程发生前,受 500 hPa 西风槽、低层切变线及冷锋南下影响,广东地区处于上干下湿的环境中,大气层结不稳定。从广东清远 5 月 11 日 14 时探空可以看到,CAPE 值约 5022 J/kg,K 指数为 40 ℃,SI 指数为 −2.25 ℃,850 hPa 和 500 hPa 的垂直温差达到 25 ℃,0~6 km 垂直风切变大,有利于雷暴大风天气的发生。

（3）X 波段双偏振相控阵雷达在飑线发展过程中的应用

此次过程飑线东南移动过程中,其前部出现了多个对流单体的触发、发展并与飑线合并现象。本节以其中一个对流单体的发展演变过程为例,来探讨 X 波段双偏振相控阵雷达高时空分辨率数据在中小尺度对流系统分析中的应用。

图 8.55 给出了 5 月 11 日 18 时 25 分至 18 时 47 分南海 X 波段双偏振相控阵雷达观测到的组合反射率（CR）。从图中可以看到飑线移动过程中,在方位角 310°距离 35 km 处（A 点）、方位角 332°距离 31 km 处（B 点）及方位角 342°距离 20 km 处（C 点）均观测到了 γ 中尺度的对流单体触发、发展并与飑线主体合并的现象。参考 Gauthier 等（2010）、易笑园等（2017）的研究,将组合反射率 35 dBZ 外边界开始合围以及强回波核合并作为合并过程的开始和结束,则 A、B、C 三处单体的触发、发展及合并过程分别持续了 10 min（18 时 25 分至 18 时 35 分）、10 min（18 时 28 分至 18 时 38 分）和 15 min（18 时 32 分至 18 时 47 分）,其中合并过程仅用时 6 min、4 min 及 7 min。以 C 点处对流单体的发展演变过程为例,分析 X 波段双偏振相控阵雷达详细的回波强度、径向速度以及各类偏振量分钟级数据演变特征,同时探讨其高时空分辨率数据在中小尺度对流过程分析中的应用。

从图 8.55 中可以看到,C 点单体在东移过程中强度逐渐减弱并分离为两个单体,18 时 32 分起后侧靠近飑线处的单体明显增强,强回波范围也不断增大。18 时 35 分在其后部又有一个新单体触发,随后与原单体迅速合并,合并后的新单体强度明显增强。随着飑线主体的不断南移,18 时 40 分对流单体与飑线间有"回波桥"的出现,将二者连接起来,合并开始。此后合并不断发展,同时原单体强度也逐渐增大至超过 65 dBZ。18 时 47 分单体中心与飑线主体完全融合,合并过程结束,整个过程中对流单体位置基本维持不动。

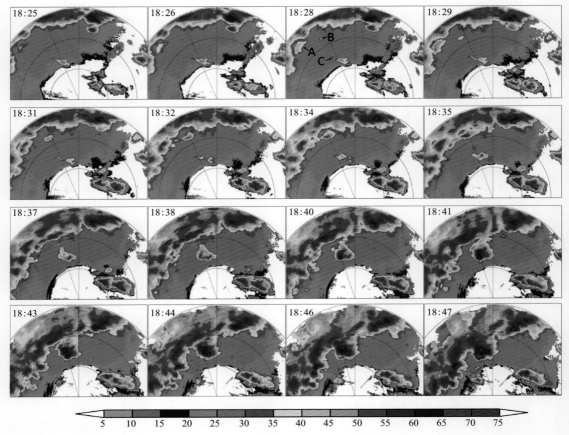

图 8.55　2020 年 5 月 11 日 18 时 25 分至 18 时 46 分时段南海 X 波段双偏振相控阵雷达观测的 CR

（时间间隔为 90 s）

　　图 8.56 给出了经过 C 点质心的 Z_h 和 V 的 RHI 图（沿图 8.55 中虚线）。从 V 的 RHI 图中可以看出，X 波段双偏振相控阵雷达清晰地观测到了飑线主体及其前沿的流场结构及演变特征。近地层为楔形冷垫的西北气流，中低层为暖湿的东南气流沿着冷垫流向飑线主体并逐渐上升。随着飑线的不断移近，飑线主体及前沿冷性外流的强度及厚度表现出不断增强、增厚的特点，最大强度超过 20 m/s，厚度超过 3 km。同时，飑线主体及前沿的暖性入流也持续增强，最大入流高度不断增高，上升气流的强度也不断增大，最大强度超过 10 m/s，最大入流高度达到 6 km。结合 Z_h 的 RHI 图，可以明显看到对流单体触发、发展以及与飑线主体合并过程的详细演变特征。前期由于 3 km 以下东南气流与西北气流的辐合，18 时 34 分在距离 21 km、高度 4 km 处有对流单体触发增强。随后，中低层东南气流维持，辐合逐渐加强，高层辐散也逐渐增大，使得对流单体逐渐增强并向下伸展，最大回波强度达到 40 dBZ。18 时 35 分风速辐合使得在原单体后部、飑线前侧又有一个新单体触发生成（距离 24 km，高度 4 km）。随后新、旧单体迅速合并，合并高度在 5 km 左右，合并过程中二者强度均明显增强，最大回波高度也逐渐升高。至 18 时 40 分合并结束，最大回波达到 60 dBZ，高度达到 6 km，并出现了明显的弱回波区和回波悬垂结构，表明低层存在非常强的上升运动。在此过程中，低层东南气流不断向上伸展且强度增大，风速辐合也不断增强且逐渐向单体后侧发展，高层辐散达到最强。此阶段，飑线主体也不断的向东南移动，逐渐靠近对流单体。18 时 41 分合并后新单体的最大强度超过

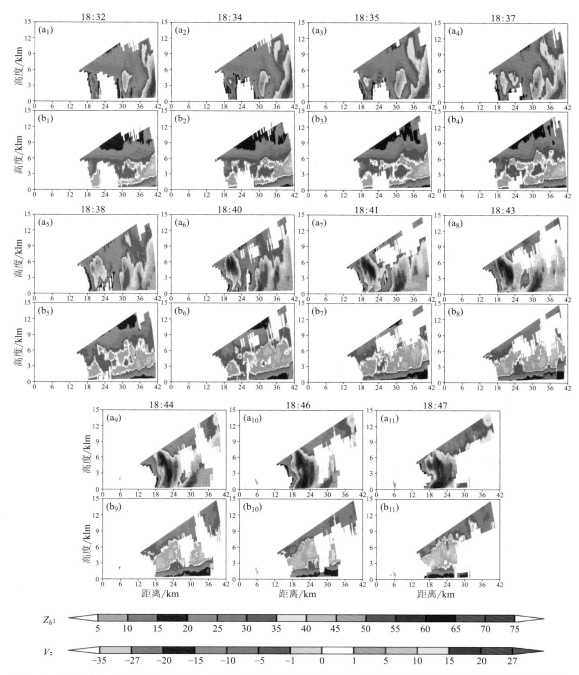

图 8.56　2020 年 5 月 11 日 18 时 32—47 分南海 X 波段双偏振相控阵雷达观测的 Z_h(a)和 V(b)的 RHI 结构（时间间隔为 90 s）

65 dBZ,强中心向下伸展,超过 50 dBZ 强回波逐渐伸展至 2 km 以下,弱回波区和回波悬垂结构更加明显,表明上升运动进一步增大。径向速度图上也可以看到正速度区的不断增强并向上发展,受风速辐合影响,此时在新单体的后部又有新的对流发展(距离 26 km,高度 3～6 km)。随着飑线的南移,18 时 43 分对流单体与飑线主体间在近地层与 5 km 高度处出现"回波桥"。此后飑线主体继续南移,合并继续,强回波中心高度逐渐下降。此阶段 2～4 km 高度始终维持明显的风速辐合,18时47分合并完成,辐合也明显减弱。另外,18时38分距离34～38 km近地面层观测到了大风核,强度超过20 m/s,18时40分距离最近地面自动站也观测到了15.6 m/s的阵风。随后大风核强度和高度都增大,18时43分达到最强,地面自动站阵风也增大至22.6 m/s。上述分析表明X波段双偏振相控阵雷达可以清晰地观测到近地层风场的脉动特征。

通过分析偏振量的变化特征,对此次过程粒子相态的变化进行初步的分析。图8.57给出

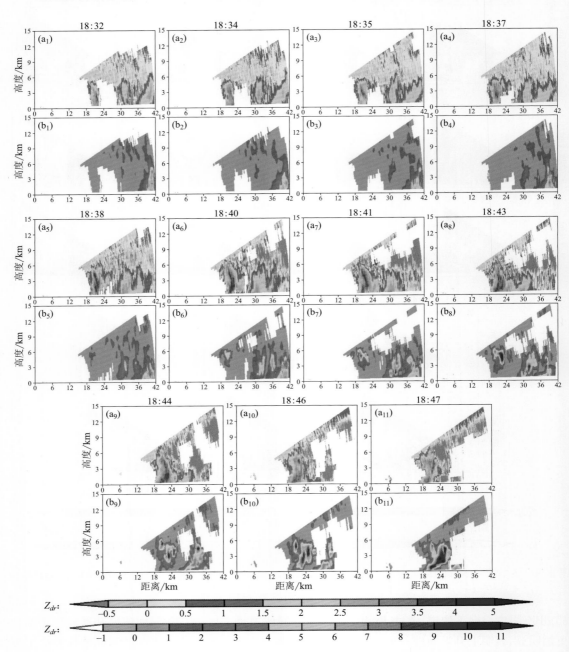

图8.57　2020年5月11日18时32分至18时47分时段南海X波段双偏振相控阵雷达观测的 Z_{dr}、

C_C 及 K_{dp} 的Rhi结构

$((a)Z_{dr}; (b)CC; (c)K_{dp}$,时间间隔为90 s)

了过程中 Z_{dr} 和 K_{dp} 的 RHI 图(沿图 8.55 中虚线)。可以看到,在原单体触发、发展阶段(18 时 32 分至 18 时 34 分),$Z_{dr} > 0.5$ dB 的区域主要位于 5 km 高度以下,强度为 0.5~4 dB,5 km 高度以上 Z_{dr} 值为 0 dB 左右,表明此时 0 ℃ 层以上为冰相粒子,0 ℃ 层以下以小雨滴为主。随着原单体后侧新单体的触发及二者的合并加强,Z_{dr} 值不断增大且正值区逐渐向上伸展,同时 3 km 高度以上 K_{dp} 增大。至 18 时 40 分两个单体合并结束时,$Z_{dr} > 3$ dB 的区域明显增多,且已经伸展到 5 km 高度,同时 5 km 高度以上 K_{dp} 最大值超过 6 °/km。结合 Z_h,表明随着对流的不断发展,中低层大雨滴增多,而液态粒子进入到零度层以上形成湿冰雹或者较大的过冷水滴。随着对流单体与飑线主体的合并,Z_{dr} 值不断增大,18 时 44 分在 1-6 km 高度 $Z_{dr} > 3$ dB,极值位于 1.5~4.5 km 高度,超过 4 dB,K_{dp} 大于 9 °/km。1.5 km 以下 Z_{dr}、K_{dp} 随高度降低而减小。这是由于高空的冰相粒子在下落过程中融化为大雨滴,随后大雨滴逐渐破裂而造成的。18 时 40 分至 18 时 45 分距离最近的自动站录得了 0.5 mm 降水。随后 K_{dp} 进一步增强且下沉,18 时 45 分至 18 时 50 分自动站雨量增大至 6 mm。偏振量特征与自动站观测数据具有较好的对应关系。另外,从偏振量的变化可以初步判断此次过程,高层冰相粒子在下落过程中逐渐融化破碎,并未到达地面。此次过程也未见地面观测到冰雹的报告,可见 X 波段双偏振相控阵雷达偏振量可以较好地反映对流单体触发发展及与飑线合并过程中粒子相态的变化特征。

为了对比,图 8.58 给出了 5 月 11 日 18 时 30 分至 18 时 48 分时段 CINRAD/SA 雷达 6 min 间隔的 CR 以及 Z_h、V 的 RHI 图。从图中可以看到,CINRAD/SA 雷达可以观测到对流单体的发展演变过程,但难以捕捉到新旧两个单体的触发、合并加强以及与飑线主体合并过程详细完整的演变特征,如合并开始的时间、位置等。同时由于观测盲区的限制,过程中无法观测到低层回波特征。显然,CINRAD/SA 雷达会丢失风暴的一些特征,而这些特征对于进一步深入认识中 γ 尺度及小尺度天气系统发展演变机制,从而提高短临预警的能力则是十分重要的。

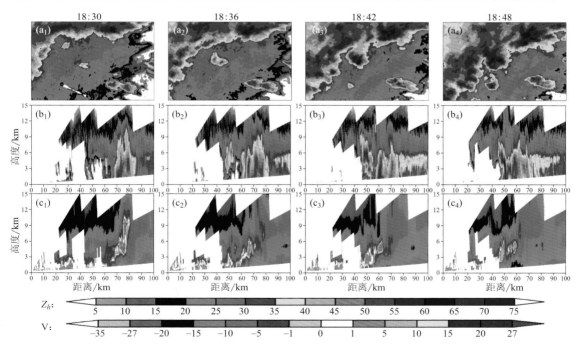

图 8.58 2020 年 5 月 11 日 18 时 30—48 分时段 CINRAD/SA 雷达观测的 CR(a)、Z_h(b)、V(c)的 RHI 结构(时间间隔为 6 min)

值得注意的是,强回波衰减以及较短的量程使 X 波段双偏振相控阵雷达难以监测到飑线主体完整的信息。衰减、短量程以及较差的灵敏度也限制了 X 波段双偏振相控阵雷达的业务应用。因此在实际业务应用中,可以将其作为 CINRAD/SA 雷达网的补充,利用其垂直方向探测范围广、时空分辨率高等优势来更加精确地描述中小尺度系统的短时演变特征,从而加深对其特征机理的认识。

8.1.4.2　2021 年 5 月 4 日飑线过程

2021 年 5 月 4 日白天,受高空冷涡东移南压影响,副热带高压脊线南退至 15°N 左右,广东省处于高空槽底部,副热带高压北缘的不稳定流场控制下;4 日中午弱冷空气抵达粤北,配合有切变线自北向南影响广东(图 8.59),当天中午至夜间,飑线横扫除粤西以外的大部分地区,飑线在不同时刻的位置如图 8.60 所示。

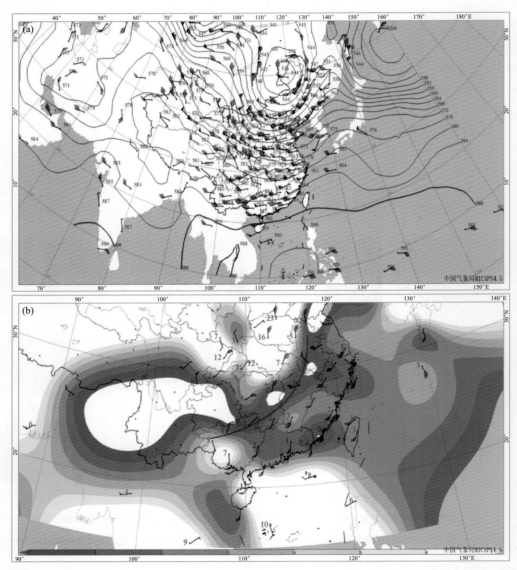

图 8.59　2021 年 5 月 4 日 08 时 500 hPa 形势场(a)(等值线为高度场,单位:dagpm;风矢为风场,单位:m/s)和925 hPa 风场(b)(单位:m/s)

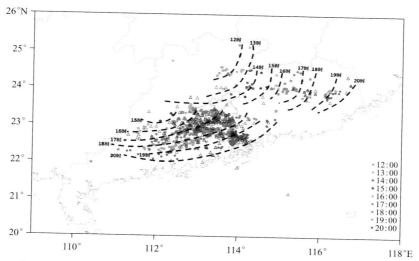

图 8.60　2021 年 5 月 4 日 12 时至 20 时强天气实况分布图(彩色实心圆点代表逐小时雨量≥20 mm 的站点;黑色空心三角形代表极大风速≥7 级的站点;黑色虚线代表飑线大致位置)

2021 年 5 月 4 日 16 时,飑线位于肇庆南部-佛山北部-广州西北部一带,从 CINRAD/SA 雷达图上可以看到(图 8.61a),飑线由多个对流单体构成,最大强度超过 65 dBZ,逐渐向东南方向移动。相比 CINRAD/SA 雷达而言,X 波段双偏振相控阵雷达以更高时空分辨率的优势,能监测到对流单体更精细的结构特征(图 8.61b),本节选取飑线顶点上的对流单体进行细致分析,16 时 19 分该单体位于天河区北部。

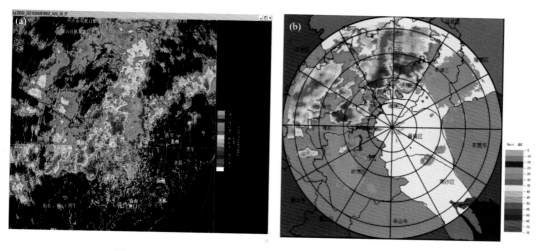

图 8.61　16 时 18 分 CINRAD/SA 雷达(a)和 16 时 19 分 X 波段
双偏振相控阵雷达(b)图组合反射率图

16 时 22 分位于天河区的强对流单体低层强回波中心位于天河区北部(图 8.62),最强回波中心位于 2.7°仰角,中心强度超过 65 dBZ,高反射率因子梯度一侧出现入流缺口;近地层相关系数 C_C 值较周围显著减小的区域($C_C<0.85$)被称为"C_C 谷",C_C 的减小与强上升气流将雨滴带入高层造成低层水成物的缺乏导致返回的信噪比较低有关,通过低层仰角"C_C 谷"的

识别可以判断强单体的入流区位置(林文等,2020)。如图8.62f所示,与天河区强对流单体相关的"C_C谷"位于低层入流缺口处,说明此处为强上升气流区。单体结构随高度向南倾斜,风暴顶偏向低层高反射率因子梯度一侧,17.1°仰角强回波中心位于天河区中部,悬垂于低层弱回波区之上,形成弱回波区和中高层悬垂的分布特征,具有明显的强对流天气结构的特点。

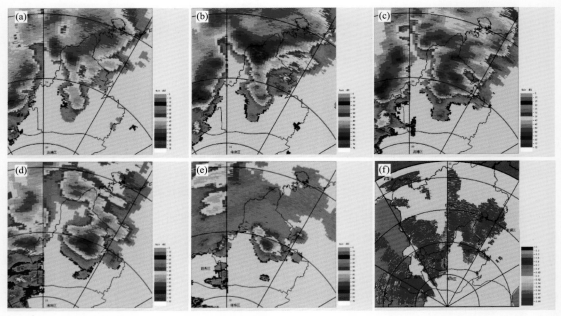

图8.62 16时22分不同仰角(a—e依次为0.9°,2.7°,6.3°,11.7°,17.1°)
X波段双偏振相控阵雷达图反射率因子和0.9°相关系数(f)

16时25分,天河区北部与黄埔区交界处(图8.63),垂直液态水含量VIL增大至70 kg/m²,6.3°仰角强回波区的远离雷达一侧存在范围较宽的V型缺口,对应的差分反射率Z_{dr}介于$-4\sim0$ dB,说明此处存在大冰雹粒子,这是由于下落中的冰雹粒子出现翻滚,近似于各向同性的"球形",使得Z_{dr}接近于0 dB,大冰雹时会出现负值,而在大冰雹周围存在较小的湿雹和大水滴,其Z_{dr}相对较高,如此形成了以大冰雹区为中心的Z_{dr}低值中心;雨和冰雹混合导致相关系数C_C下降,对应的区域的C_C降低到0.7以下。

从图8.64来看,差分反射率Z_{dr}柱大于3 dB等值线达到约6 km高度(14时清远站T-$\ln P$图显示0℃层高度为4.4 km,图略),远超过0℃高度,Z_{dr}大值对应着大雨滴,表明此处云体内0℃以上仍存在大雨滴,此处有强上升气流将暖区的雨滴瞬间带入过冷区,由此可以较好地判断雷暴云团的上升增长区域(王洪 等,2018)。

差分相移率K_{dp}值的大小主要由液态水决定,固态降水粒子对K_{dp}贡献很小,降水时一般K_{dp}小于1 °/km,含融化的冰粒子的降水可达2.5 °/km(林文等,2020)。K_{dp}柱出现在Z_{dr}柱北侧,表现特征与Z_{dr}柱相似,从K_{dp}对应的降水粒子特征来看,K_{dp}柱除了雨滴外还包含了大量融化的冰粒子。

从水凝物分类结果来看,距离雷达20~30 km处,4 km以上高度处为冰雹和干雪混合物,4 km以下为雨加雹,近地面高度处全部融化为大雨滴,这是因为当天地面自动站气温将近31℃,冰雹在降落至接近地面的时候全部融化为降水。

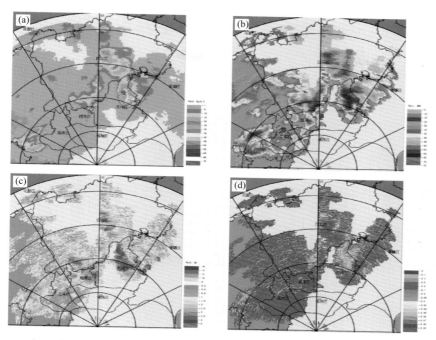

图 8.63 16 时 25 分垂直液态水含量 VIL(a),6.3°反射率因子(b),差分反射率 Z_{dr}(c),相关系数 C_C(d)

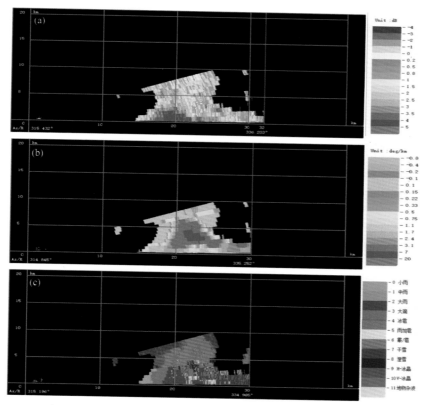

图 8.64 16 时 25 分差分反射率 Z_{dr}(a)、差分传播相移率 K_{dp}(b)、水凝物分类(c)垂直剖面

16 时 25 分至 35 分,0.9°仰角大风区逐渐移近天河区,大风区中出现速度模糊(图 8.65b),经退模糊计算为−48 m/s。该时段内天河区北部与黄埔区交界处出现强降水,与冰雹融化区相对应,5 min 最大雨量 9.3 mm,同时出现 14.2 m/s(7 级)的短时大风(图 8.65d 红色圆圈站点);天河区南部以短时大风为主,最大阵风 25.8 m/s(10 级),图 8.65c 红色圆圈站点),出现在速度模糊区附近。

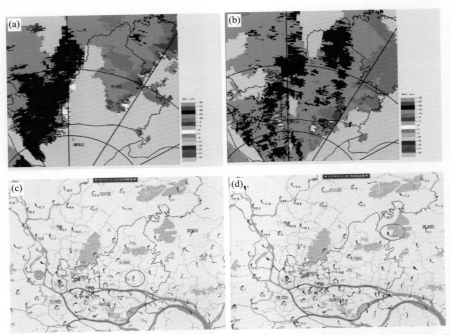

图 8.65　16 时 25 分(a)和 16 时 34 分(b)0.9°径向速度图;16 时 30 分(c)和 16 时 35 分(d)地面自动站降雨量和瞬时风实况图

8.2　短时强降水

8.2.1　局地短时强降水

8.2.1.1　2021 年 9 月 10 日广州局地短时强降水过程

(1)过程特点与环流形势

2021 年 9 月 10 日,副热带高压主体位于西北太平洋地区,西部西伸至青藏高原以西,我国长江以南至华南地区都处于副热带高压控制范围;另外,"康森"和"灿都"双台风分别在南海和西北太平洋洋面上发展,广州受台风外围下沉气流和副高边缘偏东气流控制,天气晴热高温为主(图 8.66)。

午后大气热力条件较好,16 时前后广州中心城区有局地回波生成并快速发展,带来局地短时强降水、短时大风和强雷电等强对流天气。其中,越秀区梅花村街福今路录得最大累积雨量 71 mm,最大小时雨强 70.5 mm/h,以及最大阵风 27 m/s(10 级)。此次过程具有局地性强、发展快、雨强大、地面大风明显等特征(图 8.67 和图 8.68)。强对流主要影响广州中心城区并出现在下班高峰期前,因此对下班交通造成了较大影响。

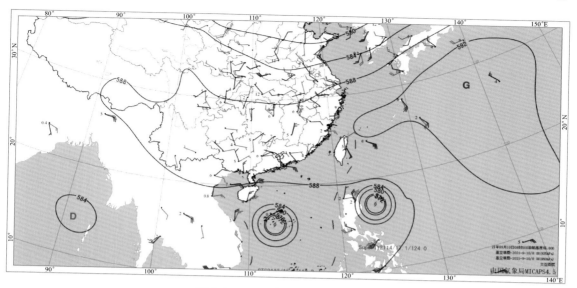

图 8.66　2021 年 9 月 10 日流场图

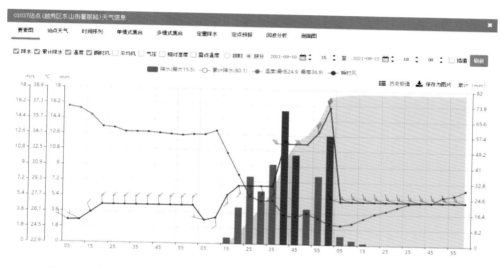

图 8.67　越秀区东山街 10 日 15—18 时逐 5 min 雨量、累积雨量、温度、瞬时风

　　10 日 08 时清远和香港探空站订正资料显示整个珠三角地区午后大气能量充沛,且具有一定"上干下湿"的喇叭口层结,有利于对流的发展,但两个探空站所在区域均未出现明显降水,强降水主要出现在广州中西部区域。

　　(2)多源遥感观测的大气垂直结构及演变分析

　　为了进一步认识广州本次局地强对流过程,研究该次局地强降水触发区域局地大气潜势条件,本节利用广州布设的微波辐射计、风廓线雷达等多源高时空分辨率垂直探测资料,深入分析强降水发生前后的大气热力、动力、水汽等(高晓梅 等,2018)。

　　微波辐射计能够提供大气热力及水汽演变特征(黄晓莹等,2013;蔡奕萍等,2018)。图 8.69 给出 10 日白天微波辐射计观测的对流层温度和边界层温度时间序列。T850 温差约为 20~25 ℃,午后近地面温度超过 35 ℃,近地层温度垂直递减率大,能量条件充沛。16 时前后

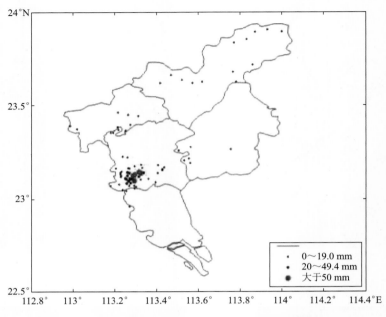

图 8.68 越秀区东山街 10 日 15—18 时累积雨量散点图

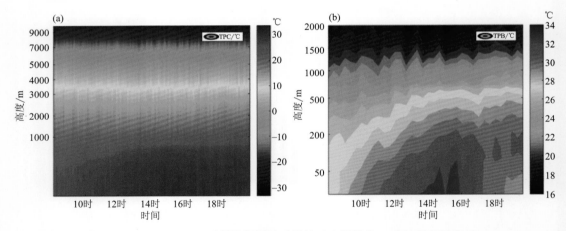

图 8.69 10 日 08—20 时微波辐射计观测的对流层温度(a)和边界层温度(b)

降水逐渐趋于明显,近地面温度明显下降,18 时后在边界层中层形成了逆温层,该逆温层也导致大气趋于稳定,抑制对流继续发展。

图 8.70 给出利用微波辐射计观测数据反演获得的各项指数,能够更加直观地表现出大气稳定度和能量的变化情况(高美谭 等,2021)。抬升指数 LI、沙氏指数 SI 可以用于辅助定性判断对流层中层的热力不稳定层结。根据分析结果可知,过程前 LI 值一直呈现下降态势,16—17 时降至最低点约−15 ℃,SI 波动增幅加大且整体呈下降趋势,趋向不稳定;CAPE 快速增加,且整个过程前 LI、SI 与 CAPE 表现出明显的负相关。对流过程后 LI 和 CAPE 快速响应,SI 和 TTI 趋于稳定。整个过程前后水汽条件较差,但综合水汽含量 IWV 在降水前总体呈现上升趋势,降水前 1 h 突破雷雨大风 IWV 阈值 60,降水结束后值迅速下降。

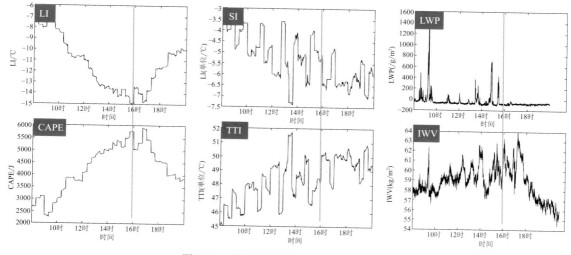

图 8.70　微波辐射计观测数据反演指数

风廓线雷达提供的连续大气变化(傅新姝 等,2020;李彦良 等,2019,周芯玉 等,2015),可以综合判断强对流发生前后广州局地大气垂直动力结构的演变(图 8.71)。10 日中午前后整层大气以东北风为主,15 时左右广州南部 1 km 以下逐渐转东南风,北部仍维持着东北风,并且在广州中部地区形成辐合,为局地强对流的发生发展提供了有利的抬升触发条件。此外,虽然形势场以下沉气流为主,但垂直速度显示在热力作用下局地上升气流仍较明显。强对流发展期间大气出现中等强度的垂直风切变,随着对流的减弱,垂直风切变自上而下逐渐减弱。

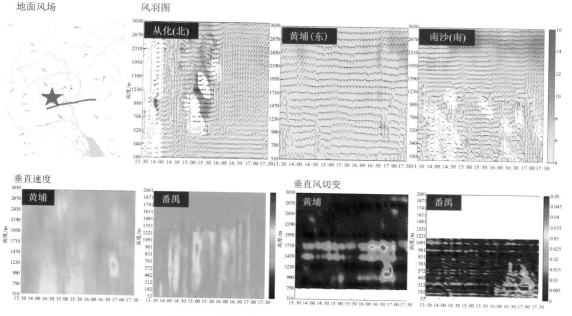

图 8.71　风廓线雷达观测数据及相关指数

综上分析,此次局地强对流过程发生前大气能量充沛,微波辐射计在对流发生前表现出不稳定能量增加的趋势,这种趋势在对流发生前八小时就已有迹象出现;过程水汽条件整体较差,但综合水汽含量 IWV 在降水前总体呈现上升趋势,降水后迅速下降,不利于强降水的进一步维持。过程前环境风场以东北风为主,午后受热力条件作用上升运动明显,并且中部地区近地层形成辐合,有利于强对流的抬升触发。

微波辐射计、风廓线雷达等提供的连续大气垂直温、湿、风场能够很好地显示出局地垂直大气天气系统的连续变化,弥补了广州高空资料的稀缺,有助于局地强对流发生发展的短临监测和预警。

(3)雷达回波特征分析

15 时 40 分前后,广州海珠区逐渐有对流单体回波生成并逐渐向西偏北方向发展加强,同时西侧荔湾区附近的回波在向西移动的过程中其后侧(东)不断有回波生成;16 时前后两个回波合并快速加强,之后沿着引导气流的反方向(回波东北侧)不断有新的回波生成西移并与主体回波合并,出现了类似后向传播的特征,在广州市区形成东西走向的回波短带,该回波短带发展旺盛时,造成了局地短时强降水、大风和雷电。

对比分析广州 CINRAD/SA 雷达 1.5°仰角和 X 波段双偏振相控阵雷达 2.4°仰角 16 时 24 分至 16 时 36 分基本反射率因子变化特征(图 8.72)。期间 CINRAD/SA 雷达共有 3 个观测时次:16 时 24 分主要回波位于越秀和荔湾区,天河区有小范围回波发展,16 时 30 分天河区

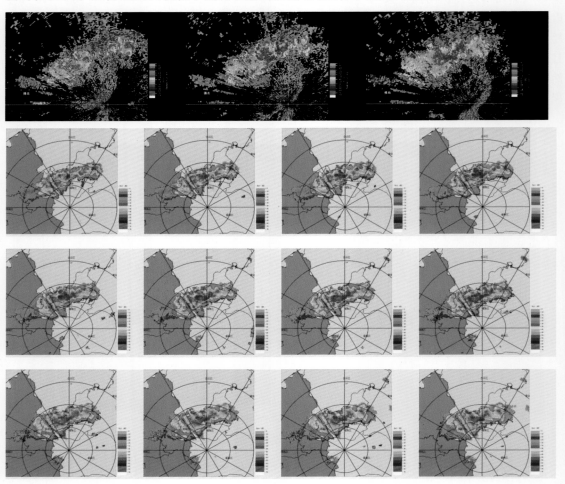

图 8.72 16 时 24 分—36 分 CINRAD/SA 雷达及 X 波段双偏振相控阵雷达反射率因子图

的回波向西与越秀、荔湾区的回波连接并继续发展,16 时 36 分强回波仍然在原地维持,强度略有加强,但受限于观测密度较低,无法判断强回波的发展细节与趋势。X 波段双偏振相控阵雷达共有 12 个观测时次:可以清晰地看到广州中心城区的局地强回波逐渐向偏西方向移动,同时越秀区的回波东侧逐渐有新的回波生成并快速加强,与东侧回波连接并继续随回波带缓慢向西移动,强度维持或加强,之后强回波带保持该发展特征在广州中心城区短时间滞留。

在对流发展旺盛阶段回波表现出明显超级单体特征,X 波段双偏振相控阵雷达速度图上高仰角存在一个直径约为 3.5 km 的弱中气旋,平均高度约 3.5 km,对应雷雨云团最强中心也从 4~5 km 附近高度开始逐渐发展加强,随着降水的加强质心下落并触地,Z_h 最大值超过 60 dBZ。中仰角速度图位于中气旋西南侧距离雷达北偏西方向约 13 km 处 1~4 km 高度有明显的辐合并维持多个时次。低层仰角表现出明显辐散特征,并且径向风速有所增大,对应区域地面大风加强。0.9°仰角最大出现 −18 m/s 的大风区,高度约 0.19 km,之后地面出现 8~10 级大风。此外,CINRAD/SA 雷达低仰角反射率因子图上连续多个时次出现了狭窄的弱回波带自强回波区逐渐向南移动(图略),强度约 15~20 dBZ,该特征在 X 波段双偏振相控阵雷达上并没有显示(张羽 等,2022)。该回波的出现是由于强烈的下沉气流导致的冷密度流而表现出的阵风锋特征。阵风锋经过的区域容易激发起新的对流发展或激发新生雷暴(俞小鼎等,2020),但由于当时大气整体趋向稳定,已经不利于局地强对流的继续发展,因此该阵风锋并没有激发更大范围的强对流发展。X 波段双偏振相控阵雷达低仰角速度图大风核出现的区域与地面大风有很好的一致性,同时 CINRAD/SA 雷达低仰角阵风锋也对地面大风有较好的指示意义,二者形成优势互补。

基于 X 波段双偏振相控阵雷达更加精细的探测数据,进一步详细分析旺盛阶段的偏振参量特征。超级单体前侧 X 波段双偏振相控阵雷达反射率因子低仰角存在入流缺口,对应位置 Z_{dr} 低仰角存在形似带状分布的 Z_{dr} 大值区,称为 Z_{dr} 弧,它是由于对流对粒子分选的表现,说明这时段超级单体仍然在持续发展(冯晋勤等,2018)。在 Z_{dr} 弧后侧是 K_{dp} 大值区,与最大反射率因子一致。可以看到 K_{dp} 大值区的强度和位置都与地面降水强度有很好的对应关系,当低层 K_{dp} 值超过 7°/km 时,地面可能出现超过 9 mm 的 5 min 雨强,其中最大 5 min 雨量为 15.2 mm。中高仰角 Z_{dr} 和 K_{dp} 大值区位置也存在一定的偏差 Z_{dr} 大值区基本位于 K_{dp} 大值区前侧风速辐合处,说明该超级单体上升气流区和主降水区分离,有利于对流发展的维持。另外,在个高度仰角反射率因子图回波后侧都表现出 V 型缺口特征,其前侧与 Z_{dr} 大值区或 K_{dp} 大值区有很好的对应关系,V 型缺口的存在也可以辅助判断最强回波中心所在的位置。

选取超级单体发展最旺盛的一个时刻(16 时 35 分,图 8.74)穿过最强中心做剖面,最强反射率因子 Z_h 呈斜升状,超过 50 dBZ 的最大高度接近 5 km,与之对应位置的 K_{dp} 剖面上存在强度超过 2.4°/km 的 K_{dp} 柱,K_{dp} 柱以降水粒子为主,其下方与强降水中心位置对应。在 K_{dp} 柱南侧存在形态相似但位置分离的 Z_{dr} 柱,Z_{dr} 柱大于 1 dB 的区域延展至 5 km 左右高度,最强中心超过 4 dB,Z_{dr} 柱与上升气流相关,其内存在着非常大的雨滴粒子,可以较好地判断雷暴云团的上升增长区域。K_{dp} 柱和 Z_{dr} 柱可以表征降水强度和上升气流等重要信息,为判断雷暴云团的发展程度和预警提供重要信息。

(4)过程小结

结合多源高时空分辨率新型遥感探测资料优势,能够精细地分析局地强对流过程的大气热力、动力以及局地快变对流云团垂直方向精细化的结构和演变,为更好地开展局地强对流天气的

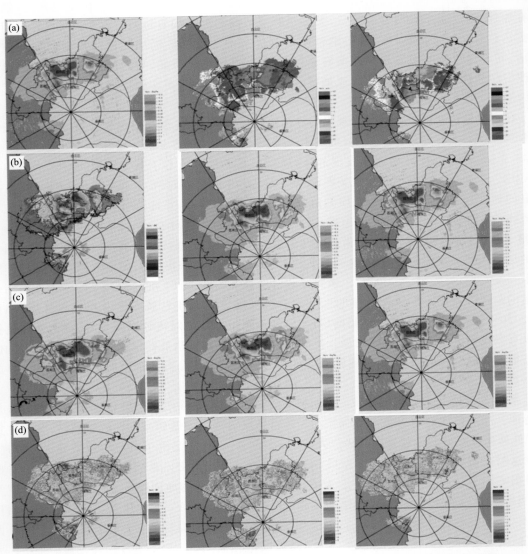

图 8.73　16 时 35 分—39 分 X 波段双偏振相控阵雷达 13.5°(左)、9.9°(中)、2.7°(右)仰角：
(a)径向速度；(b)反射率因子；(c)K_{dp}；(d)Z_{dr}

研究提供了新的重要技术,同时也为广州城市精细化预报预警服务提供了更有利的数据支撑。

微波辐射计能够详细地观测到对流层内温度湿度的垂直分布变化。临近降水大气层结仍在往不稳定方向发展,水汽条件向有利的方向发展。降水后近地层出现逆温层,抑制对流继续发展。

风廓线雷达能够提供连续精细的风场信息。午后广州中心城区附近局地形成风辐合,上升气流有所加强,低空表现出弱的垂直风切变和低空急流脉动,对强对流发生的动力条件有一定的指示意义。

S 波段双偏振雷达 CR、TOPS、VIL 等变化与强降水和地面大风的发展有很好的对应关系,同时低层风场观测到阵风锋特征；X 波段相控阵雷达更高时空分辨率的探测能够精细地描绘局地强对流的快变特征,在对流发展旺盛阶段也可清晰地观测到 V 型缺口以及 Z_{dr} 弧、K_{dp} 柱、Z_{dr} 柱等典型的强对流偏振特征,为判断雷暴云团的发展程度和预警提供重要信息。

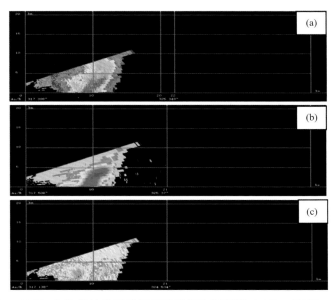

图 8.74　16 时 35 分 X 波段双偏振相控阵雷达剖面图：(a)Z_h；(b)K_{dp}；(c)Z_{dr}

8.2.1.2　2022 年 4 月 23 日超级单体短时强降水过程

(1)过程概况

2022 年 4 月 23 日 18-23 时，广州市自西北向东南（从花都、白云到越秀、天河、海珠，再到黄埔、增城）出现了一次局地暴雨过程，全市平均雨量 35 mm，16 个测站（4.18%）雨量在 100～250 mm，111 个测站（28.98%）雨量在 50～100 mm，37 个测站（9.66%）雨量在 25～50 mm。其中白云区太和镇录得最大累积雨量 150.9 mm 和最大小时雨强 94.5 mm。全市共 6 个测站录得 8～10 级阵风，49 个测站录得 6～8 级阵风（图 8.75）。

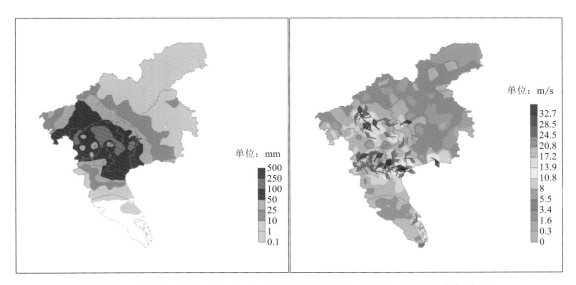

图 8.75　2022 年 4 月 23 日 18—23 时广州市雨量分布图（左）、极大风分布图（右）

此次暴雨过程具有"突发性强、雨强大、历时短"等特点(图 8.76):

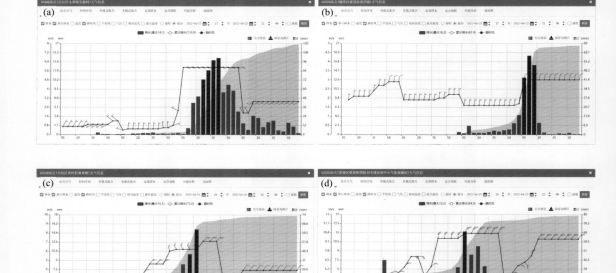

图 8.76　各区代表站点 5 min 雨量、累积雨量、瞬时风((a)白云;(b)越秀;(c)天河;(d)黄埔)

突发性强:前期肇庆、佛山一带回波稳定向东北方向移动,据风暴追踪结果及研判强雷雨主要影响广州中北部,中心城区有雷雨。但强降水中心进入广州后突然南掉,且强度迅速增强。

雨强大:104 个测站录得 20 mm 以上的小时雨强,其中白云区太和镇小时雨强达95.5 mm。降水云团在 20 时前后移入越秀区后迅速加强,主要降水时段出现在 20 时 00 分至20 时 15 分,其中 5 min、10 min、15 min 累积雨量分别达 18.2 mm(历史排名第四位)、34.2 mm(历史排名第二位)、47.3 mm(历史排名第二位)。

历时短:强降水主要集中在 18 时至 21 时,各区降水时段主要集中在:白云区:19 时 20 分至 19 时 40 分,越秀区 20 时 00 分至 20 时 15 分,天河区 20 时 15 分至 20 时 30 分,荔湾区 20时 00 分至 20 时 15 分,海珠区 20 时 20 分至 20 时 35 分。

局地性强:降水分布极度不均,局地性强,强降水主要集中在白云、越秀、荔湾、天河、海珠区等局部区域。

(2)天气形势分析

500 hPa 华南地区上空有一深槽维持,且不断有小波动东移影响,广州位于槽底前侧西南气流的正涡度平流区,中高层为辐散气流,有利于垂直上升运动的发展。850 hPa 西南季风略有减弱,但仍有利于海上水汽和能量向广州地区输送,925 hPa 在珠三角附近有风速辐合,地面有弱低槽发展,整层环境条件有利于强降水的发生(图 8.77a—c)。清远 T-$\ln P$ 图显示大气整层能量条件较好,700 hPa 以下整层湿度大,中层湿度明显减小,呈"上干下湿"喇叭形不稳定层结,有利于强对流的发生发展;同时,T-$\ln P$ 图显示整层大气风切变较小,弱的垂直风切变也更有利于提高降水效率(图 8.77d)。

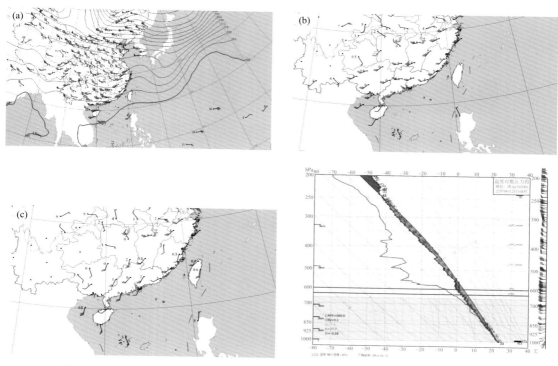

图 8.77　4 月 23 日 08 时 500 hPa、850 hPa、925 hPa 风场(a—c)和清远探空资料(d)

（3）雷达回波特征分析

24 日下午至傍晚,佛山、肇庆、广州北部地区不断有回波生成发展并向东北方向移动。17 时前后佛山三水地区有局地对流云团初生,并向东北方向移动;约 17 时 30 分风暴进入广州市花都区后快速加强。18 时后云团在花都区与周边的云团合并形成南北走向的回波短带,其北侧地区出现了局地暴雨,其西南侧不断有新的对流触发,向东北方向移动与之南侧合并,并在东移发展过程中给广州中心城区带来暴雨。

图 8.78 给出 CINRAD/SA 雷达 1.5°仰角、白云区帽峰山 X 波段双偏振相控阵雷达 2.7°仰角 18 时 18 分至 18 时 36 分反射率因子,期间 CINRAD/SA 雷达共有 3 个探测时次,回波短带长约 40 km,最强回波中心 66 dBZ,发展期间 CINRAD/SA 雷达观测到回波南侧组织性逐渐加强,低仰角观测到辐合风场以及钩状回波。北侧回波强度略有减弱,整体回波移动缓慢,受时空分辨率限制,较难看出回波的快变细节。X 波段双偏振相控阵雷达共有 18 个观测时次,此处共给出期间的 9 个时次,回波强中心距离帽峰山雷达约 30 km,之后逐渐向东移动发展,回波南侧强度和组织性加均有所加强,在发展过程中移动较北部更缓慢。整个云团在东移过程中不断有单体发展,观测细节较 CINRAD/SA 雷达更加清晰。但因为 X 波段双偏振相控阵雷达衰减严重,在强回波后侧（西北侧）因衰减而无法观测到完整的回波。

由上可知,X 波段双偏振相控阵雷达的高时空分辨率对局地对流单体的发生发展监测具有明显优势,但其信号容易受到强降水等天气的影响,信号衰减严重;CINRAD/SA 雷达的时空分辨率较低,虽然能够显示对流云团发展的趋势,但是对局地云团的快变信息探测能力较小。因此两部雷达形成优势互补,能够更好地监测雷雨云团的生消发展。

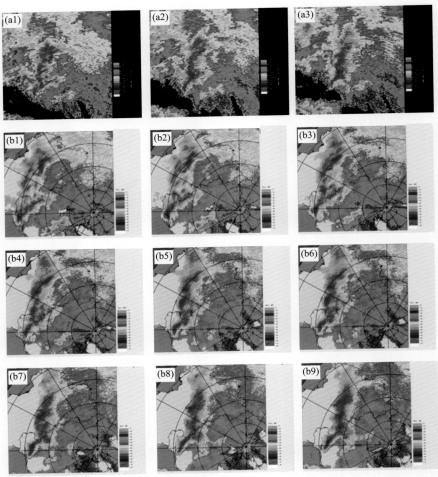

图 8.78　CINRAD/SA 雷达 1.5°仰角(a1—a3,18 时 18、24、30 分)和帽峰山 X 波段双偏振相控阵雷达 2.7°
仰角(b1—b9,18 时 18、20、22、24、26、28、30、32、34 分)反射率因子

　　上述时段是此回波短带旺盛发展时期,选其对应时次 CINRAD/SA 雷达和 X 波段双偏振相控阵雷达径向速度和双偏振参量进行对比分析(图 8.79)。CINRAD/SA 雷达速度图上较明显的辐合区主要位于回波北侧,同时 Z_{dr} 图上南侧有一 Z_{dr} 大值区,最大值为 3.7 dB,北侧位于风速辐合区亦存在 Z_{dr} 大值区,最大值为 3.1 dB。X 波段双偏振相控阵雷达可以看到回波北侧的辐合区以及回波南侧的气旋式辐合带,对应位置 Z_{dr} 图上均有明显的 Z_{dr} 大值区,最大值超过 4 dB,X 波段双偏振相控阵雷达 Z_{dr} 大值区较 CINRAD/SA 雷达更加明显。回波北部 Z_{dr} 大值区位于风速辐合区的正速度区以及 Z_h 高值区前侧的相对低值区,说明此处存在较大且扁平的少量水凝物。在上升气流的作用下,水汽在该处上升并在碰撞合并中不断增长,使得 Z_{dr} 增大。同时辐合上升气流也将周围更多的小雨滴从下方继续向辐合区输送使得水汽能够大量汇集(王洪 等,2018)。速度图和 Z_{dr} 图能够更好地判断该云团南北两侧均有继续发展的动力条件。K_{dp} 与粒子浓度有关,K_{dp} 图可以看到此时在辐合上升区后侧地面已经出现了明显降水,这与地面实况一致。

　　沿 X 波段双偏振相控阵雷达 Z_{dr}(图 8.79)中黑色实线做剖面(图 8.80),可以看到强回波区位于 Z_{dr} 柱西侧且呈斜升,但质心偏低,属于较为典型的热带海洋型强回波,强回波与东侧

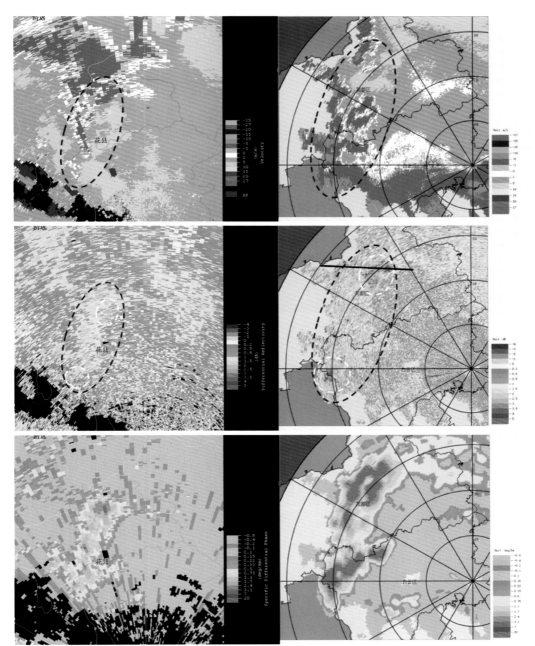

图 8.79　18 时 18 分 CINRAD/SA 雷达 1.5°仰角(左)、帽峰山 X 波段双偏振相控阵雷达 2.7°仰角(右):
径向速度、Z_{dr}、K_{dp}

K_{dp} 柱对应一致,而在强回波西侧远离雷达的位置同样存在一个 K_{dp} 柱对应 Z_h 值较低,这是因为 K_{dp} 不受雷达绝对定标和波束阻挡的影响,能够辅助判断强降水中心和高含水区域。此外,Z_{dr} 柱大于 1 dB 的范围小于 3 km,强回波前侧 Z_{dr} 柱大值区基本小于 2 km,与正速度区对应,是主上升气流区。

19 时 18 分起,云团东北部形成一个强降水超级单体(图 8.81),在 CINRAD/SA 雷达 1.5°仰角回波东侧速度图上观测到中气旋,最大转速 13.5 m/s,该中气旋维持大约 4 个时次

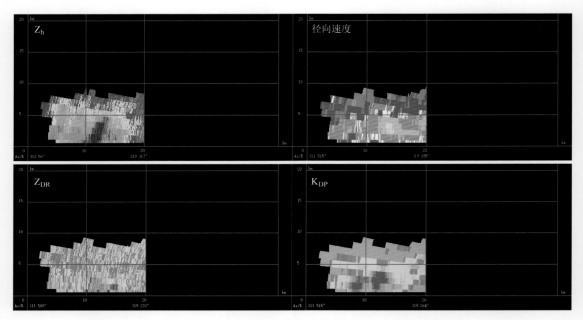

图 8.80　18 时 18 分 X 波段双偏振相控阵雷达剖面图:Z_h、径向速度、Z_{dr}、K_{dp}

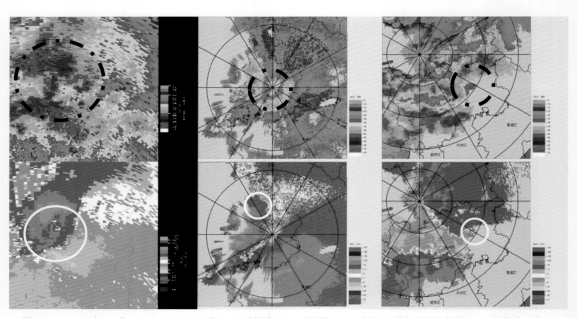

图 8.81　19 时 18 分 CINRAD/SA 雷达 1.5°仰角(左)、帽峰山 X 波段双偏振相控阵雷达 2.7°仰角(中)、花都 X 波段双偏振相控阵雷达 2.7°仰角(右):Z_h、径向速度

(约 24 min),至 19 时 36 分逐渐减弱消失。在此期间白云区东侧局地出现短时强降水中心,多个站点出现超过 10 mm 的 5 min 雨强,其中白云区录得最大小时雨强 94.5 mm,最大 5 min 雨强 14.3 mm,并连续 20 min 出现超过 10 mm 的 5 min 雨强。但由于强降水中心位于白云区帽峰山雷达站区域,因此帽峰山 X 波段双偏振相控阵雷达受降水影响出现严重衰减,无法观测到完整回波。同时期强降水中心位于花都 X 波段双偏振相控阵雷达东侧,可以观测到部

分回波,但由于强降水对信号的衰减,在远离雷达方向的回波无法完整探测。

19 时 24 分云团发展旺盛期间的强降水雷达回波特征(图 8.82)。位于白云区太和镇区域 CINRAD/SA 雷达 1.5°仰角上强回波东侧存在 Z_{dr} 弧位于中气旋前侧,受辐合气流影响,在云团前侧低层有旺盛的上升气流;及其后侧(西侧)有 K_{dp} 印存在,中心最大值达到 5.7°/km,与反射率因子大值区对应,最大值为 63 dBZ,说明云团此时已处于发展旺盛时期,虽然前侧仍然有对流发展,但云团主体以强降水为主(林文 等,2020)。此时太和镇地面出现明显强降水,最大 5 min 雨强达到 14.3 mm。帽峰山 X 波段双偏振相控阵雷达受强降水影响仍然无法进行观测,但花都风廓线雷达可以观测到白云区太和镇的强回波中心与 K_{dp} 印位置对应,但无

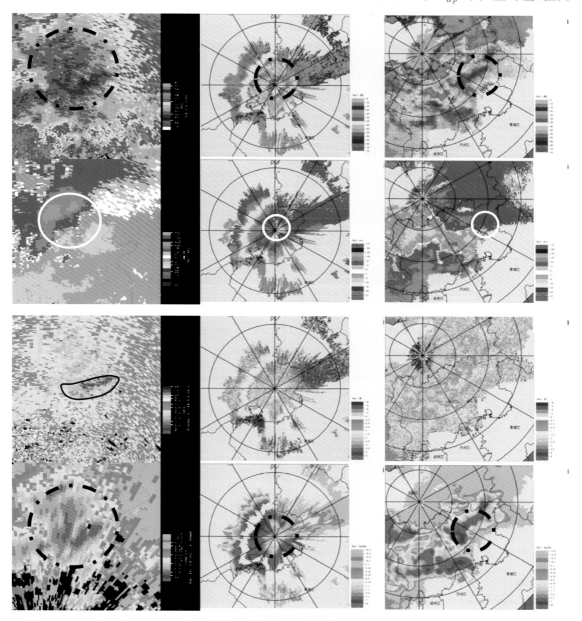

图 8.82　19 时 24 分 CINRAD/SA 雷达 1.5°仰角(左)、帽峰山 X 波段双偏振相控阵雷达 2.7°仰角(中)、花都 X 波段双偏振相控阵雷达 2.7°仰角(右):Z_h、径向速度、Z_{dr}、K_{dp}

法观测到 Z_{dr} 弧的存在。

分别穿过 CINRAD/SA 雷达速度图中气旋最大速度对中心和花都 X 波段双偏振相控阵雷达 K_{dp} 做剖面（图 8.83），可以看到 CINRAD/SA 雷达此时大于 50 dBZ 的反射率因子延展高度约为 6 km，中气旋位于强回波中心东南侧，Z_{dr} 柱大于 2 dB 的区域基本小于 3 km，说明此时上升气流主要在近地层区域发展，但 K_{dp} 柱大于 1°/km 的高度接近 7 km，最强中心基本位于 4 km 以下，云团整层水汽十分旺盛，低层云团含水量更加丰富（陈超 等，2019），并且强降水已经触地，与地面强降水时段对应。强降水的作用下上升气流不能得到充分的发展，不利于该处云团的长时间旺盛发展。花都 X 波段双偏振相控阵雷达虽然受波束阻挡影响，但仍然能看到 K_{dp} 柱呈低质心状态，与强降水对应，同时在其东侧亦可观测到不完整的 Z_{dr} 柱。

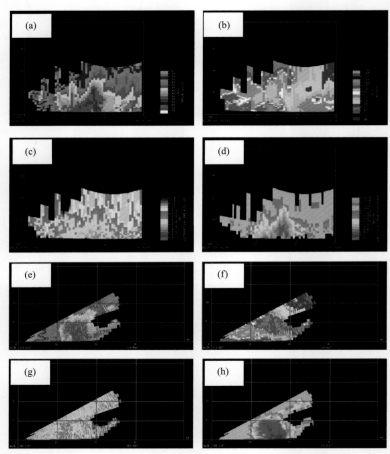

图 8.83　19 时 18 分 CINRAD/SA 雷达和帽峰山 X 波段双偏振相控阵雷达剖面：(a)CINRAD/SA 雷达 Z_h；(b)CINRAD/SA 雷达径向速度；(c)CINRAD/SA 雷达 Z_{dr}；(d)CINRAD/SA 雷达 K_{dp}；(e)花都 X 波段双偏振相控阵雷达 Z_h；(f)花都 X 波段双偏振相控阵雷达径向速度；(g)花都 X 波段双偏振相控阵雷达 Z_{dr}；(h)花都 X 波段双偏振相控阵雷达 K_{dp}

另外，该区域强降水的形成也与局地地形有重要的关系，太和镇附近南北夹山，向西侧延展出一个"喇叭口"的低洼地带（图 8.84），云团从西侧向东移动发展的过程中，遇到两侧山地气流被迫辐合，抬升加强，进一步促进了对流的发展，造成局地强降水加强，但山地区域对于水汽的持续补充较为不利，因此强降水云团较难长时间持续发展。

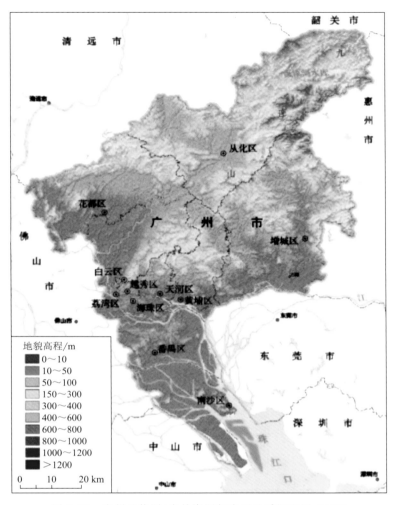

图 8.84 广州地势图(自然资源部中国地质调查局,2019)

CINRAD/SA 雷达 19 时 48 分太和镇附近的中气旋减弱消失,低层 K_{dp} 也明显减弱,低层不再有明显的 Z_{dr} 弧,此时回波发展有所减弱,地面降水随之减小。虽然北侧仍有小范围辐合存在,但能量和水汽已经明显消耗,不再继续发展。该对流云团在白云区太和镇带来的局地强降水,造成地面出现冷池,温度较周围下降 3～4 ℃;同时在强降水的拖拽作用下,地面形成下沉出流,冷性出流气流在南侧地面偏南暖湿气流相遇,再次形成辐合,又加强了回波南侧云团的进一步发展。

图 8.85 显示,广州荔湾区至越秀区一带新发展生成一个强回波中心,在强回波东侧有辐合风区域,强回波南侧边缘仍然存在一个浅薄的 Z_{dr} 弧,说明在其南侧回波仍然在继续发展。强回波对应着 K_{dp} 印,说明此时该区域已经出现了明显降水,同时在强降水的作用下云团西北侧低层风又呈辐散状。

图 8.86 给出番禺 X 波段双偏振相控阵雷达 2.7°仰角的 Z_h、Z_{dr}、K_{dp}、径向速度,黑色圈内回波对应图 8.85 白色区域,与 CINRAD/SA 雷达相比 X 波段双偏振相控阵雷达能够更好地描述局地回波的细节特征,但由于广州中心城区建筑高度较高,对番禺 X 波段双偏振相控阵雷达北向低仰角探测有一定的遮挡,因此在回波前侧出现"V"型缺口。

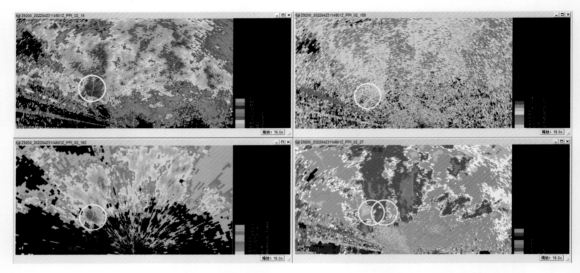

图 8.85　19 时 48 分 CINRAD/SA 雷达 1.5°仰角 Z_h、Z_{dr}、K_{dp}、径向速度

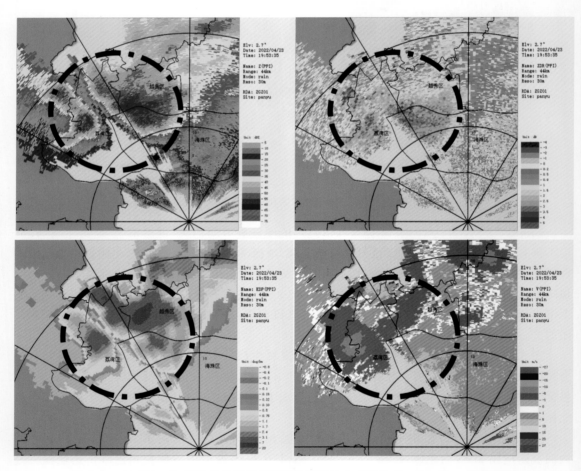

图 8.86　19 时 53 分 番禺 X 波段双偏振相控阵雷达 2.7°仰角 Z_h、Z_{dr}、K_{dp}、径向速度

　　穿过 CINRAD/SA 雷达和番禺 X 波段双偏振相控阵雷达强回波中心并沿着回波移动方向做剖面(图 8.87),CINRAD/SA 雷达剖面显示该处云团发展高度与白云区的雷雨云团接近,但强度更强,最强中心值可达 63.5 dBZ,强降水区域对应着较大的垂直风切变,并且对应着 Z_{dr} 大值区,说明该处仍然有明显的上升气流,有利于强对流的进一步发展。另外,该云团

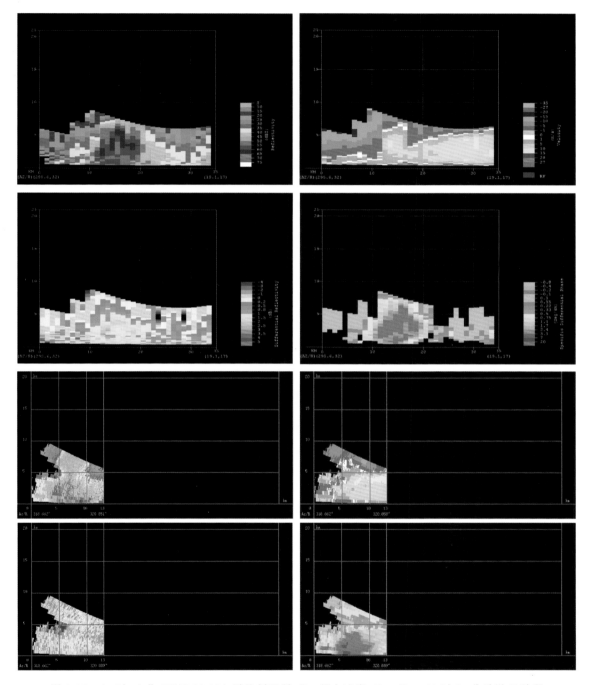

图 8.87　19 时 48 分 CINRAD/SA 雷达剖面图:Z_h、径向速度、Z_{dr}、K_{dp};19 时 53 分番禺 X 波段双偏振相控阵雷达剖面图:Z_h、径向速度、Z_{dr}、K_{dp}

的 K_{dp} 柱最强中心达到 6.4 dB,且 5 km 以下大于 3.1 dB 的范围较白云区的云团更大,因此该云团在广州中心城区带来的短时降水率更大。对比番禺 X 波段双偏振相控阵雷达剖面,反射率因子在较高仰角探测强度比 CINRAD/SA 雷达偏低,但两部雷达 K_{dp} 柱形态相似,但相控阵雷达能观测到 K_{dp} 柱前(东)侧浅薄的 Z_{dr} 弧剖面,更好地判断回波发展区域,该 Z_{dr} 弧在 CINRAD/SA 雷达剖面上无表现。

受该回波影响,广州荔湾区越秀区、天河区、海珠区相继出现短时强降水,最强降水时段主要集中在 20 时 00 分至 20 时 30 分,最大 5 min 雨强出现在越秀区黄华路 18.2 mm(20 时 10 分),同时多个站点 5 min 雨强也超过 10 mm,地面也出现 8~10 级大风,之后强降水云团继续向东偏南方向继续移动发展。

(4)过程小结

此次过程利用广州多部 X 波段双偏振相控阵雷达,与 CINRAD/SA 雷达相结合对雷暴的发生发展以及不同波段雷达探测的优缺点进行了详细分析。在实际业务中,仅靠单部雷达或一个波段雷达较难很好地监测雷暴发展,要充分利用不同雷达的优缺点,形成雷达优势互补,才能更好地监测局地雷暴发展。

该次过程是低质心强降水过程,云团发展迅速、降水效率高,局地强降水特征明显。

XPAR-D 雷达能够更精细地描述局地强对流云团的精细结构,Z_{dr} 高值区及变化可判断对流未来的发展趋势,低仰角 K_{dp} 大值区与强降水位置对应更好,对于判断雨强大值区更具参考价值。

强降水的发展与局地实际情况关系密切,需要结合当地地形地貌和局地下垫面特性,才能更好地监测局地雷暴发展,为短临的预报预警服务做好技术支撑。

8.2.2 大范围强降水

8.2.2.1 2018 年 5 月 7 日大范围暴雨过程

(1)天气实况

受弱冷空气和切变线影响,2018 年 5 月 7 日 08 时—8 日 08 时,全市普降暴雨局部大暴雨,大暴雨主要集中在黄埔区中南部及增城区东南部,主要降水时段发生在 16—22 时。根据气象水文站网的监测(图 8.88),全市平均面雨量为 61.4 mm,其中黄埔区、增城区分别为 87.3 mm、68.6 mm。全市共有 30 个测站(占总数的 7.2%)雨量超过 100 mm,276 个测站(占总数的 66.2%)雨量超过 50 mm。黄埔区黄埔水库录得全市最大累计雨量 166.7 mm,增城区新塘镇录得最大小时雨强 102.8 mm,黄埔区九龙镇次之(98.2 mm)。此次强天气过程伴有 7~9 级短时大风,增城区气象局录得最大阵风 31.5 m/s(11 级)。这次的线状对流系统具有移动速度快、影响范围广、局地雨强较大的特点。

(2)环流形势

5 月 7 日 08 时,南亚高压稳定维持在中南半岛附近,中国南方地区为深槽控制,广东位于槽前正涡度平流区,具有有利的辐散形势(图 8.89a)。500 hPa 中高纬为两槽一脊环流型,华南地区受南支槽槽前西南气流和正涡度平流影响,有利于垂直上升运动发展,为暴雨的发生发展提供了有利的背景条件。低层广东处于低涡切变线南侧,受到强劲的西南急流影响,同时 925 hPa 的西南和偏南方向的边界层急流在珠三角中部辐合,和边界层急流共同作用,有利于加强低层的动力抬升作用。湿层深厚特征明显(图 8.89e),850 hPa 的比湿达到 14 g/kg,925 hPa 的比湿达到 17 g/kg(图 8.89c、d)。另外,由于地面低槽的强烈发展,有利于充分累积

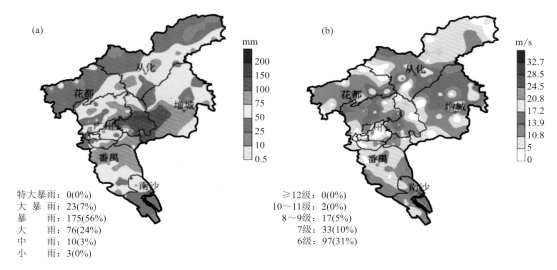

特大暴雨: 0(0%)
大 暴 雨: 23(7%)
暴　 雨: 175(56%)
大　 雨: 76(24%)
中　 雨: 10(3%)
小　 雨: 3(0%)

≥12级: 0(0%)
10～11级: 2(0%)
8～9级: 17(5%)
7级: 33(10%)
6级: 97(31%)

图 8.88　2018 年 5 月 7 日 08 时—8 日 08 时广州市雨量(a)和风力(b)分布图

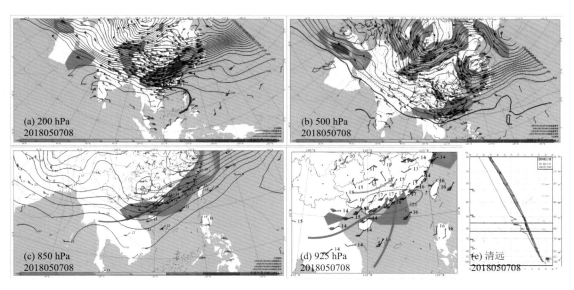

图 8.89　2018 年 5 月 7 日 08 时环流形势

不稳定能量,建立不稳定层结(图略)。白天段伴随着南支槽东移,切变线南压和急流东传,低槽发展以及能量条件进一步转好,有利于降水的触发和加强。20 时以后,切变线快速南下减弱,大风区东出,广州地区上空转为偏北气流控制,降水趋于结束。本次过程为一次典型的高空槽暴雨天气过程。

(3)雷达分析

如图 8.90 所示,CINRAD/SA 雷达的时间分辨率仅为 6 min,从相邻时次的反射率因子图只能看到局地回波强度和范围均有加强,而 1.5 min 间隔的 X 波段双偏振相控阵雷达反射率因子图显示局地回波及其附近的弱回波存在合并加强的现象,核心区的反射率因子的值已经增强至65 dBZ,并且有所北移,而 CINRAD/SA 雷达未能捕捉到局地回波如此细致的演变过程。

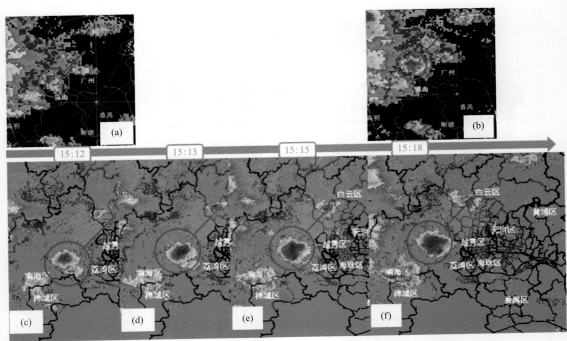

图8.90 2018年5月7日15时12分(a)、15时18分(b)CINRAD/SA雷达组合反射率因子和15时12分(c)、15时13分(d)、15时15分(e)、15时18分(f)X波段双偏振相控阵雷达组合反射率因子

但是,对于大尺度的过程,强降水范围较广,CINRAD/SA雷达对大尺度对流系统的整体特征表现更为全面。X波段双偏振相控阵雷达由于波段的限制,远距离衰减较为严重。图8.91为15时30分、15时42分、16时X波段双偏振相控阵雷达和CINRAD/SA雷达的组合反射率因子对比。图8.91实线圈为X波段双偏振相控阵雷达组网的中间,即有效探测范围,与CINRAD/SA雷达的观测结果一致,强回波中心能达到60-65 dBZ;虚线圈距X波段双偏振相控阵雷达约40 km,X波段双偏振相控阵雷达网的组合反射率明显较CINRAD/SA雷达弱。而地面自动站的雨量监测数据与CINRAD/SA雷达观测情况基本吻合,因此X波段双偏振相控阵雷达需要通过组网减少衰减带来的不利影响。

业务实践显示,通过雷达组网,在X波段双偏振相控阵雷达探测交叉区域衰减情况得到合理订正,对于关键区域如人员密集的中心城区,强对流中心的落区和演变特征刻画更为细致,可以比较清晰地判断出局地强降水的位置及其发展移动的方向。广州X波段双偏振相控阵雷达组网观测的高时空分辨率精准地捕捉了本次降水过程的影响时间和量级。如图8.92所示7日17时的观测结果可知,X波段双偏振相控阵雷达组网显示出局地的强回波中心能达到60~65 dBZ,且集中在越秀天河北侧,对应VIL大值中心,且基于K_{dp}的定量降水估测值(QPE)可达70~100 mm/h,高值维持了将近10 min,局地降水效率非常高,18时自动站雨量监测表明,越秀天河北侧测得最大64.0 mm的小时降水,和QPE的结果非常一致。当时增城区、黄埔区预报员根据雨量站以及X波段双偏振相控阵雷达的监测结果,毅然发布了暴雨红色预警信号。

相比之下,CINRAD/SA雷达在该地也表达出K_{dp}高值中心,但是强度较弱,反演出的QPE值达不到15 mm/h,其强度远低于实况,如应用至当时的预报服务和预警支撑中,则会导致较大偏差(图8.92b)。

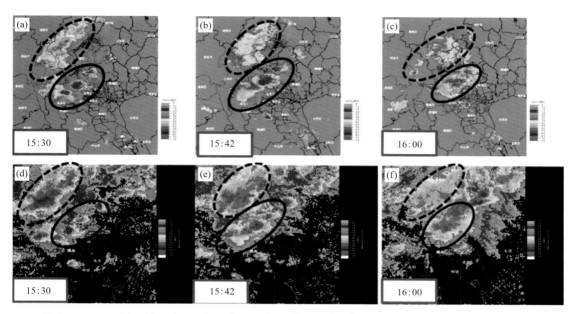

图 8.91　2018 年 5 月 7 日 15 时 30 分、15 时 42 分、16 时组合反射率因子(上图为 X 波段双偏振
相控阵组网雷达,下图为 CINRAD/SA 雷达)

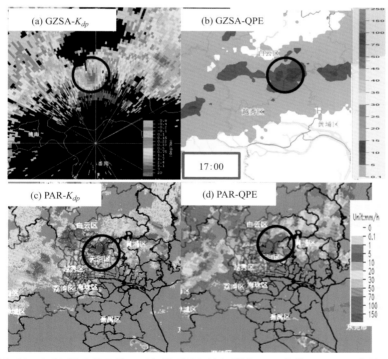

图 8.92　2018 年 5 月 7 日 17 时 CINRAD/SA 雷达 K_{dp} 产品(a)、QPE 产品(b)、
X 波段双偏振相控阵雷达组网 K_{dp} 产品(c)和 QPE 产品(d)

8.2.2.2　2020年"5·22"强降水过程

2020年5月21日夜间至22日早晨,广东的珠江三角洲出现了一次暴雨到大暴雨、局地特大暴雨的过程。降水中心位于广州市和东莞市等区域,1 h、3 h降水超过当地历史极值,累积强度大,强降水造成了严重的城市内涝、村庄受浸、河堤塌方及山体滑坡等次生灾害,并导致了4人死亡,公交、地铁、广深动车停运,经济损失非常严重(肖柳斯 等,2021)。

(1)"5·22"强降水实况

降水分布情况:珠江三角洲和莲花山南部的惠州市至汕头市一带出现了暴雨量级以上的降水,最强降水中心位于珠三角中部地区,东莞市高埗镇中心村录得全省最大累积雨量399.5 mm(图8.93a)。该过程短时雨量大、局地强降水持续时间长,广州市东部和东莞市中北部地区部分站点(图8.93b)小时雨强非常极端(≥120 mm/h,曾智琳 等,2020),广州市黄埔大桥站录得最大整点雨强167.8 mm/h,滑动小时雨量达到201.8 mm/h(22日2时15分至3时15分),超百年一遇;东莞市东城街道的最大3 h雨量达到351 mm(22日0时30分至3时30分),打破东莞市本地历史记录。5 min雨量超过5 mm的强降水持续了4~5 h(图8.93c),以黄埔大桥站为例(图8.93d):强降水从1时40分开始,2时和3时前后分别达到次峰值和峰值,3时前后,连续3个时次的最大5 min雨量超过30 mm,0.5 h雨量已超过100 mm。

(2)天气形势分析

本次强降水为一次在季风爆发的背景下,由低涡和低空急流共同影响的极端强天气过程。以ERA5资料为基础,对2020年5月21日20时至22日02时的环流形势进行分析。200 hPa上,华南地区位于南亚高压东侧及高空西风急流右侧的扇形辐散区(图8.94a),夜间到凌晨时段内良好的高空辐散条件维持并略有加强(图8.94e)。500 hPa华南地区位于东亚大槽后部,受槽后脊前西北气流控制影响,与同一时刻多年(2001—2018年)的平均态相比,我国东部地区高度场显著偏低,而大陆西部地区偏高(图8.94b)。02时西环副热带高压的强度维持,114°E以东副热带高压的强度有所减弱,"西高东低"的特征更加明显,西偏北气流引导低层系统东移南压,珠三角地区东侧可见短波槽活动,中层的动力条件进一步转好(图8.94f)。925 hPa上,华南地区的暖湿区与低压槽相伴发展东移(图8.94c),02时广东省东部地区涡度增大并可见闭合等高线,低涡南侧的偏西和西南两支超低空急流显著增强,低层辐合和水汽输送条件进一步改善(图8.94g)。地面的形势分析可知,中尺度辐合线逐渐东移南压至珠三角东部地区,有利于局地强降水系统的触发。整层可降水量高值区域范围显著扩展,强度增大,中心值超过85 kg/m² (图8.94d、h),远大于当日多年(2001—2018年)平均值(58 kg/m²),异常充沛的水汽有利于极端性暴雨过程的出现(肖柳斯 等,2021)。

从表8.1环境场能量变化及21日08时和20时的T-$\ln P$图(图略)可以看到,暖平流长时间控制广州,将海上充足的热量和水汽源源不断地向降水区输送,为广州地区提供充足的能量和水汽。广州附近对流有效位能CAPE值在过程前逐渐增大,对流抑制能量CIN减小,大气垂直不稳定能量增加;K指数基本维持在40 ℃以上,有利于强对流的发生和发展,沙氏指数SI均为负值,并且在过程前减小,说明气块温度较环境温度有所升高,大气始终处在不稳定的状态。其中,21日20时各项能量条件均达到有利于强对流发生的状态。

21至22日的0 ℃层(Z_h)和−20 ℃层(H_{20})高度始终偏高,0 ℃层高于5 km,−20 ℃层接近9 km,并且整层湿度较大,不利于冰雹和雷雨大风等强对流天气的发生,有利于强降水天气的发展。

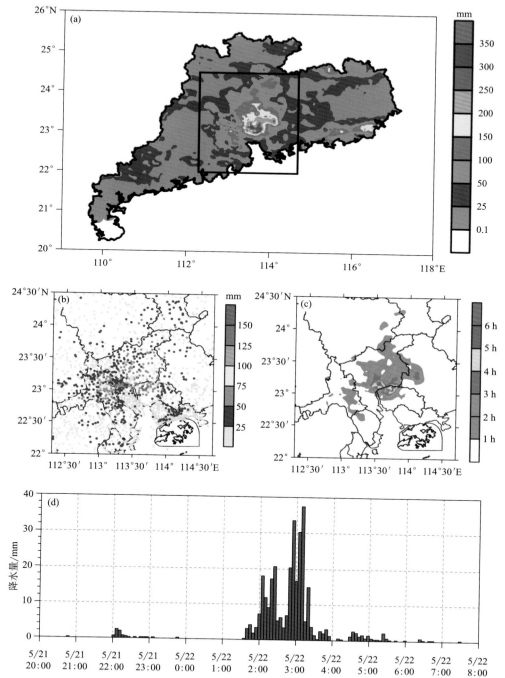

图 8.93　2020 年 5 月 21 日 14 时—22 日 14 时(a)广东省累积降水量(黑框为降水中心区，
与图(b)、(c)范围一致，单位：mm)、(b)最大小时降水量(单位：mm)、
(c)超过每 5 min 5 mm 降水的累积时间(单位：h)和
(d)广州市黄埔区黄埔大桥逐 5 min 降水量(单位：mm)

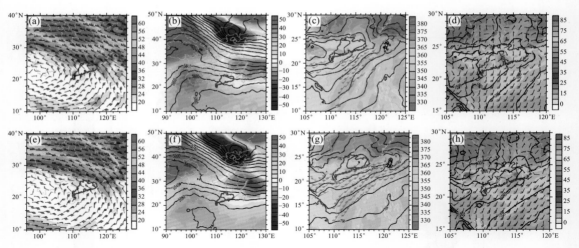

图 8.94　2020 年 5 月 21 日 20 时和 22 日 02 时(a、e)200 hPa 风场(填色为风速,单位:m/s)、(b、f)500 hPa 高度场(等值线,单位:10 gpm)及其与多年平均场差值场(填色,单位:10 gpm)、(c、g)925 hPa 高度场(等值线,单位:10 gpm)、假相当位温(填色,单位:K)和急流(大于 12 m/s)以及(d、h) 海平面气压(等值线,单位:hPa)、整层可降水量(填色,单位为:kg/m²)和地面风场

表 8.1　过程期间环境能量及关键层高度

时间 \ 变量	CAPE	CIN	K	SI	Z_h/m	H_{20}/m
21 日 08 时	939	20.2	43	−3.16	5332	8705.79
21 日 14 时	1587.3	2.7	36.6	−0.54	5658	8866
21 日 20 时	2821.3	4	42.6	−2.28	5635	9020.52
22 日 02 时	235	0.1	43.7	−3.38	5274	9185.93
22 日 08 时	600.9	1.1	40.2	−1.54	5354	8715.94

（3）雷达特征分析

2020 年 5 月 21 日傍晚,在珠三角附近不断有分散回波生成并逐渐向东移动,20 时前后广州天河和白云区有对流云团生成,向东移动的过程中逐渐向北发展;同时清远市南部有回波向东偏南方向移动(图 8.95a);佛山、清远、广州交界处亦有对流单体生成且向东移动,并快速向南北方向发展加强。22 时前后三组回波在广州从化地区合并,合并后的回波南部与增城南部的回波相连,之后对流云团向南发展,并在环境风的作用下向南偏东方向移动(图 8.95b)。22 时 30 分雷达正北方向约 15 km 处的对流单体在快速向东移动的过程中与主体回波合并,之后在主体对流西偏南方向不断有新的对流触发且在向东移动的过程中快速加强,并入到主体对流当中(图 8.95c),出现了典型的后向传播特征(曾琳 等,2023)。后向传播特征的持续使得对流系统向东平流的分量减弱,甚至部分时次出现主体对流滞留在原地的现象(图 8.95d、e),强降水在广州黄埔区和增城区到东莞市一带维持。同时,清远市南部的对流持续向东偏南方向移动,汇入上述区域的强对流内部(图 8.95f),列车效应进一步增强了降水持续时间和强度,有利于极端降水的发生。03 时后西北方向的补充对流减弱,强回波中心逐渐南移,回波强度开始减弱,至 06 时左右广州市-东莞市的降水基本结束。

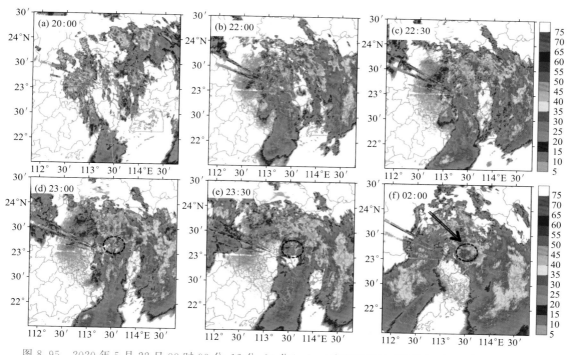

图 8.95　2020 年 5 月 22 日 00 时 00 分、12 分、24 分(a、b、c)广州番禺站 CINRAD/SA 雷达和(d、e、f)帽峰山站 X 波段双偏振相控阵雷达反射率因子(单位:dBZ)

　　本次降水过程短时雨强强,强降水覆盖范围较广,持续时间较长,雨滴对 X 波段双偏振相控阵雷达的衰减是非常明显的。对比 22 日 01 时 30 分番禺站(图 8.96b)和帽峰山站(图 8.96c)X 波段双偏振相控阵雷达和 CINRAD/SA 雷达(图 8.96a)观测的结果,可见强降水范围较广,在雷达波束扫射的强降水单体后侧出现了显著的衰减,图 8.96 形成了 V 型缺口结构,而图 8.96 中 23°10′ 以南的区域的回波,几乎全被衰减了。而由于两部雷达相距一定距离,并且从不同的角度观测对流系统,因此两部 X 波段双偏振相控阵雷达能够较好观测到对流系统不同方位的信息。通过拼图技术,结合周边多部雷达信息,能较好地反演出强对流云团的全貌。

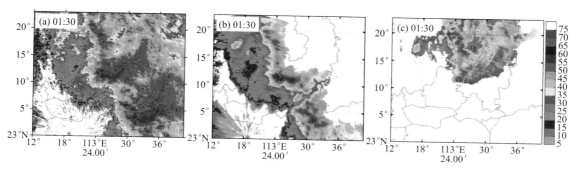

图 8.96　2020 年 5 月 22 日 01 时 30 分(a)广州番禺站 CINRAD/SA 雷达、(b)番禺站和(c)帽峰山站 X 波段双偏振相控阵雷达反射率因子(单位:dBZ)

　　相比于 CINRAD/SA 雷达,X 波段双偏振相控阵雷达的观测明显更细致,22 日 00 时黄埔-增城一带出现了大片高于 35 dBZ 的对流回波,由于分辨率较低,CINRAD/SA 雷达显示对流系统连成一片,而帽峰山X波段双偏振相控阵雷达的观测显示出正在发展的十几个对流单体,各单体的强度和发展强度不一,X波段双偏振相控阵雷达均能较好反演出单个对流系统的生消演变过程(图8.97a、d)。当对流强度快速发展到一定程度时,雷达波束扫射经过强单体后出现明显的衰减(图8.97b、e),但是X波段双偏振相控阵雷达对单体前部的结构的探测非常精细,如图8.97b中CINRAD/SA雷达探测的最大强度不超过65 dBZ,而帽峰山雷达站东偏北方向上,X波段双偏振相控阵雷达局部探测的强度超过65 dBZ,这种强度的偏差与两种雷达的探测分辨率密切相关。类似的,00时24分的探测对比也显示了X波段双偏振相控阵雷达在探测对流系统的精细结构上具有优势。细微的强度变化,尤其是低仰角的强度变化,能够较为直观指示降水强度的演变节奏,有助于预报员做出更精确的研判。同时,反射率因子强度和结构的细微变化,是指示对流系统发展或消亡的有效参考,更高的雷达探测的灵敏度及精度对利用雷达资料发展雷暴生消的客观预报算法尤具价值。

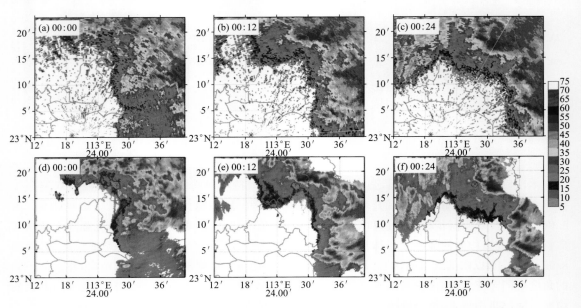

图8.97 2020年5月22日00时00分、12分、24分(a、b、c)广州番禺站CINRAD/SA雷达和
(d、e、f)帽峰山站X波段双偏振相控阵雷达反射率因子(单位:dBZ)

除了常用的反射率因子之外,偏振量的信息对于预判降水系统的发展也有一定参考(潘佳文 等,2020)。图8.98a—e为22日00时25—45分自动站录得的5 min雨量图,而图8.98f—j则为对应时刻的帽峰山站X波段双偏振相控阵雷达的差分相位移率(K_{dp})的空间分布及演变特征。K_{dp}对于指示强降水强度及中心有较好的指示意义。22日00时25分在帽峰山雷达站偏西方向出现了强的K_{dp}中心,该区域由于自动站点较少,大部地区未能录到强的降水量,另外由于衰减的影响,尽管黄埔区东侧站(如灰三角符号所示,下文称为灰三角)5 min录得4 mm左右的降水,但是雷达探测显示该站为K_{dp}缺测值。随着强K_{dp}中心向东南方向移动和发展,灰三角录得的5 min降水强度显著增强至9 mm以上(图8.98b、g)。00时35分和00时40分强K_{dp}中心进一步靠近灰三角(图8.98h、i),灰三角的5 min雨量持续增强(图8.98c、d),最强可达到14 mm。00时45分强K_{dp}中心逐渐离开灰三角(图8.98j),灰三角降水明显减弱。由此可见,5 min雨量的演变和K_{dp}强中心的发展和移动方向有较好的对应关

系,而 X 波段双偏振相控阵雷达由于具有较高的时空分辨率,能够快速而细致地捕捉到 K_{dp} 的时空演变特征,对于短时强降水的预报有较好的应用价值。

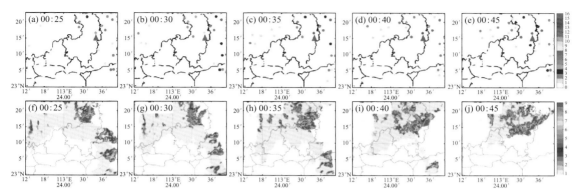

图 8.98　2020 年 5 月 22 日 00 时 25—45 分(a—e)自动站 5 min 雨量和(f—j)帽峰山站 X 波段双偏振相控阵雷达差分相位移率(K_{dp})

以上的分析可见,X 波段双偏振相控阵雷达由于波长短,在探测大范围强降水过程中常常出现雨滴衰减的劣势,单站雷达的观测不适合纵观对流系统全貌,但是基于合理的雷达布局以及拼图技术,有助于从多个方位综合把握对流系统的特征,结合 X 波段双偏振相控阵雷达观测精度高的优势,有利于获得大范围降水系统的细致结构。X 波段双偏振相控阵雷达由于观测精度高,能够获得对流系统微小的强度或者偏振量的变化特征,有益于预报员预判降水系统或单体的生消和发展,同时对于发展对流系统的生消的客观预报算法或定量降水估计/预报算法均具更高的参考价值。

8.2.2.3　2022 年 5 月 12 日江门沿海大范围暴雨过程

(1)天气实况

2022 年 5 月 10 至 15 日受西南季风爆发及切变线影响,江门出现持续性强降雨过程。此过程是江门 2009 年以来非台风影响的最强降雨过程,具有"暴雨范围广、持续时间长、累积雨量大、短时雨强强"的特点。此过程江门平均雨量 335.2 mm,20 个站≥500 mm,最大为台山赤溪 930.8 mm。其中,5 月 12 日江门出现过程最大日雨量 571.6 mm(台山市赤溪镇)和最大 1 小时雨量 118.5 mm(台山市赤溪镇)。下文针对 5 月 12 日极端降雨进行分析。

(2)环流背景分析

2022 年 5 月 12 日属于典型的华南前汛期暖区暴雨,各层次均出现有利强降雨的天气系统(图 8.99)。高空 200 hPa 东北冷涡长时间维持,冷涡南部高空槽底伸至江南地区,持续引导冷空气南下。华南地区北部为槽底偏西风,西部为西北风,形成了扇形辐散风场,有利于垂直方向形成抽吸作用,加强动力抬升,造成持久的降雨过程。中层 500 hPa 主要受高原南侧的南支槽影响,加之此季节副高强度偏弱、位置偏南,有利于南支槽波动持续上滑影响华南地区,提供动力抬升条件。低层 850 hPa 锋面低槽中心位于广西境内,低槽南侧西南风急流强盛,持续输送水汽,风向辐合于广东北部,但风速辐合于广东沿海,有利于形成南北两条降雨带。而边界层的 925 hPa 切变线长时间在广东境内维持(图略),同样形成了持久的抬升辐合作用。地面准静止锋自 100°E 延续到 130°E,冷暖气团在华南对峙,利于对流发展加强;此外北部湾还存在一个 1005 hPa 的低压中心,加强了西南暖湿气流的输送。

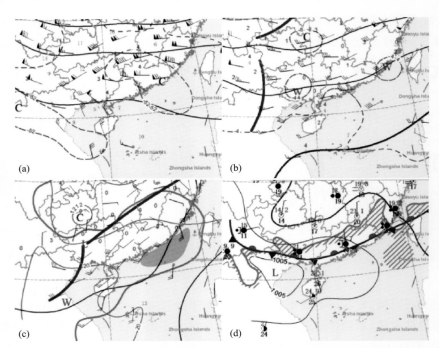

图8.99　2022年5月12日8时200 hPa形势场(a)、500 hPa形势场(b)、
850 hPa形势场(c)、海平面气压场(d)

从阳江 *T*-ln*P* 图(图8.100)分析,11至14日,850 hPa到地面的比湿均大于14 g/kg,低层大气已趋近饱和状态;其中12日08时,阳江850 hPa到地面的比湿增大至16 g/kg,且温度、露点温度廓线几乎重合,整层大气十分饱和。高度饱和的大气环境、低的抬升凝结高度非常有利于对流触发。10日20时至12日08时,从阳江 *T*-ln*P* 图风的垂直分布可见,垂直风切小,风向随高度顺转,暖平流明显;925 hPa以下为东南风,至500 hPa转为偏西风,到对流层高层转为西北风,高低层风向对峙,使得对流发展后停滞少动。

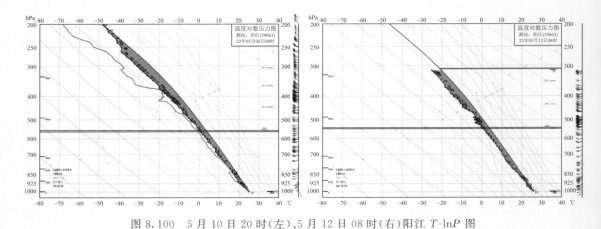

图8.100　5月10日20时(左)、5月12日08时(右)阳江 *T*-ln*P* 图

(3)X波段双偏振相控阵雷达特征分析

12日凌晨到上午,台山南部降雨发展加强,对流总体在中高层偏西风引导下向东移动,同时受低层西南风急流作用呈东北-西南向传播,连续形成多条中小尺度雨带。

08 至 09 时,赤溪西南侧的海域有新生对流发展(图 8.101a),最强达 40 dBZ。每个单体向下游移动后又有新生单体在上游形成,外形上呈东北-西南走向排列。剖面显示(图 8.101b、图 8.101c)新生对流发展高度低于 3 km,具有低质心降雨特征。但由于每个单体强度都比较弱,赤溪暂未形成强降雨。

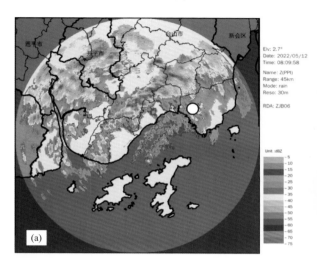
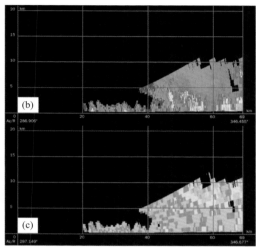

图 8.101　2022 年 5 月 12 日 8 时 9 分台山下鸡罩山雷达 2.7°反射率因子和差分相移率垂直剖面
(图 8.101a 中实线圆圈表示赤溪长安村位置;图 8.101b、图 8.101c 为经过赤溪长安村及
上游强回波中心所作反射率因子、差分相移率剖面图。下图 8.102、图 8.103 同图 8.101)

09 至 10 时,陆地西侧的条状雨带与赤溪上游的海上雨带合并(图 8.102a),新生单体队列显著增宽,反射率因子增强至 55 dBZ 以上。由剖面图(图 8.102b、图 8.102c)可见,每个单体对流高度发展至 4~5 km,间隔紧凑(小于 5 km),并且连接成片持续影响赤溪。每个强单体经过赤溪附近时,便产生强回波质心下降,形成 10 mm/5min 以上的雨强。此后的 10—12 时连续有相似的强单体队列影响赤溪地区,直接导致了此后连续 100 mm/h 以上的极端雨强。

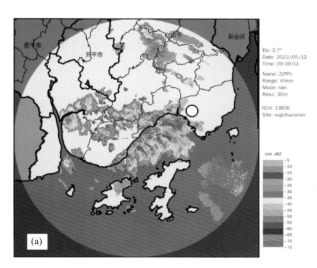
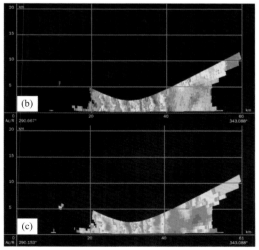

图 8.102　2022 年 5 月 12 日 9 时 39 分台山下鸡罩山雷达 2.7°反射率因子和差分相移率垂直剖面

12 至 14 时,前期影响赤溪的条状强雨带逐渐东移远离,上游仅有一条东北-西南向雨带靠近(图 8.103a),但对流组织形式已变得松散,每个单体间隔不一、距离增大。观察垂直剖面(图 8.103b、图 8.103c),大部单体垂直高度已降到 5 km 以下,表明上升运动减弱。但是个别对流单体强度仍有 55 dBZ 以上,降雨强度仍达到 50~100 mm/h。此后降雨带整体东移,降雨趋于间歇。

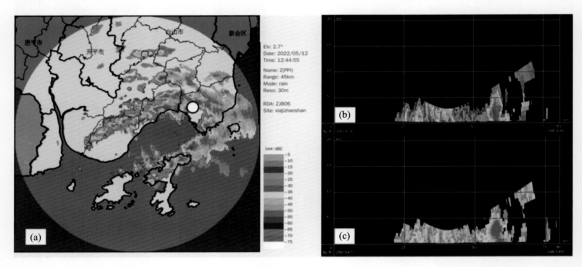

图 8.103　2022 年 5 月 12 日 12 时 44 分台山下鸡罩山雷达 2.7°反射率因子(a)和差分相移率(b,c)垂直剖面

总的来说,从天气背景来看,本次强降水过程既具备典型的前汛期暖区暴雨形势配置,又存在有利对流新生的大气环境条件,形成降雨后将长时间维持。其对流发展过程十分复杂,既有对流单体的持续触发,又有中小尺度的东北-西南向雨带合并加强。以上因素叠加之下,台山赤溪受到低质心强单体(10 mm/5 min)长时间影响,出现了 100 mm/h 以上的极端雨强。

此外,相控阵雷达受强降雨衰减干扰十分显著,对降雨区域后侧几乎没有观测能力。特别是降雨发展最强阶段(图 8.102),赤溪地区几乎没有雷达回波信号,即便可以依靠北侧的北峰山雷达进行补充观测,也无法确保每个时刻都能准确观测到强降雨信号。在利用反射率因子及其相关衍生产品时,衰减现象容易导致降雨强度观测不准确,利用差分相移率产品对衰减不敏感的特性,可以弥补反射率因子无法观察到的部分特征(如强降雨中心)。

8.3　冰雹

8.3.1　2020 年 3 月 27 日广州冰雹

2020 年 3 月 27 日凌晨至 28 日凌晨,受高空槽、切变线和冷空气影响,广州市中北部出现了大到暴雨,局部大暴雨,大部地区出现 6~8 级雷雨大风,荔湾、越秀等地出现冰雹,其中,从化区大坳上录得全市最大累积雨量 118 mm,黄埔区九佛街莲塘村录得最大小时雨量 60 mm(27 日 16 时 30 分至 17 时 30 分),南沙区南沙街录得全市最大阵风 20.9 m/s(9 级)。其中最早目击到冰雹的位置为荔湾滘口(18 时 17 分),而后是荔湾坦尾(18 时 19 分),芳村(18 时 33 时)和越秀(18 时 37 分),这意味着冰雹有两个关键降雹时段:17 至 19 分和 33 至 37 分,冰雹的持续时间较长,强风暴的维持生命史也较长(图 8.104)。

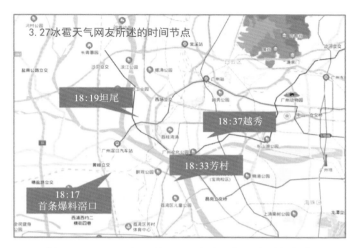

图 8.104　2020 年 3 月 27 日冰雹天气目击时间节点

(1)环流形势与环境条件

27 日 08 时地面图上(图 8.105a)锋面位于长江流域一带,14 时(图 8.105b)略有南压,但仍稳定维持在南岭以北。地面低槽逐渐发展,等压线呈南北向形态,提供有利暖湿条件。27 日 14 时(图 8.105c),200 hPa 上,南亚高压位于青藏高原南侧,北侧有一支西风急流,急流上有多个风速中心,华南区域位于高压急流辐散区域,为大暴雨提供高层有利抽吸作用;500 hPa 上,西风槽槽线位于东北至华北平原西部,切断低压的中心在贝加尔湖东部,中纬度地区的贝加尔湖西部(80°—95°E)和东亚沿岸为高压脊控制,即"两脊一槽"型,为华南前汛期雨季发生的有利环流形势之一。中低纬南支槽位于我国西南部,副高脊线稳定在 20°N 以南,致使南支波动活跃并引导冷空气南下影响华南区域。27 日 20 时(图 8.105d),200 hPa 上的西风急流中心无明显移动,但范围略有扩大。500 hPa 上南支槽缓慢向东移动,无明显减弱。850 hPa 水汽输送来源有两支,一支来自西太平洋东南水汽输送,另一支来自孟加拉湾西南急流携带的暖湿气流,两股气流在华南区域上空均达到风速 12 m/s 以上,尤其在 27 日 14 时(图 8.105e),广西北部西南涡形成,为水汽稳定维持提供有利条件,27 日 20 时(图 8.105f)广西中北部及广东北部区域切变线形成并逐渐南压,为降水发生提供动力条件。两个时次 850 hPa 假相当位温在粤西及广西上空一直存在中心值,达到 350 K 以上,为大暴雨过程提供持续的热力不稳定条件。所以此次暴雨过程为华南前汛期典型的暖区暴雨,高低空配置且较长时间地稳定维持提供有利环流形势。

(2)风暴生命史及生命历程

风暴初始是在粤北发展起来,带状回波南移过程中在暖区激发新的对流单体,于是多单体风暴在合并加强过程中发展出了局地的超级单体风暴。

图 8.106 显示了超级单体风暴形成的主要过程:多单体风暴以东西走向为主,主体后侧不断激发新的单体,西侧以偏西气流为主,而南侧偏南气流为主,东南和东北走向的单体合并加强。

从图 8.107 为两个发展逐渐成熟的单体合并的时刻,二者合并过程中风暴明显加强,最大反射率因子超过 65 dBZ,最大反射率高度超过 6 km,并且中气旋中层强度合并后开始迅速发

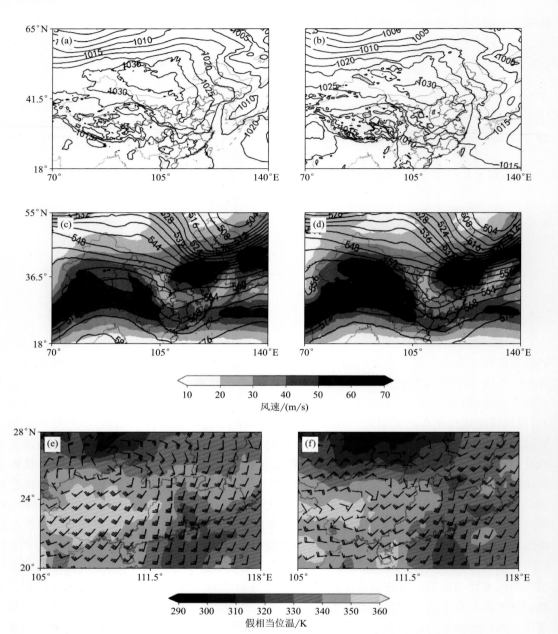

图 8.105　海平面气压场:27 日 08 时(a)、14 时(b)(单位:hPa);500 hPa 位势高度场(等值线,单位:dagpm)、
200 hPa 风速(填色,单位:m/s);27 日 14 时(c)、20 时(d);850 hPa 风场(单位:m/s)与
假相单位温度(填色,单位:K):27 日 14 时(e)、20 时(f)

展,旋转速度加大,出流核区速度超过了 20 m/s。

　　18 时 15 分前后,超级单体发展到最强盛阶段,最大反射率超过 65 dBZ,并结合降雹目击报告可见超级单体风暴在临近时刻的特点:中等强度中气旋延伸至 1 km 以下,最大反射率高度出现突降,从超过 6 km 掉到了 2 km 附近,VIL 值明显减小,从接近 60 kg/m² 降至 40 kg/m²(图 8.108)。

　　而在 X 波段双偏振相控阵雷达的观测中,在雷暴的外侧,由于强回波的衰减,出现了明显的 V 型缺口和低相关系数(C_C)区,明确指出降雹位置,而差分相移率 K_{dp} 大值说明冰雹过程

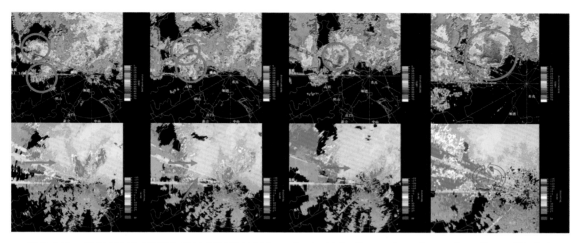

图 8.106　广州 CINRAD/SA 雷达多时刻(17 时 00 分、17 时 24 分、17 时 48 分、18 时 12 分)2.4°仰角上

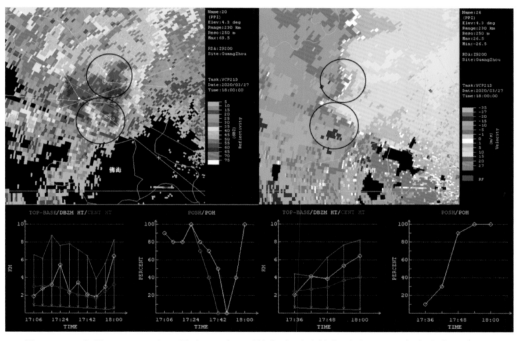

图 8.107　广州 CINRAD/SA 雷达 18 时 4.3°仰角水平反射率因子(dBZ)、径向速度(m/s)及
过去 1 h 风暴追踪信息

伴随大雨滴,有强降水同时发生。

(3)不同波长的冰雹探测特征对比

不同波长下,冰雹的双偏振表现差异较大,如图 8.109 显示:在 X 波段双偏振相控阵雷达观测中,降雹区域(用 C_C 小于 0.8 定义)经过衰减订正的 Z_h 相对较小,Z_{dr} 相对较大,C_C 较小,在本个例中 K_{dp} 在降雹区域大于 9 °/km。而在 S 波段中,C_C 没有那么明显,Z_{dr} 的变化和 X 波段相反,出现明显下降。

冰雹的存在对 C_C 的影响在 X 波段更大,对 Z_{dr} 的影响在 S 波段更大。

在超级单体前侧冰雹特征区域,S 波段的 Z_h 比 X 波段高出 5～10 dBZ,其 Z_{dr} 约为

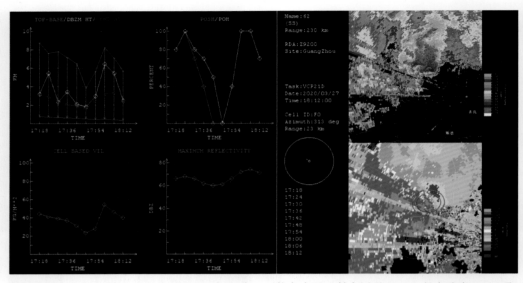

图 8.108　广州 CINRAD/SA 雷达 18 时 12 分 1.5°仰角水平反射率因子(dBZ)、径向速度(m/s)及过去 1 h 风暴追踪信息

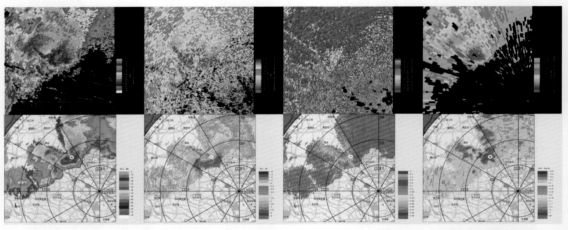

图 8.109　2020 年 3 月 27 日 18 时 12 分 广州 CINRAD/SA 雷达(4.3°仰角)和 X 波段双偏振相控阵雷达(4.5°仰角)观测的反射率因子(dBZ)、差分反射率(dB)、相关系数和差分相移率(°/km)

1.5~2 dB,而 X 波段大于 2.5 dB,C_C 在 S 波段基本大于 0.9,X 波段通常低于 0.90,甚至在钩状回波的顶端低于 0.70。

　　整体而言,由于不同波长的散射特征差异,X 波段双偏振相控阵雷达观测冰雹区的反射率因子较小,差分反射率稍大一些,而由于波长较短,相位变化的差距更大,所以差分相移率也更大;同时由于冰雹存在对 X 波段的相关系数影响更大,其数值在冰雹区将更小。

　　(4)降雹时刻超级单体风暴结构 X 波段双偏振相控阵雷达分析

　　在成熟阶段,超级单体风暴在中气旋强旋转中心附近低层形成钩状回波结构(图 8.110),并在冰雹-强降水混合区域后侧伴随 V 型缺口特征,降雹区域的 Z_{dr} 强度最大超过 4 dB(混合大雨滴的湿冰雹,与大雨滴特征较为接近),K_{dp} 超过 7 dB,相关系数 C_C 小于 0.92,在 V 型缺口区域基本小于 0.9,在钩状回波顶端低于 0.7。

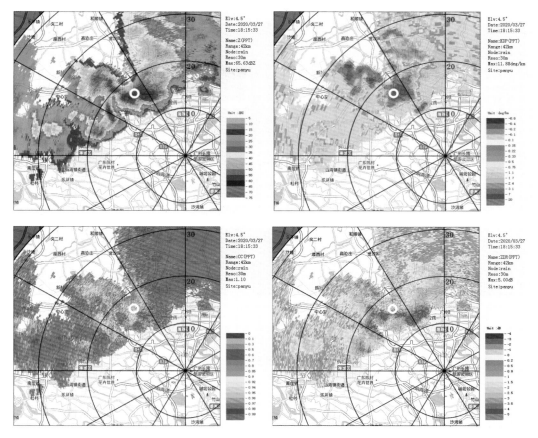

图 8.110　2020 年 3 月 27 日 18 时 15 广州 X 波段双偏振相控阵雷达(4.5°仰角)观测的反射率因子(dBZ)、差分反射率(dB)、相关系数和差分相移率(°/km)

图 8.111 显示沿着降雹区方向的剖面,低层有深厚的暖湿入流伸展至 4 km 高度上,伴随强旋转的上升气流附近形成差分反射率柱(Z_{dr} 柱)和差分相移率柱(K_{dp} 柱),Z_{dr} 柱区域出现在高空 Z_h 约 50～60 dBZ 区域中的 $Z_{dr}>1$ dB 部分,K_{dp} 柱在 Z_{dr} 柱的偏东距离强上升气流区较远一侧 K_{dp} 柱超过 4 °/km。Z_{dr} 柱和 K_{dp} 柱的 Rohv 均小于 0.95,尤其是在 Z_{dr} 柱的顶部小于 0.85,说明此处 Z_{dr} 柱更多是雨滴和混合相态粒子的集合。

附近探空显示 0 ℃层高度大约是在 3.8 km,与雷达探测的融化层高度非常接近(Rohv 明显下降的空中薄层,相对于东侧距离雷达−4 到−6 km 附近的 Z_{dr} 和 Z_h 有正的扰动值),Z_{dr} 柱中的增强 Z_{dr} 延伸到相对于环境 0 ℃层高度的 2～3 km 以上,混合粒子被强上升气流携带到超过 0 ℃层区域导致局地的 Z_{dr} 大值区。而对于 K_{dp} 来说,还与数浓度相关,在 Z_{dr} 柱后侧非上升气流最强区出现,因此与 Z_{dr} 柱并不重合。

(5)超级单体风暴中气旋变化追踪

超级单体风暴中的中气旋强度和高度变化与垂直气流和风暴结构的发展有密切关系,而 X 波段双偏振相控阵雷达由于扫描速率更快,可以观察到中气旋发展过程中的更多关于旋转速度、旋转直径等细节的演变。

图 8.112 显示的是 CINRAD/SA 雷达的中气旋速度切变的追踪情况,初始目击到冰雹的时间在 12 至 18 分前后,在此过程中,中气旋低层的强度没有明显的变化,甚至是略有减弱的,这和

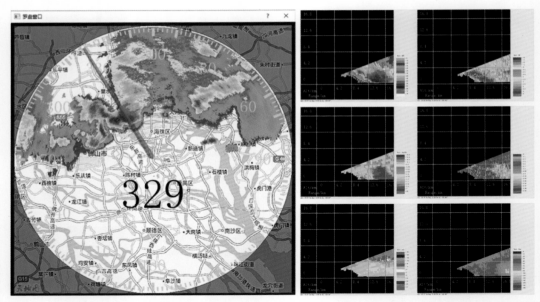

图 8.111 2020 年 3 月 27 日 18 时 15 分广州 X 波段双偏振相控阵雷达沿 329°方位角的剖面要素反射率因子(dBZ)、差分反射率(dB)、相关系数、差分相移率(°/km)、径向速度(m/s)和差分相位移(°)

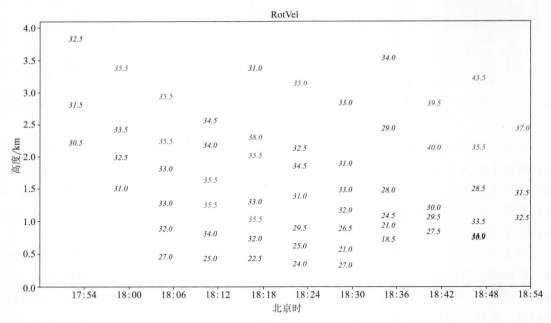

图 8.112 广州 CINRAD/SA 雷达识别中气旋转动速度(单位:m/s)时间-高度演变图

产生近地面大风或龙卷的中气旋低层强度变化是完全不同的,而中层的旋转强度是有明显增强,最大强度超过了 38 m/s,高度出现在 2.5 km 附近,同时中气旋垂直方向在此拉伸,伸展高度超过 3.5 km,18 分后最强旋转基本维持在 1.5 km 以上,意味着强上升运动维持在中层或以上。

进一步地分析中气旋各参数最大值随时间的变化(图 8.113),可以看到在出现冰雹目击的两个较为确定的时刻(18 时 17 分和 18 时 37 分)之前,均出现了旋转直径的缩小和最大速度切变的增加。但是更细微的变化仍需通过 X 波段双偏振相控阵雷达来挖掘。

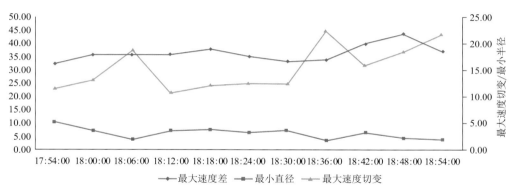

图 8.113　广州 CINRAD/SA 雷达识别中气旋各仰角最大转动速度（单位：m/s）、最小直径（km）和

最大速度切变（(m/s)・km^{-1}）时间演变图

　　同时段广州 X 波段双偏振相控阵雷达所识别的中气旋特征如图 8.114 所示，在 18 时 00 分至 18 分之前，最大转动速度呈现下探的过程，从 3 km 附近一直向下伸展到 1 km 附近，而最大转动速度也从 32 m/s 增大到 37 m/s 左右，此后强旋转区开始向上伸展，最大转动速度出现高度基本集中在 2～3 km，低层转动速度不超过 30 m/s。在在 18 时 30 分前后出现二次下探，1.5 km 附近的转动速度约为 33 m/s，在 18 时 35 分以后最大转动速度基本出现在 2 km 甚至 3 km 以上，意味着该阶段的强上升区域高度明显增加，使得冰雹的融化层明显增加，不利于地面出现冰雹粒子。

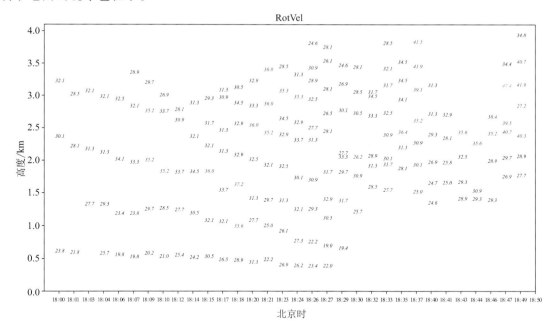

图 8.114　广州 X 波段双偏振相控阵雷达识别中气旋转动速度（单位：m/s）时间-高度演变图

　　结合旋转直径的演变（图 8.115），可以看到在降雹的主要时段（17 分至 37 分），低层的旋转直径均在 3～4 km，中气旋的厚度也在向上下伸展，而在出现降雹之前（06—15 分和 26—35 分）均出现了低层旋转直径收缩至 1.5 km 以下，首次出现降雹时最小直径出现的高度则又再次上升至 1.5～2 km，第二次降雹时此高度甚至上升至 2～3 km，且在此期间中气旋速度差强度首次超过了 40 m/s。

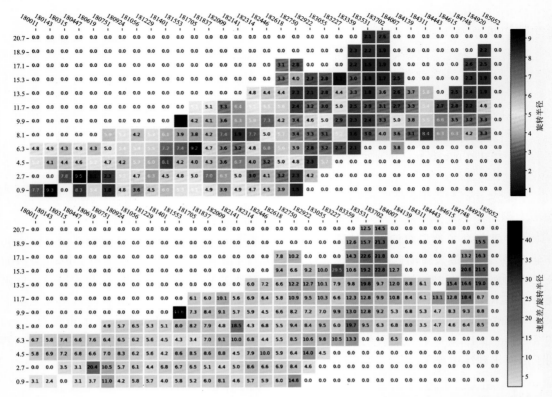

图 8.115　广州 X 波段双偏振相控阵雷达识别中气旋旋转半径（单位：km）和速度差/时间-高度演变图

　　二者相结合下，在降雹前 10min（18 时 06 分和 18 时 27 分）内均出现了低层（1.5 km 以下）的速度切变增加，而在降雹时刻临近（18 时 17 分和 18 时 37 分）时，最大速度切变则出现在中层高度上（3 km 附近）。

　　如图 8.116 所示，中气旋各参数的极值变化也有一定的指示作用。分别在 18 时 06 至 07 分、15 分、27 分、33 至 37 分出现小于 2 km 的最小直径，而整层的最大速度差前期基本维持在 30～40 m/s，变化不大，而对比中气旋直径的演变图可以发现，06 至 07 分和 27 分附近的较小直径出现在低层（接近 0.5 km），而 15 分和 33～37 分出现在中层（2～3 km），同时强度均加强

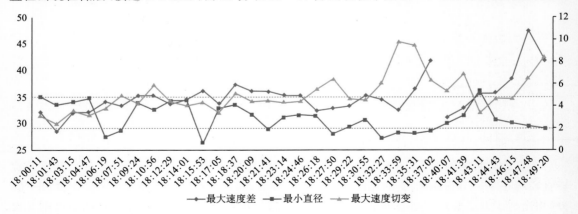

图 8.116　广州 X 波段双偏振相控阵雷达识别中气旋各仰角最大转动速度（单位：m/s）、最小直径（km）和最大速度切变（(m/s)·km^{-1}）时间演变图

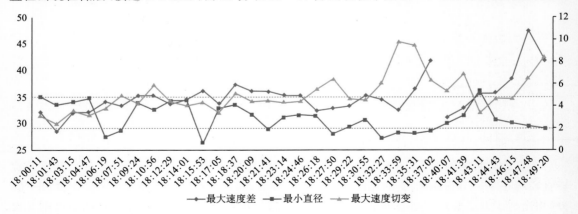

超过 35 m/s,甚至 40 m/s。对照降雹时间可以看到在出现降雹之前,中气旋通常都会经历明显的低层收缩,而降雹前,收缩区则向上伸展,同时强度也会出现明显增加。

综合以上分析可以确认,超级单体产生冰雹的时机与龙卷等近地面大风不同,低层的中到强的中气旋出现意味着超级单体已经发展到后侧下沉气流区域较为成熟的阶段,此时与旋转型大风(如龙卷等)的关系更为密切,而对于产生冰雹的超级单体而言,上升运动的维持和发展则更为重要,强旋转运动的伸展加深与中层旋转的加强收缩对于冰雹区上升运动的加强有更直接的指示意义。此外详细分析得出:(1)由于不同波长的散射特征差异,X 波段双偏振相控阵雷达观测冰雹区的反射率因子较小,差分反射率稍大一些,而由于波长较短,相位变化的差距更大,所以差分相移率也更大;同时由于冰雹存在对 X 波段的相关系数影响更大,其数值在冰雹区将更小。(2)成熟期的超级单体风暴在垂直结构表现为:产生冰雹的 Z_{dr} 柱由雨滴和混合相态粒子被强上升气流带到超过零度层高度出现,因此表现为更低的相关系数,Zdr 值在 X 波段双偏振相控阵雷达中基本在 2~5 dB;而 K_{dp} 柱则不完全和上升气流区重合,因此出现在 Z_{dr} 柱的后侧,在 X 波段双偏振相控阵雷达中数值可超过 7 °/km,数值比 CINRAD/SA 雷达要大得多。(3)通过追踪超级单体风暴的中气旋演变过程可以发现,超级单体产生冰雹的时机与龙卷等近地面大风不同,低层的中到强的中气旋出现意味着超级单体已经发展到后侧下沉气流区域较为成熟的阶段,此时与旋转型大风(如龙卷等)的关系更为密切,而对于产生冰雹的超级单体而言,上升运动的维持和发展则更为重要,强旋转运动的伸展加深与中层旋转的加强收缩对于冰雹区上升运动的加强有更直接的指示意义。

8.3.2　2021 年 8 月 27 日江门后汛期冰雹

(1)天气实况

2021 年 8 月 27 日白天,受东风波动影响,强雷雨云团自东南向西北发展加强,江门出现局地强降水,伴有 7~8 级雷雨大风和冰雹。8 月 26 日 20 时至 8 月 27 日 20 时,全市共有 2 个站录得 8 级阵风,分别为江海区外海街道 18.6 m/s(27 日 09—10 时),恩平市沙湖镇 17.2 m/s(27 日 14—15 时);最大雨量为恩平市君堂镇 22.3 mm。14 时 23 分左右,恩平市良西镇出现冰雹,冰雹直径约 1 cm。

(2)环流背景分析

27 日 08 时,菲律宾附近形成的东风波动进入南海北部,开始自东向西影响华南沿海,从 200 hPa 到 500 hPa 形势场均可分析出南北向槽线(图 8.117a、图 8.117b),是此次天气过程的主要动力抬升系统。此时的副热带高压呈东西向带状分布,环流中心维持在 30°N 附近,200 hPa 高度的高压带随东风波动西移而分裂为东西两环。500 hPa 副高基本维持,西脊点在 100°E 附近,其南侧偏东风持续引导东风波动西移。由于带状副高阻挡,北方冷空气无法深入南方,华南地区低层受来自南海-西北太平洋的东南暖湿气流控制(图 8.117c、d),风速约 8 m/s,水汽辐合于下游的江南地区。

根据邻近的阳江探空观测(图 8.118),对流有效位能 CAPE 值达到 2045.7 J/kg,对流抑制 CIN 为 0,表明大气存在层结不稳定,具备上升运动条件且对流触发容易。但从风向风速观察,垂直方向 0~6 km 风速较弱,风向均为东南风,垂直风切变小,强风暴形成潜势较低。27 日 8 时 0 ℃层高度约 5000 m,湿球 0 ℃层高度约 4100 m,−20 ℃层高度约 8300 m,较前汛期常见冰雹天气形势的高度偏高,且日间地面最高气温超过了 30 ℃,即使空中产生了冰雹,下落过程中极易融化,混入雨水中难以观测到。

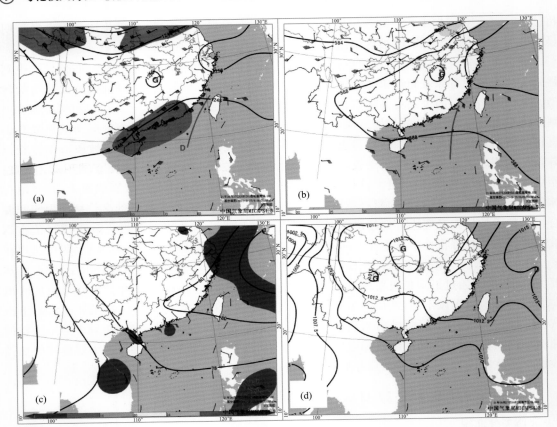

图 8.117 2021 年 8 月 27 日 8 时 200 hPa 形势场(a)、500 hPa 形势场(b)、925 hPa 形势场(c)、海平面气压(d)

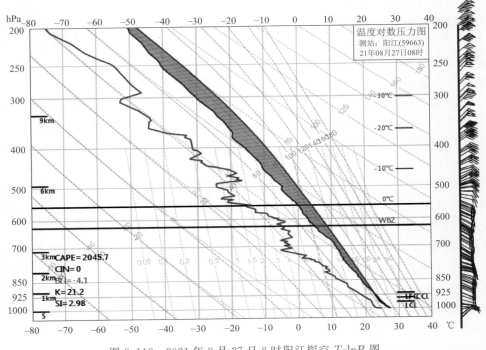

图 8.118 2021 年 8 月 27 日 8 时阳江探空 $T\text{-}\ln P$ 图

（3）X 波段双偏振相控阵雷达特征分析

当天江门自东向西出现分散的雷雨云团，其中开平市赤坎镇附近有一单体云团发展加强，向恩平市移动。13 时 30 分至 14 时 00 分组合反射率显示最强反射率超过 60 dBZ，但当地并无冰雹报告。

随着强单体继续西移，14 时进入恩平市后 50 dBZ 以上的强反射率范围逐步扩大，14 时 10 分至 14 时 40 分依次经过恩平市的君堂镇、圣堂镇、良西镇，多个体扫均显示最强反射率因子超过 65 dBZ，表明强单体包含大量的冰相粒子（图 8.119a，图 8.119b）。在经过良西镇时，强单体西侧还出现了"V"型缺口，大量的大雨滴或冰雹粒子都可以造成这种衰减现象。对比水凝物分类产品，14 时进入恩平市之前低层相态多表现为单一的降雨，仅有小范围雨夹雹特征，说明有小粒子冰雹降落到近地面高度，但融化较快（图 8.119c）。到达良西镇时，相态出现红色的冰雹区，雨夹雹范围显著变大（图 8.119d），表明此时近地面有更多更大的冰雹，也更容易观测到冰雹落地。

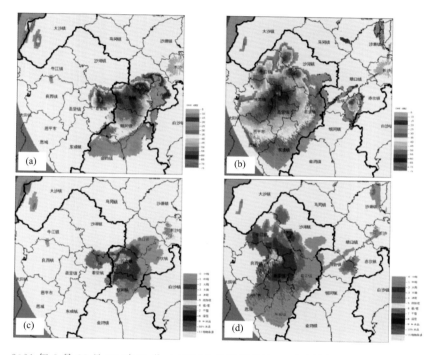

图 8.119　2021 年 8 月 27 日 13 时 55 分、14 时 23 分开平雷达 2.7°反射率因子（a，b）和水凝物分类（c，d）

利用垂直剖面图可更准确描述冰雹的出现。14 时前 50 dBZ 以上强反射率因子发展高度集中在 0 ℃层以下，延伸到 0 ℃层以上不多，此时以强降雨为主（图 8.120a）。到了降雹前后时刻，强反射率因子高度显著提升到−20 ℃层以上（图 8.120b），呈现强对流单体特有的悬垂结构，表明此时上升运动强盛，支撑冰雹成长到足够大的直径。此时 65 dBZ 以上的强回波中心下降到 1～2 km 高度，代表冰雹即将落地。由水凝物分类产品，还能分辨出冰雹落地时刻 0 ℃层以上冰雹相态粒子显著增多，0 ℃层以下雨夹雹、冰雹相态粒子已抵达近地面（图 8.120c，图 8.120d）。

观察径向速度产品（图 8.121），在强单体进入降雹区域前 10～15 min 已经能观察到中层中气旋特征，高度约 3～5 km，但是两侧的正负速度区并不对称，旋转速度约 12 m/s，达到弱

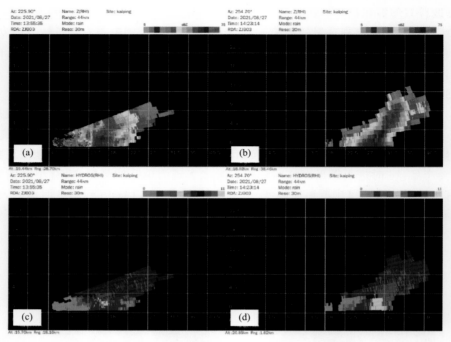

图 8.120　2021 年 8 月 27 日开平雷达反射率因子和水凝物分类垂直剖面（图 8.120a、图 8.120c 为 13 时 55 分时刻的反射率因子、水凝物分类沿 225.9°方位角所做垂直剖面；图 8.120b、图 8.120d 为 14 时 23 分时刻的反射率因子、水凝物分类沿 254.7°方位角所做垂直剖面。）

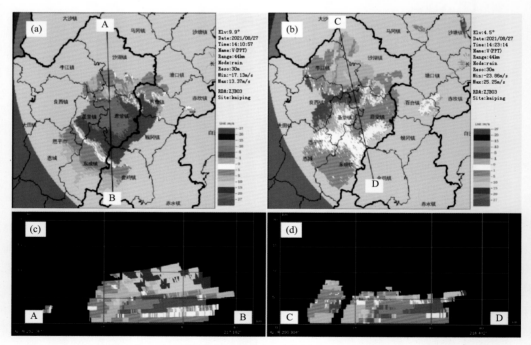

图 8.121　2021 年 8 月 27 日开平雷达径向速度、垂直剖面（(a)14 时 10 分 9.9°仰角径向速度；(b)14 时 23 分 4.5 度仰角径向速度；(c)图 8.121a 沿 AB 点连线所作垂直剖面；(d)图 8.121b 沿 CD 点连线所作垂直剖面）

中气旋强度。随着强单体继续发展,在出现降雹时刻,中气旋变得更对称,但旋转速度反而下降,此后旋转特征快速减弱。由垂直剖面图可见中气旋发展高度已下降至 2～3 km,但未降至更低。以上表明,该单体短暂(15 min)发展出典型中气旋特征并且维持,是成熟超级单体风暴表现,其中强烈旋转作用能产生抬升力,加强上升气流,使得冰雹得以进一步成长,这也是有利于冰雹落地的征兆之一。

此次冰雹天气具有生命史短、影响范围小、难以提前预报的特点。冰雹母体云团从下午 13 时 30 分前后生成,到 14 时 00 分快速发展加强,再到 14 时 23 分冰雹落地,总共只经过了 50 min。且由于是本地产生、本地加强的强对流单体风暴,仅仅在江门个别乡镇观测到地面降雹,没有上下游联动的空间,极易遗漏。此外,尽管前期潜势预报能预报出当天出现东风波动产生的降雨,但后汛期气温高、融化层高的特征也不利于当天产生地面降雹。因此想提前进行预报预警此次冰雹天气十分困难,必须利用 X 波段双偏振相控阵雷达快速识别、快速预警的优势。

综合上述分析,根据 X 波段双偏振相控阵雷达组合反射率产品,可以观测到降雹前由于空中大量雹粒存在形成的异常高反射率因子和"V"型缺口,结合低仰角的水凝物分类产品可以识别出降雹时刻的冰雹特征。但仅凭平面图进行预警仍存在不足,当识别到冰雹特征时可能已经出现冰雹落地,预警提前量不高,对于短生命史的降雹单体更是如此,因此还需要关注垂直方向的动力特征。利用反射率因子和水凝物分类的垂直扫描产品,可以在冰雹落地前识别出强盛上升运动产生的反射率因子柱状结构和悬垂结构,且上升运动可以突破 -20 ℃层。此外,中气旋特征的出现也能反映强风暴发展成熟,形成了超级单体风暴,代表上升运动强烈,由此指示冰雹落地的可能性增大。

8.3.3　2021 年 9 月 16 日惠州龙门冰雹过程

(1)天气实况

2021 年 9 月 16 日中午到傍晚,惠州出现中到强雷雨,并伴有雷暴、6～8 级短时大风和局地冰雹等强对流天气,最大降雨量出现在惠阳新圩 22.6 mm,最大阵风出现在龙门平陵 8 级(20.3 m/s),其中龙门平陵出现 1 cm 左右冰雹(图 8.122)。

图 8.122　9 月 16 日 15 时 15 分左右龙门平陵出现冰雹

（2）环流背景分析

9月16日08时,500 hPa(图8.123)华南处于副热带高压控制下,850 hPa、925 hPa和地面风场显示,广东的东部和北部受台风外围偏北气流影响,粤西及珠江口附近受海上偏东风顺转上岸后的偏西到西北气流影响;从 T-ln$P$ 上看(图略),整个广东区域 850 hPa 比湿为 12～13 g/kg,T850 为 24～26 ℃,0～3 km 垂直风切变 8.9 m/s。此外,9月以来广东能量充沛、湿球 0 ℃层高度 4.52 km、湿球－20 ℃层高度 7.99 km,这些均有利于雷暴大风和局地冰雹的发生。

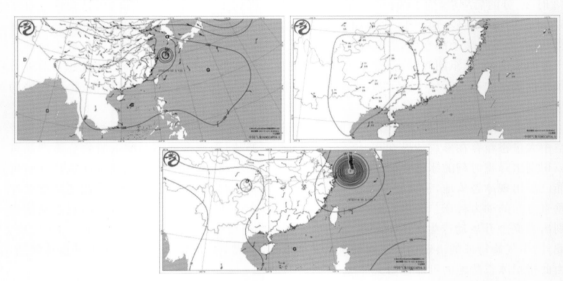

图 8.123　2021 年 9 月 16 日 08 时 500 hPa、850 hPa、925 hPa 的风场和位势高度场

（3）风暴单体演变特征

布设于龙门县气象局的 X 波段双偏振相控阵雷达在平陵附近(冰雹发生区域)的最大探测高度为 5 km 左右,而广州 CINRAD/SA 雷达最大探测高度为 15 km 左右;其次平陵位于龙门东南侧,地形为低丘盆地,从龙门雷达到平陵间有 100～300 m 的山地。所以,本节的分析选取龙门相控阵雷达 2.7°以上仰角。

从 CINRAD/SA 雷达和 X 波段双偏振相控阵雷达回波分析可知,风暴整体向偏南移动,移速较慢,与 700 hPa 弱的偏北风相对应。CINRAD/SA 雷达 CR 产品(图 8.124)显示雹暴单体的生命史为 14 时 54 分至 16 时 24 分(此时最大反射率低于 30 dBZ),雹暴单体维持生命史较长,其中 15 时 00 分雹暴单体发展到最强盛的阶段,最大反射率超过 65 dBZ。速度图上显示中层有弱气旋式速度对,高层辐散(15 时 18 分高空辐散强度最大),达不到中气旋标准,故这是一次非超级单体的冰雹过程。

与 CINRAD/SA 雷达相比,X 波段双偏振相控阵雷达的体扫时间为 90 s,能更加细致地展示风暴单体生成发展的过程。从图 8.125 可见,风暴单体 14 时 52 分在龙城东部到平陵东北部一带的多单体风暴南侧新生,14 时 57 分回波强度明显增强,最大反射率因子超过 60 dBZ,VIL 最大值从 10 kg/m² 增大至 29 kg/m²,大于 50 dBZ 的强质心在 2.5 km 以上;14 时 58 分初次出现大于 65 dBZ 的强反射率区,大于 50 dBZ 最低高度低至 1 km;15 时 01 分 CR 产品反射率因子和 VIL 值达到最大,且反射率因子超过 65 dBZ 回波区面积最大,0.9°仰角的最大反射率因子开始大于 45 dBZ,强质心的最低高度继续下降;15 时 03 分起 CR 产品反射率

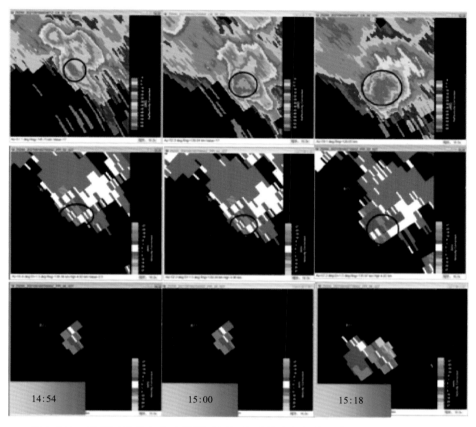

图 8.124 CINRAD/SA 雷达不同时间组合反射率和径向速度图(仰角 1.5°和 6°)

因子最大值维持在 60~65 dBZ,0.9°仰角的最大反射率因子大于 50 dBZ 甚至超过 55 dBZ 即强质心的最低高度低至 200 m(不排除更低的可能),VIL 值开始振荡式下降,其中 15 时 04 分 0.9°仰角的速度明显增大 V_{max} 为 10 m/s 左右,并伴有辐散特征,对应着地面出现大风的时间,15 时 13 分起单体结构不再紧密,VIL 值由大于 50 kg/m² 逐渐降至 40 kg/m² 以下;16 时 09 分后 CR 产品反射率因子最大值降至 50 dBZ 以下,0.9°仰角的最大反射率因子开始小于 45 dBZ。

(4)风暴单体双偏振特征及粒子相态分析

① 雹暴单体最强时次

X 波段双偏振相控阵雷达 2.7°仰角图显示(图 8.126),风暴单体区域离地面距离为接近 800 m,Z_h 最大值为 64 dBZ 左右;K_{dp} 为 1.4~2.6 °/km,表明数密度不算很大;Z_{dr} 为 3.5~4.5 dB,个别点超过 5 dB,理论上纯雨滴 Z_{dr} 小于 5 dB,大于 5 dB 一般为融化的小冰雹或强降水混合融化小冰雹,但 C_C 大于 0.98 表明区域内粒子相态一致。

小的湿冰雹双偏振特征为大的 Z_h 值、Z_{dr} 大于 5 dB(小的融化湿冰雹,外面包裹水膜,类似大雨滴)、C_C 小值,上述数据与理论不完全一致,由于数据并未经过质控,选择 X 波段双偏振相控阵雷达高仰角和 CINRAD/SA 雷达数据进行进一步分析。为了比较不同波段雷达双偏振参量,保障高度一致,选择 9.9°仰角的龙门雷达资料和 0.5°仰角的广州 CINRAD/SA 雷达资料,对应高度 2.2 km。

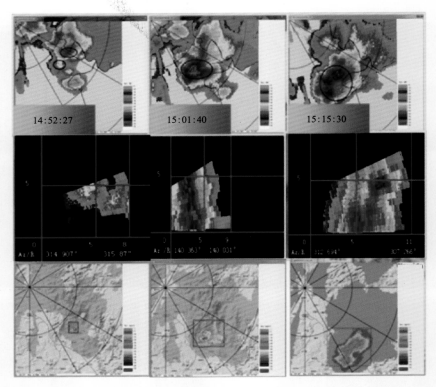

图 8.125　龙门 X 波段相控阵双偏振雷达不同时间组合反射率、垂直剖面和 VIL

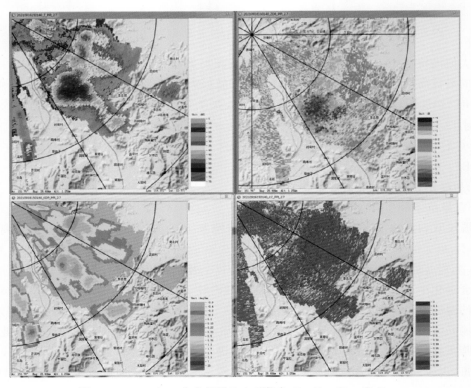

图 8.126　15 时 01 分龙门雷达 2.7°仰角 Z_h、Z_{dr}、K_{dp} 和 C_C

X 波段双偏振相控阵雷达 9.9°仰角资料(图 8.127)显示,Z_h 大于 65 dBZ,K_{dp} 为 1.4～2.6 °/km;Z_{dr} 为 3.5～4.5 dB,个别点大于 5 dB,风暴单体远离雷达一侧 Z_{dr} 图上出现了差分衰减 D_A、C_C 图上出现了非均匀波束充塞 N_{BF},D_A 和 N_{BF} 的出现对于判断冰雹产生影响,无法确定老祖塘附近以及靠近老祖塘附近的 C_C 是由于非均匀波束充塞导致的小值还是由于冰雹导致的小值,但洪屋附近有 C_C 为 0.92,范围很小,无法判断是否可用,进一步结合 CIN-RAD/SA 雷达判断。

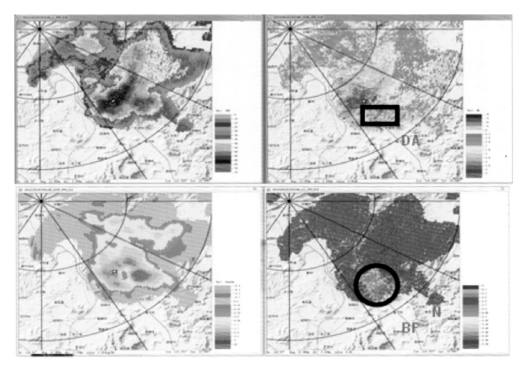

图 8.127 15 时 01 分龙门雷达 9.9°仰角 Z_h、Z_{dr}、K_{dp} 和 C_C

CINRAD/SA 雷达 0.5°仰角资料(图 8.128)显示,Z 为 50～57 dBZ,Z_{dr} 为 3.5～4.8 dB,局部超过 5 dB,C_C 为 0.92～0.96,K_{dp} 为 1.3～2 °/km,综合判断为 2.2 km 为混合相态,降水加小的湿冰雹。

② 降雹时次

图 8.129 中鼠标处 Z_h 为 57 dBZ,Z_{dr} 为 2～3.5 dB,K_{dp} 大于 5 °/km,C_C 为 0.85～0.92;广州 CINRAD/SA 雷达(图 8.130)Z 为 55～59 dBZ,Z_{dr} 为 2.5～3.5 dB,K_{dp} 为 2.5 °/km左右,C_C 为 0.92～0.97。综合结论为:混合相态,雨滴加融化的小冰雹。

(5)结论

① 此次雹暴过程发生在低层弱切变、弱的 0～6 km 垂直风切变和午后较好的热力条件下,0 ℃层高度 4.5 km 左右。

② X 波段双偏振相控阵雷达可以获取高时空分辨率的观测资料,可以更准确详细描述单体的演变。但 X 波段双偏振相控阵雷达衰减严重,强回波后侧易出现 Z_{dr} 上的差分衰减和 C_C 上的非均匀波束充塞,使得数据不可用,导致错判或漏判。X 波段双偏振相控阵雷达的探测高度严重不足,无法观测到单体的整体形态,所以在使用时应配合 CINRAD 雷达一起使用。

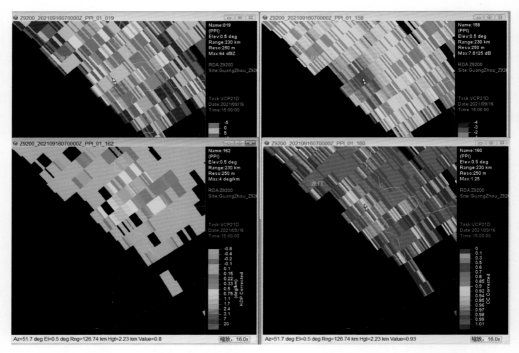

图 8.128　15 时 00 分广州 CINRAD/SA 雷达 0.5°仰角 Z_h、Z_{dr}、K_{dp} 和 C_C

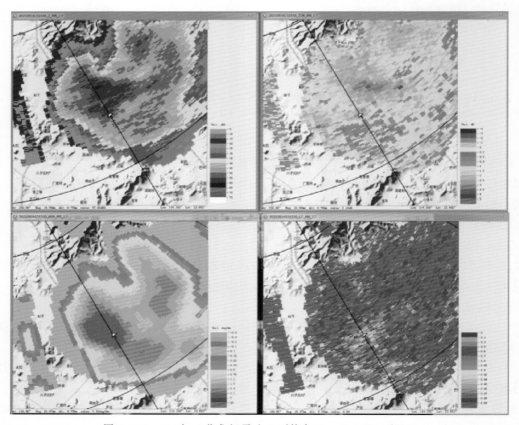

图 8.129　15 时 15 分龙门雷达 2.7°仰角 Z_h、Z_{dr}、K_{dp} 和 C_C

③ 由于 X 波段双偏振相控阵雷达的最低探测高度较低,故地形的影响非常大,在使用雷达产品前要了解对流风暴所在位置周围地形,考虑到地形阻挡的作用。

④ C_C 对于冰雹的判断至关重要,C_C 图上个别像素点的小值,不可信,但有时多个小值像素点连一起无法确定其是否为真实值,需要不同波段雷达和不同仰角综合分析。

⑤ 小的湿冰雹双偏振特征包括高 Z_h、高 Z_{dr} 和低 C_C,另外 VIL 的跃增对冰雹的预警也有一定指示意义。

⑥ 关注低仰角速度值的跃增,与地面大风预警的关系密切。

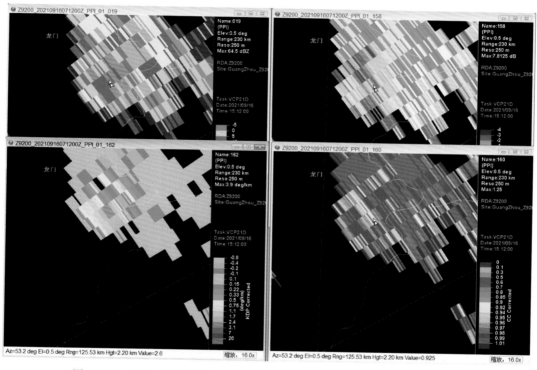

图 8.130　15 时 12 分广州 CINRAD/SA 雷达 0.9°仰角 Z_h、Z_{dr}、K_{dp} 和 C_C

8.4　龙卷

8.4.1　2018 年 9 月 17 日台风"山竹"龙卷

2018 年 9 月 17 日,台风"山竹"登陆广东后进入广西境内,其外围雨带引发的龙卷分别袭击了佛山、肇庆等地,其中 09 时 30 分至 09 时 50 分的龙卷发生在佛山三水(图 8.131),持续时间约 23 min,从灾后调查及资料分析,综合判断这次龙卷强度为 EF2 级,沿途造成多处树木倒伏、折断、连根拔起和房顶、铁皮被掀翻。

(1)环流形势与环境条件

台风"山竹"(1822 号)于 2018 年 9 月 16 日 17 时在江门台山登陆后,向西北偏西方向移动,而三水龙卷在台风登陆 16 h 后出现,此时山竹中心已移入广西境内(09 时位置 108.6°E,22.9°N),强度处于减弱阶段,但仍维持热带风暴量级,中心风速为 20 m/s,龙卷发生在台风的

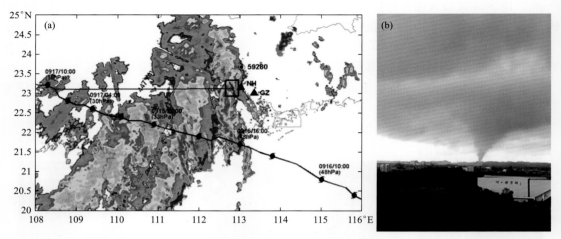

图 8.131 2018 年 9 月 17 日台风"山竹"路径及 09 时 30 分广东雷达网组合反射率(a)和龙卷实况图(b)
(南海相控阵雷达和广州多普勒天气雷达以黑色三角标注,清远 L 波段秒级探空站为
黑色空心点圆圈;黑色矩形框内蓝色点线为雷达识别中气旋位置;红色台风图形为
09 时台风位置,与 09 时 42 分中气旋位置连线距离为 447 km)

东北象限,也是其前进方向的右前侧,龙卷发生地与台风中心相距约为 447 km。9 月 17 日 08 时 500 hPa 西太平洋副热带高压(以下简称副高)脊线位于 25°N 附近,主体位置偏东, 590 dagpm 线控制粤东以东地区,副高西南缘与台风"山竹"(1822 号)外围东北侧之间的强劲东南气流在广东中北部一带汇合,中低层急流轴的位置非常接近,且 850 hPa 偏南急流(最大风速超过 20 m/s)将海洋上的暖湿空气源源不断地输送到广东沿海一带,并与副热带高压西侧的东南气流在珠江三角洲地区形成辐合区域。此时,整个广东南部沿海地区的可降水量较大,最大值超过 65 mm,为暴雨的形成提供了充足的水汽条件(图 8.132)。

而从临近的清远加密探空数据可以看到(图 8.133a),龙卷发生前已经产生降水,对流有效位能为 678 J/kg,属于中等偏小的对流有效位能,探空曲线的形态上表现为整层的高相对湿度,基本处于饱和状态,对流有效位能呈现竖直的狭长带。低层相对湿度和露点都较大,抬升凝结高度(129 m)和自由对流高度(1.8 km)都很低,对应龙卷发生时对流抑制很弱,深厚湿对流容易被触发。

这次龙卷过程也是发生在风随高度强烈顺转的垂直切变环境下(图 8.133b)。可以看到, 0~6 km 风矢量差为 22.56 m/s,对应的垂直风切变值为 3.76×10^{-3}/s,强高层风切变有利于超级单体风暴的形成;0~1 km 风矢量差为 20.94 m/s,对应的垂直风切变值为 2.09×10^{-2}/s,强的低层风切变则有利于龙卷产生。

风暴相对螺旋度是衡量风暴旋转潜势的重要指标,Davies-Jones(1984)将风暴相对螺旋度等于 150 m^2/s^2 界定为产生超级单体风暴的最低值,而当风暴相对螺旋度大于 150 m^2/s^2 时, 也可作为预报有龙卷、冰雹大风、强降水等天气的参考指标之一。此过程中环境风暴相对螺旋度较大,超过参考阈值,对超级单体风暴的产生非常有利。

(2)雷达特征分析

在广州 CINRAD/SA 雷达基本反射率因子图上(图略),2018 年 9 月 17 日上午珠江三角洲地区主要受台风"山竹"外围螺旋雨带影响。17 日 07 时以后,螺旋雨带回波强度逐渐加强, 雨带上不断有加强的强单体风暴加强北移,产生龙卷的超级单体风暴移动方向基本与龙卷的

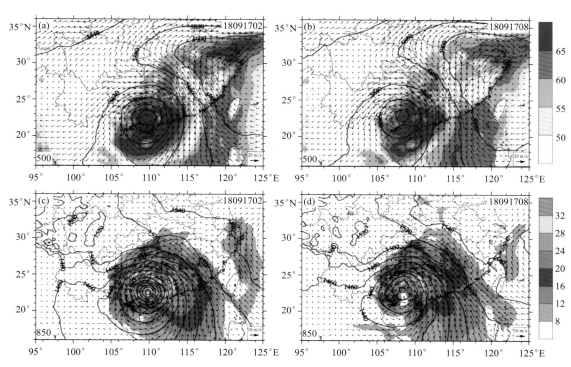

图 8.132　2018 年 9 月 17 日 02 时和 08 时 850 hPa 和 500 hPa 高度场和风场以及涡度、风速场
((a)02 时 500 hPa；(b)08 时 500 hPa；(c)02 时 850 hPa；(d)08 时 850 hPa。实线为
位势高度等值线，高度间隔 10 m；箭头矢量指示风场；(a)(b)填色代表整层大气
可降水量，单位为 10 mm，(c)(d)中填色代表风速，单位为 m/s)

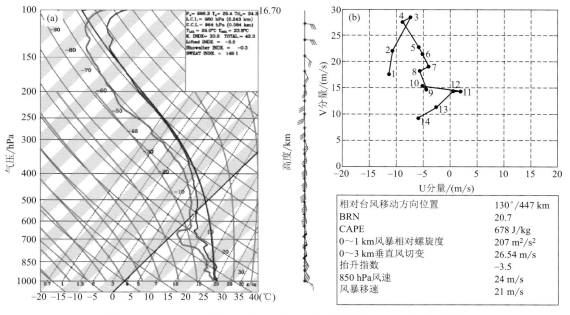

图 8.133　2018 年 9 月 17 日 08 时(a)加密探空图和(b)垂直风矢量图

移动路径一致。17日07时42分产生三水龙卷的对流风暴还在中山市境内,最强反射率因子超过50 dBZ,而后逐渐向西北方向移动,经过一系列的合并加强后09时进入佛山境内后快速发展。

图8.134描绘了龙卷超级单体风暴的主要发展过程:09时00分至09时18分风暴主体范围开始收缩,强度也随之进一步加强,尤其在12分至18分之间,有明显的合并加强的过程(图8.134a-b),弱中气旋也出现了,超级单体风暴的主体形态已经形成;09时24分至09时30分对流风暴的钩状结构逐渐形成,风场旋转特征和强度越发明显(图8.134c—d),在径向速度图上最低层仰角也出现速度模糊,旋转速度明显加强;09时36分至09时48分风暴达到最强,钩状回波特征最为显著(图8.134e—f),钩状回波顶端为反射率因子最前区域,最强反射率达到55~60 dBZ,中气旋强度也达到了峰值阶段,旋转强度达到最强,该时段前后也是龙卷特征最为显著的阶段,龙卷位置在钩状回波顶端的强回波(09时36分)或钩状回波顶端附近的弱回波区处(09时42分),位于中气旋中心。该微型超级单体风暴主要在09时30分至09时50分自南向北影响南海区、山水区,直到11时以后在三水区境内减弱为普通的对流风暴。

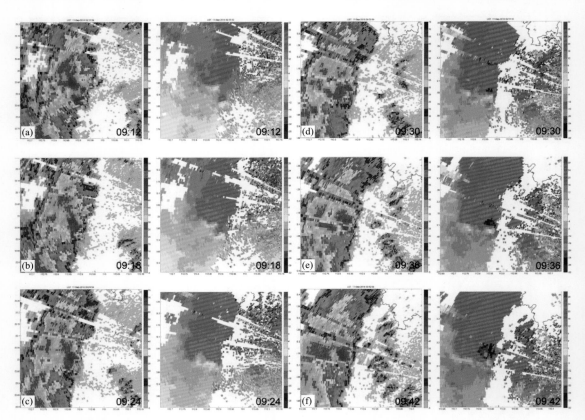

图8.134 广州 CINRAD/SA 雷达 1.5°仰角上 09时12分至 09时42分每 6 min
一次的反射率和径向速度演变

虽然 CINRAD/SA 雷达上可以看到风暴主体发展的大致过程,但受分辨率和遮挡问题的影响,无法清晰地描绘对流系统内部结构的具体变化,尤其是龙卷发生位置附近的对流涡旋特征(TVS),而 X 波段双偏振相控阵雷达凭借其高精度的观测,在密集监测方面体现了显著优势。

广州 X 波段双偏振相控阵雷达所观测的 09时29—48分之间的最低仰角反射率因子(图8.135)重现了超级单体风暴的生成发展演变过程,尤其是对钩状回波的形成和发展过程实现了超精细的描绘:09 时 20—26 分之间,单体风暴位于雨带的尾端,是一个相对独立发展的对流系统,此时弱中气旋已形成,此阶段正负速度对的强度变化不大,速度切变距离进一步收缩(图略);09 时 29—33 分之间,单体风暴的右后方开始出现入流,钩状回波形态逐渐形成(图 8.135a、b),速度切变加强,达到中等强度中气旋;09 时 35—37 分回波强度加强超过 60 dBZ,入流缺口进一步扩大,钩状回波结构已经形成(图 8.135c、d);09 时 42—48 分为龙卷的主要影响阶段,对流系统的水平风切变显著增加,达到强中气旋等级,回波强度进一步加强,09 时 42 分最低仰角(0.9°)上最强回波超过 65 dBZ(图 8.135f—h),此时垂直方向上存在回波悬垂(图略),在形态上,原先的钩状特征进一步发展,在前侧下沉气流和后侧下沉气流的交汇处强烈辐合,逐渐形成弱回波眼区,对应径向速度图上清晰的龙卷涡旋特征,很有可能就是龙卷涡旋结构的中心区域,此环状结构在 09 时 42—48 分之间一直保持着,这种显著的龙卷结构精细特征

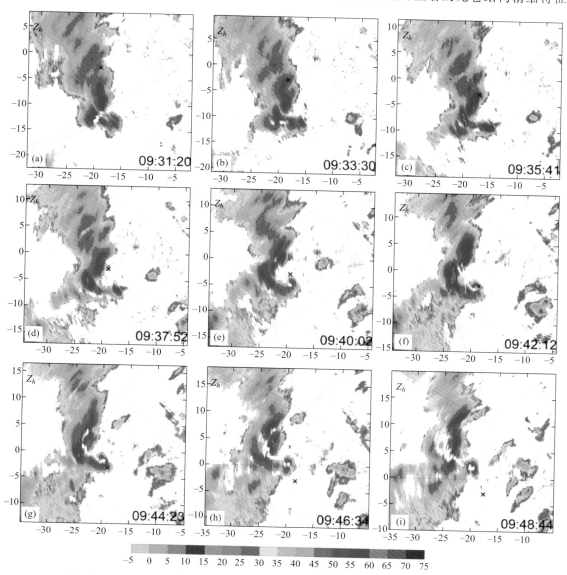

图 8.135　2018 年 9 月 17 日 09 时 31—48 分广州相控阵雷达 0.9°仰角反射率因子(dBZ)观测(龙卷(EF2 等级)发生位置用黑色 x 形表示)

在 CINRAD/SA 雷达上几乎没有任何体现;钩状特征一直维持到了 09 时 48 分才略微减弱。

进一步地,追踪龙卷微型超级单体风暴迅速加强的阶段特征(图 8.136):09 时 40 分钩状回波特征显著,0.9°仰角上后侧下沉气流区边界入流明显加强,2.7°以上仰角出现速度模糊,

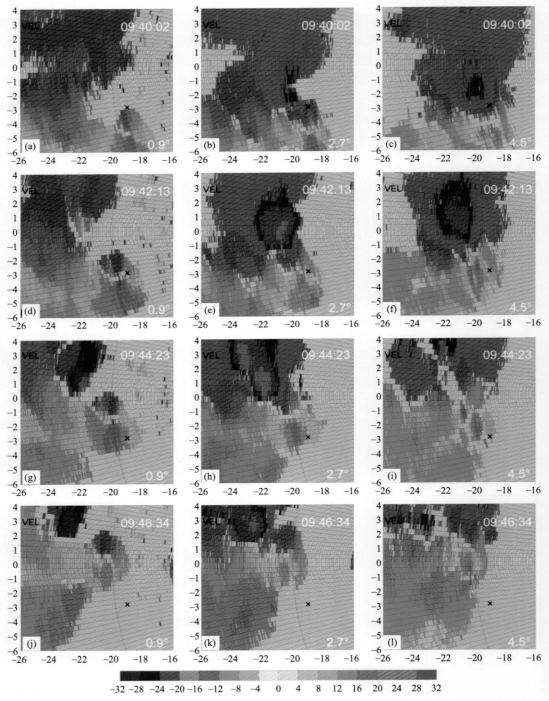

图 8.136　2018 年 9 月 17 日 09 时 40—46 分广州相控阵雷达 0.9°、2.7°与 4.5°
仰角径向速度(单位：m/s)(龙卷(EF2 等级)发生位置用黑色 x 形表示)

退模糊后最大旋转速度出现在 4.5°仰角上,为 20.6 m/s,距离雷达在 10～20 km,已达到强中气旋标准,伴随龙卷涡旋特征 TVS 特征,弱回波眼区初现雏形;09 时 42 分,强风速区开始下沉,最强风速区出现在 2.7°仰角上,同时最低 0.9°仰角钩状回波区域进一步收缩成环状特征,中心旋转区域呈现清晰的龙卷弱回波眼区特征,旋转速度达到 21 m/s;而到了 09 时 44 分,环状回波形态和中心眼区最为清晰,此时最低层仰角正速度区出现了明显的速度模糊,超过 33 m/s,后侧强入流区的厚度达到最强。可见中气旋在 09 时 40 分至 09 时 44 分为最强阶段,到了 46 分才开始略有减弱,而此阶段的 TVS 特征也最为清晰。

　　通过跟踪 09 时至 10 时的转动速度-高度和旋转半径-高度的演变(图 8.137),可以较清晰地看到旋转单体的发展加强特征。在此过程中,前期有两个弱中气旋合并加强的过程,因此 09 时初始观测到中气旋是在低层 1 km 以下,旋转速度达到 12.5 m/s,在 09 时 00 分至 09 时 13 分之间,两个弱中气旋合并形成加强成新的中气旋,在 09 时 18 分时中气旋强度显著增加 (2.0～2.5 km 高度),随后半小时内中气旋厚度逐渐增大,垂直伸展最高超过了最高仰角 (9.9°),强度也在不断增强:在 09 时 18 分至 09 时 33 分之间,最强中气旋高度从 4 km 逐渐下降到 1 km 以下,0.9°仰角上的最强旋转速度达到 21 m/s。与中气旋强度增加趋势一致,旋转半径也在不断减小:09 时 33 分第二层仰角(2.7°)中旋转半径从 5 km 收缩至 2.5 km 以内,09 时 35 分至 09 时 40 分之间旋转半径保持在 2.5 km 以内,而后在 09 时 42 分至 09 时 50 分之间旋转半径进一步缩小至 1.5 km 以内,最小半径出现在 09 时 48 分,仅 0.944 km,该阶段对应龙卷强度从 EF1 加强到 EF2 的发展过程。在旋转半径进一步收缩到 2 km 以内的过程中,旋转速度却自 09 时 42 分后不再有明显地加强,这很可能是中气旋转为龙卷涡旋的一个重要标志,结合图 8.137 的速度图我们也清晰地看到了龙卷旋转对在该阶段的特征演变,与该阶段垂直方向的旋转结构特征变化有很好地对应。而在 09 时 53 分以后高仰角都无法观测到较明显的旋转特征,低层的中气旋强度逐渐减弱。

　　龙卷涡旋特征(TVS),定义为近乎一个波束宽度距离(<2 km)相邻方位角正负速度的大值,在雷达径向图上表现为像素到像素的大于 20 m/s 的风切变。首次满足龙卷涡旋特征的速度出现在 09 时 37 分的 2.7°仰角上,在接下来的 6 个体扫直至 09 时 50 分低层都有明显的龙卷涡旋特征,且在 09 时 40 分至 09 时 46 分这 6 min 之间,TVS 在不断加强加深,并且距离地面越来越近,最低仰角的最强旋转速度出现在 09 时 42 分,最大速度差达到 42 m/s,同时旋转半径也收缩到 1 km 左右,从旋转速度半径比随时间演变的情况来看(图 8.137c),最大值就出现在该时刻,随后的五个体扫虽然其旋转速度略有减弱,但低层的旋转特征也非常明显,这个阶段与龙卷目击时间也非常接近,与事后灾调的龙卷 EF2 阶段有较好对应。09 时 48 分以后旋转半径进一步拉大,TVS 特征明显减弱,直到无法清晰地识别出来。

　　综上所述,将 X 波段双偏振相控阵雷达的观测与龙卷灾调结果对照发现:强中气旋的高度不断下降、龙卷涡旋特征的出现是龙卷触地的主要特征,而龙卷涡旋特征加深加强和旋转半径的收缩则是龙卷强度增加的重要标志,这是 X 波段相控阵雷达观测中的重要发现。

　　广州 X 波段双偏振相控阵雷达利用其高时空分辨率的观测,不仅很好地反映了超级单体的发展过程,还进一步提供了较为清晰的龙卷涡旋演变特征:单体风暴尾端在右后方的入流加强作用下,逐渐形成钩状回波形态,此时对流中低层 2～3 km 附近的中气旋强度率先达到最大,而后随着旋转强度的进一步加强和旋转中心高度的逐步下降,低层的强旋转特征越来越明显,当低层旋转速度达到峰值(超过 21 m/s),旋转直径收缩到 1 km 左右,地面对应就出现了 EF2 级以上龙卷,旋转速度对区域出现清晰的弱回波龙卷眼区特征。X 波段双偏振相控阵雷

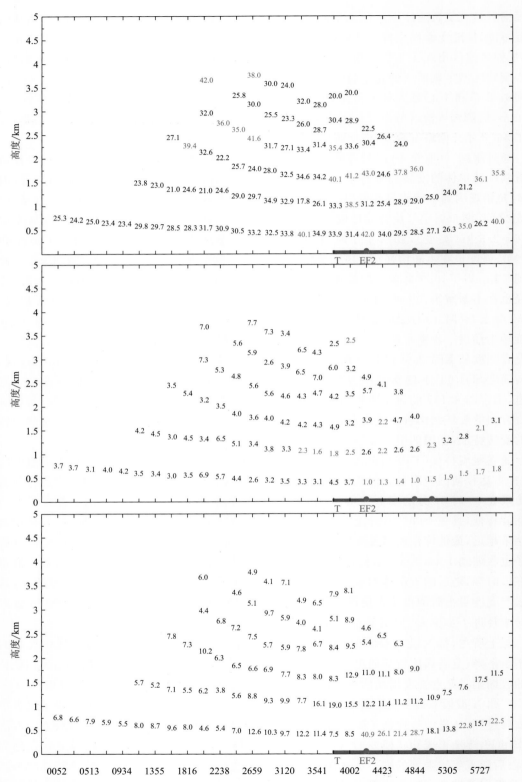

图 8.137 (a)转动速度(m/s)、(b)旋转半径(km)和(c)转动速度/旋转半径((m/s)·km^{-1})的
垂直廓线随时间演变图;灾调龙卷结果用红线显示(EF2等级用蓝点标示)

达表现出龙卷观测的显著优势,给出了 CINRAD/SA 雷达不能提供的新的事实。这些初步结果为进一步开展龙卷机理认知提供了重要基础。

8.4.2　2020 年 6 月 1 日南沙水龙卷

2020 年 6 月 1 日中午前后,受强雷雨云团影响,珠江口出现水龙卷(图 8.138)。根据相关报告综合显示,水龙卷持续时间较短,生命史约为 12 时 51 分至 12 时 57 分,发生在珠江口水域,主要为水上路径,可以较清晰地看到漏斗云的特征。

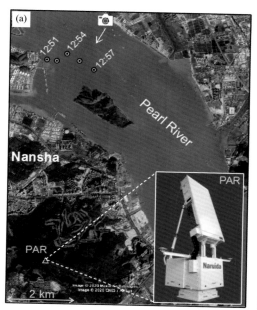

图 8.138　2020 年 6 月 1 日 12 时 51 分至 12 时 57 分龙卷路径(TVS 识别,黄色空心点)
与南沙相控阵雷达的相对位置示意图

(1)环流形势与环境条件

水龙卷发生在较有利的环流背景下:对流系统位于 500 hPa 高空槽前,正涡度平流为风暴的发展提供了一定的动力抬升条件,500 hPa 西太平洋副热带高压(以下简称副高)脊线位于 20°N 附近(图 8.139a、b),主体位置偏东,590 dagpm 线控制粤东以东地区,副高西南缘与西南部低压区之间形成较强劲西南气流在两广交界处汇合,850 hPa 偏南急流(最大风速超过 16 m/s)将海洋上的暖湿空气输送到广东沿海一带,整个广东南部沿海地区的可降水量最大值超过 60 mm,为对流风暴的形成提供了充足的水汽条件。

而从邻近的清远加密探空资料显示,对流有效位能非常充足,超过 5000 J/kg,探空曲线的形态上表现为整层的高相对湿度,基本处于饱和状态,对流有效位能呈现竖直的狭长带。抬升凝结高度(650 m)和自由对流高度(<200 m)都很低,抑制很弱,深厚湿对流容易被触发。

这次龙卷过程也是发生在较强的垂直风切变环境下(图 8.140)。由水平风速随高度的变化值可以计算得出,0~6 km 风矢量差为 16 m/s,较强高层风切变有利于超级单体风暴的形成;0~1 km 风矢量差为 10 m/s,较强的低层风切变则有利于龙卷产生。

(2)雷达观测特征

水龙卷是在一个较弱的超级单体中引发的,龙卷触地之前,在 2 km 的范围内能较清晰地

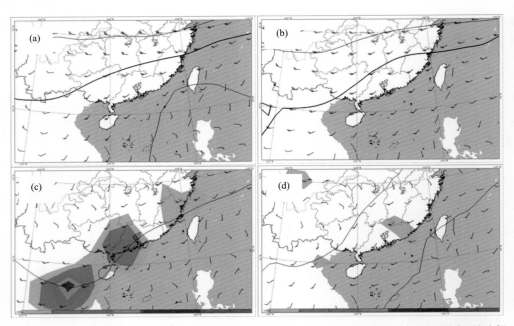

图 8.139　2020 年 6 月 1 日 08 时和 20 时 850 hPa 和 500 hPa 高度场、矢量风场以及涡度、风速场
（(a)08 时 500 hPa；(b)20 时 500 hPa；(c)08 时 850 hPa；(d)20 时 850 hPa。实线为位势
高度等值线，高度间隔 10m；风向杆指示风场；(c)(d)中填色代表风速，单位为 m/s）

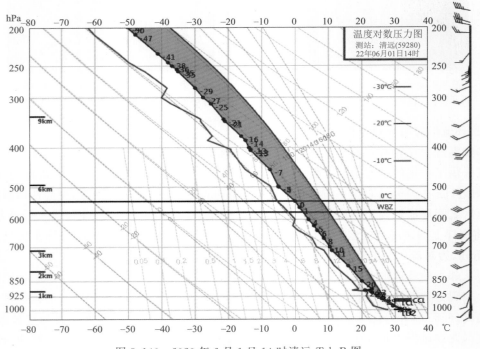

图 8.140　2020 年 6 月 1 日 14 时清远 $T\text{-}\ln P$ 图

观察到清晰的钩状回波信号（龙卷常常发生在附近），随后龙卷出现在低层钩状回波顶端的弱
回波区内。由于采样分辨率相对较粗，CINRAD/SA 雷达很难观察到超级单体的精细结构和
快速演化。比如，X 波段双偏振相控阵雷达清晰地抓住了距地面 2.3 km 以下的弱回波区，而

CINRAD/SA 雷达似乎完全没有捕捉到这类信号，即使在最低的仰角观测区域（图 8.141c、d），仍表现为单体强回波区域。

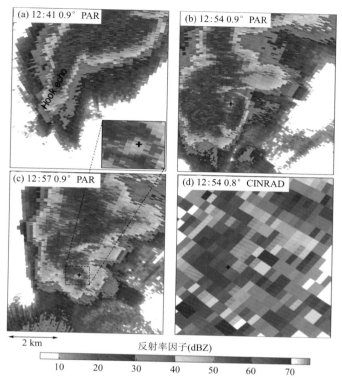

图 8.141　（a）—（c）X 波段双偏振相控阵雷达不同时刻观测 0.9°仰角基本反射率因子，
（d）为 CINRAD/SA 雷达在 0.5°仰角基本反射率因子

　　而基于超高时空分辨率，相控阵雷达能够捕捉到龙卷涡旋特征（TVS），径向速度图 8.142 上显示出龙卷或者是初生类龙卷状环流的多普勒速度场特征。在距离地面 420 m 以上的环流中出现 11 m/s 的旋转速度切变，该旋转特征的尺寸大约为直径 500 m。尽管 CINRAD/SA 雷达也观测到了 TVS 特征，但具体的结构较为模糊。显然，CINRAD/SA 雷达的采样分辨率不足以描述此次龙卷及其相关超级单体的精细结构和风暴尺度过程，而相控阵雷达凭借高时空分辨率，则体现出了明显的优势。

　　除了超高分辨率外，X 波段双偏振相控阵雷达观测的偏振变量也有助于监测龙卷。例如，异常低的相关系数（C_C）和差分反射率（Z_{dr}）正好位于龙卷位置（图 8.143c—g）。这种极化特性通常与龙卷旋转卷起的碎屑有关，这些龙卷碎屑通常具有随机指向和不规则形状，因此导致 C_C 较低的特征。该变量通常能够有效地用于验证龙卷，尤其是在没有目击观察到龙卷的情况下，从而有助于后续的龙卷警报。

　　相控阵雷达的最低层仰角能观测到龙卷碎片特征（Tornadic Debris Signature，TDS）与龙卷涡旋特征 TVS 相伴随，而 CINRAD/SA 雷达却观察不到。由于目前的龙卷位于水面上方，因此倾向于携带少量碎片，而低 C_C 特征可能主要是由于龙卷环流区强烈切变引起的水滴大小、方向和形状的多样性造成的。如图所示，龙卷区域差分反射率 Z_{dr} 接近 0 dB，表明该区域存在随机定向散射。此外，还可能存在非气象散射体，如昆虫或周围地表较轻的碎屑。先前的研究表明，龙卷碎片特征 TDS 在增强 Fujita 尺度（EF 尺度）上等级为 1 到 4 级以上的龙卷中

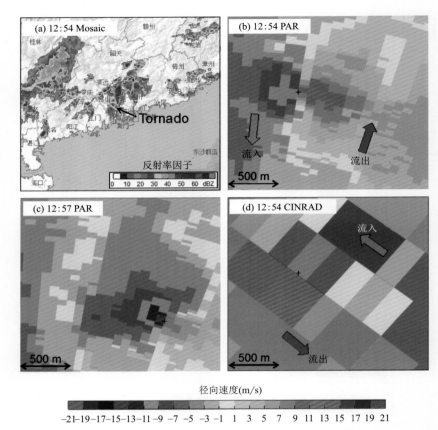

图 8.142　(a)华南地区雷达组网组合反射率因子;(b)和(c)X 波段双偏振相控阵
雷达不同时刻 0.9°仰角径向速度风场;(d)和(c)时刻接近为 CINRAD/SA
雷达在 0.5°仰角径向速度

可见,并可能在龙卷消失后 5～10 min 内消散。粤港澳大湾区密集部署 X 波段双偏振相控阵雷达,龙卷碎片特征 TDS 往往在相对较近的范围内以较高的概率被检测到,有助于潜在地延长龙卷预警提前期。

本次水龙卷在珠江口的水面上形成,持续时间约 7 min。与中纬度的强烈龙卷相比,低层龙卷涡旋相对较弱,直径较小。尽管龙卷环流很小且寿命很短,但由于超高的时空分辨率,双偏振相控阵雷达仍然能够有效地检测到它,也表明了相关系数的偏振特征对于龙卷的监测和验证是非常有效的。综上所述,X 波段双偏振相控阵雷达高分辨率的数据和高精度的偏振变量探测可以帮助我们更好地了解破坏性龙卷及其母风暴的内部物理过程和微物理信息。

8.4.3　2022 年 6 月 16 日从化龙卷

受强雷雨云团影响,6 月 16 日 19 时 22 分至 27 分,广州市从化区太平镇出现了少见的龙卷天气现象,为从化区历年记录到的第 4 宗龙卷天气(1987、1993、2005 年)。

根据灾情调查并结合气象观测资料初步分析认为,此龙卷于 2022 年 6 月 16 日 19 时 22 分触地,途经太平中学东侧、地铁十四号线、省道 S118 太平圩段、太平镇沿江西路、太平村李庄生产队、黄庄生产队、太平三小,19 时 27 分减弱消失(图 8.144)。

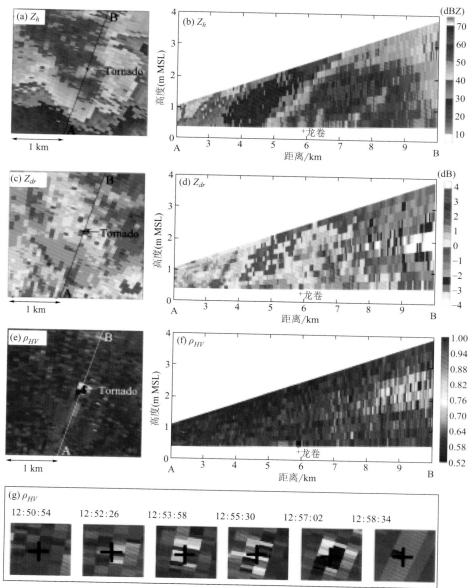

图 8.143　2020 年 6 月 1 日 12 时 57 分相控阵雷达 0.9°仰角观测

((a)反射率因子(Z_h，单位 dBZ)，(c)差分反射率(Z_{dr}，单位 dB)，(e)相关系数(C_C)；对应的 A-B 连线垂直剖面为(b)Z_h，(d)Z_{dr} 和(e)C_C。雷达所在位置以黑色叉号表示，(g)为龙卷环流附近的相关系数连续时刻观测)

　　龙卷在从化区太平镇经过的时间约为 5 min，路径长度约为 1.5 km，初步认定此次龙卷破坏程度相当于 EF2 级(约为 50 m/s)。

　　(1)环流形势与环境条件

　　天气形势如图 8.145 所示。500 hPa 中高纬为"两槽一脊"，是典型的华南暴雨环流场。华南地区不断有高空波动东移影响广州，850 hPa 西南急流强盛，暖舌位于粤西，切变线位于粤北，广州处于切变线南侧的风速辐合区，500 hPa 和 850 hPa 温差为 23 ℃，850 hPa 比湿为16 g/kg。925 hPa 有边界层急流辐合，地面有辐合线，地面温度为 26 ℃左右。

图 8.144 2022 年 6 月 16 日从化龙卷灾调路径

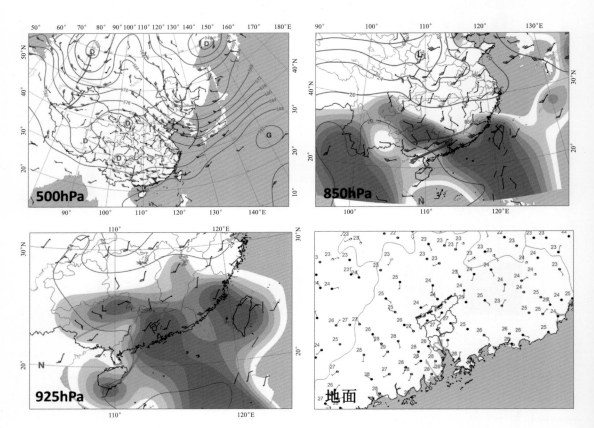

图 8.145 2022 年 6 月 16 日 20 时 500 hPa、850 hPa、925 hPa 和地面天气形势

图 8.146 为临近时刻清远 T-ln$P$ 图,湿层深厚,500 hPa 以下相对湿度大于 80%,LCL 在 1 km 以下,订正后 CAPE 在 480 J/kg 左右,K 指数 39.1 ℃,0～6 km 风矢量差 10 m/s 左右, 0～3 km 垂直风矢量差在 12 m/s 左右,0～1 km 垂直风矢量差在 10 m/s 左右。风暴相对螺旋度 1.8。

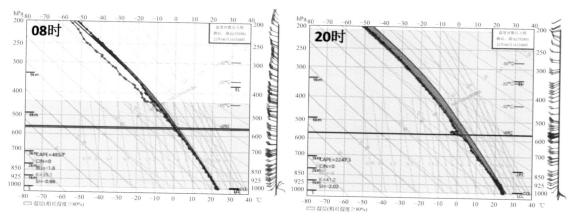

图 8.146 2022 年 6 月 16 日 08 时、20 时清远 $T\text{-}\ln P$ 图

（2）雷达观测特征

龙卷发生区域监测雷达包括广州 CINRAD/SA 雷达和 3 部 X 波段双偏振相控阵雷达（从化、花都、帽峰山），CINRAD/SA 雷达目前有 VCP11、VCP21、VCP31 等多种扫描模式，龙卷发生时采用的是 VCP21 模式。3 部 X 波段双偏振相控阵雷达扫描模式为：花都、帽峰山垂直层数为 16（仰角范围 0.9-27.9°，步进 1.8°），从化垂直层数是 68（仰角范围 0.9°～61.2°，步进 0.9°）。

广州 CINRAD/SA 雷达于 19 时 00 分至 19 时 30 分时段内监测到造成本次龙卷过程的超级单体风暴（图 8.147），该超级单体风暴具有钩状回波和中气旋特征，风暴移动方向为偏东方向。当日，珠三角及粤北区域有多个相似单体形成，仅此单体旋转结构稳定持续发展最终形成龙卷。

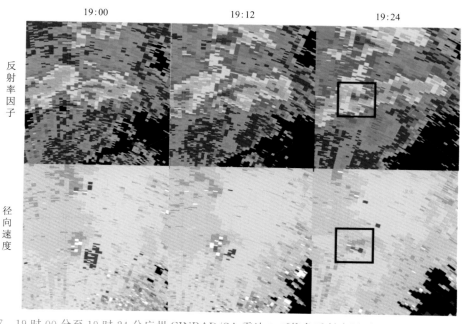

图 8.147 19 时 00 分至 19 时 24 分广州 CINRAD/SA 雷达 0.5°仰角反射率因子(Z)和径向速度(V)产品
（黑色方框为相控阵雷达相近时次分析范围）

在 19 时 24 分和 19 时 30 分两个时次,0.5°仰角径向速度场可监测到较强的速度切变,该切变位于雷达站南偏东 15°方向约 50 km 位置,距地面高度约为 930 m(雷达高度 179 m),速度退模糊处理后,速度对所对应的径向速度分别为 -2.5 m/s 和 33 m/s,速度切变 35.5 m/s,旋转速度 18 m/s,切变值为中等强度涡旋,且为相邻距离库切变,接近龙卷涡旋特征(TVS)标准。对应偏振量相关系数(C_C)为低值区域,可能与龙卷碎片特征(TDS)有所对应,但周围邻近区域(约三个距离库)也存在相关系数低值区,在实际业务中为龙卷单体是否触地带来判断困扰。19 时 36 分,TVS 和中气旋特征迅速消失。在 CINRAD/SA 雷达上,可观测龙卷风暴特征时间较短。

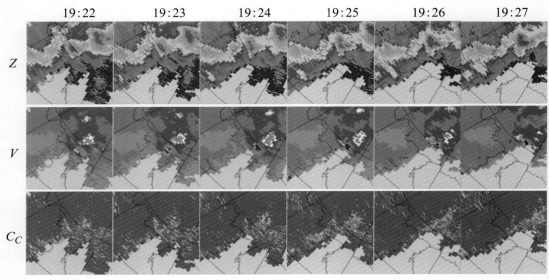

图 8.148　广州从化 X 波段双偏振相控阵雷达 19 时 22 分至 19 时 27 分在 0.9°仰角
反射率因子(Z)、径向速度(V)和相关系数(C_C)

其余几部 X 波段双偏振相控阵雷达观测距离相近,以从化雷达作为代表的主要分析依据(图 8.148)。灾情调查报告显示,19 时 22 分至 19 时 27 分为龙卷发生时段,在此期间相控阵雷达提供 1 min 一次的扫描结果,在此阶段能看到速度对特征,最大正速度为 17.5 m/s,最大负速度为 17.5 m/s,正负速度切变为 35 m/s,旋转切变直径小于 400 m,对应高度约 500 m。但从速度场结构上看,由于远距离观测波束展宽与数据反卷积处理导致旋转特性被部分遮挡,无法很好判断旋转中心位置。

相关系数与速度对对应区域为低值区域,最低值小于 0.5,可能与龙卷卷入杂物导致相关系数降低形成的龙卷碎片特征 TDS 相关,是表征龙卷的触地发生的重要指标,龙卷涡旋本体对应的差分反射率因子 Z_{dr} 也较小(图 8.149)。但实际业务应用于预警时,由于大片的低相关系数区和风暴边缘的低差分反射率因子 Z_{dr} 为预报员判断龙卷是否触地带来困扰。

由于龙卷涡旋一般直径较小不容易发现,龙卷涡旋特征(TVS)和结合偏振量的龙卷识别产品(TDA)分别作为 CINRAD/SA 雷达与 X 波段双偏振相控阵雷达的龙卷识别客观产品,是预报员实际业务预警发布的重要参考。在此次过程中能够捕捉到部分时刻的龙卷信号,但也存在虚警率过高的问题。

16 日白天广州 CINRAD/SA 雷达分别前后共 10 次于佛山、肇庆等地出现龙卷(TVS)警

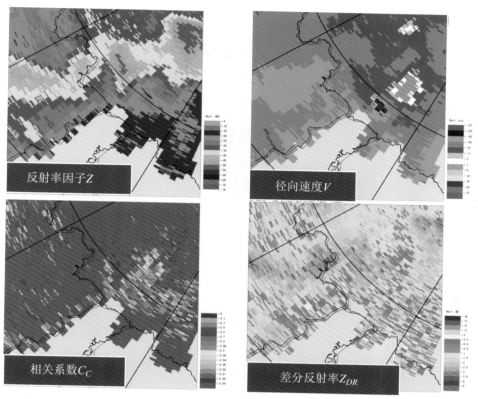

图 8.149　广州从化 X 波段双偏振相控阵雷达 19 时 24 分在 0.9°仰角反射率因子(Z)、径向速度(V)、相关系数(C_c)和差分反射率(Z_{dr})

报,但仅在从化实际报告龙卷,虚警率达到 90%,其余地区仅出现 5～6 级瞬时阵风,可作为雷暴大风的参考,但作为龙卷预警的发布支撑虚警率存在偏高的问题,需要预报员二次判定。而结合偏振量的相控阵雷达龙卷识别产品 TDA(图 8.150),同样存在虚警率偏高的问题,多部雷达均多次出现龙卷报警,但除了从化龙卷外,无龙卷报告,且地面除了极少数对应地面 6 级瞬时风,甚至出现完全没有大风对照的情形。此外,TDA 识别结果在时间上无较好的连续性,相邻时刻识别结果空间跳动可能达到 10 km 的偏差,为实际业务参考造成较大的困扰。

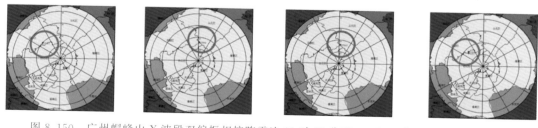

图 8.150　广州帽峰山 X 波段双偏振相控阵雷达 19 时 20 分至 19 时 23 分龙卷识别产品 TDA

8.4.4　2022 年 6 月 19 日佛山龙卷

(1)龙卷过程概况

2022 年 6 月 19 日 07 时 21 分至 07 时 30 分,佛山市南海区大沥镇出现龙卷。通过多渠道获取的龙卷视频、照片以及对龙卷灾害现场的实地调查等,结合雷达以及自动站等资料进行综合判断,确认此次龙卷于07时21分在佛山市南海区大沥镇涌口村触地,然后向东北方向移动,07时30分龙卷在罗步头村减弱消散,有群众在罗布村头附近拍到了清晰的龙卷视频(图8.151),路径长约5.4 km,平均移动速度约为36 km/h。龙卷造成厂房损毁和树木折断等,没有人员伤亡报告,按照美国2007年官方采用的EF等级风速评估标准,评估此次龙卷强度为EF1级,对应我国气象行业标准二级,属于弱龙卷。

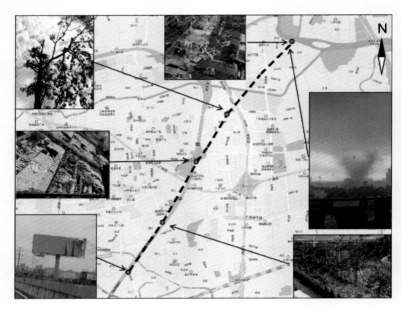

图8.151 2022年6月19日龙卷路径和灾害

(2)环流形势

19日08时500 hPa(图8.152a)西太平副热带高压588 dagpm线位于南海北部,广西中部有低槽东移,佛山处于槽前和西太平副热带高压北缘之间强盛的西南风中。850 hPa(图8.152b)和925 hPa(图8.152c),北部湾到华南沿海为一支强盛的西南季风,香港 T-ln$P$ 图分析显示(图8.154b),700 hPa、850 hPa和925 hPa上风速分别达到33 m/s、27 m/s和23 m/s,佛山处于西南急流风速辐合区;同时强盛的西南季风给珠江三角洲地区输送了暖湿的不稳定气流,925 hPa温度场上暖舌从南海北部伸向广东沿海地区,同时佛山处于整层水汽通量大值区和水汽通量散度辐合区(图略),水汽条件好。地面(图8.152d)广东受暖低压槽影响。在低槽槽前和强盛西南季风配合的有利天气背景下,19日06:00粤北到珠江三角洲西部形成了又一条东南-西北走向的飑线(图8.153),龙卷母风暴位于该飑线南端。

(3)环境条件

选取清远 T-ln$P$ 图进行分析(图8.154a),19日08时,由于天气原因只获取了地面到400 hPa的探空数据,温湿探空曲线表现为400 hPa以下温度露点差很小,中低层大气几乎饱和。由于08时探空站附近已产生明显强降水以及中高层探空数据的缺失,因此对流不稳定能量(CAPE)仅为501 J/kg,但上游的香港探空站的CAPE达到了2213 J/kg(图8.154b);可见珠江三角洲上空大气环境的能量条件很好。19日08时风玫瑰图显示(图8.154a),地面吹东南风,而中低层为强盛的西南季风,加大了地面与中低层大气环境气流之间的夹角,尤其是地

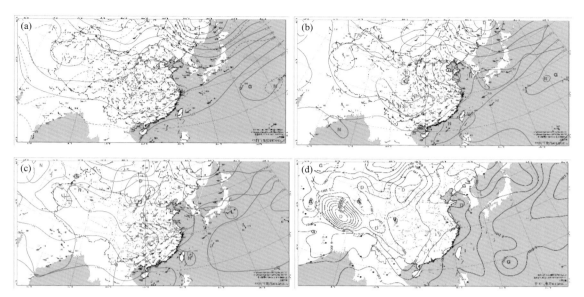

图 8.152　2022 年 6 月 19 日 08 时(a)500 hPa、(b)850 hPa、(c)925 hPa 和(d)海平面的
位势高度场(黑色等值线,单位:hPa)、风场(风向杆,单位:m/s)、温度场
(红色等值线,单位:℃)

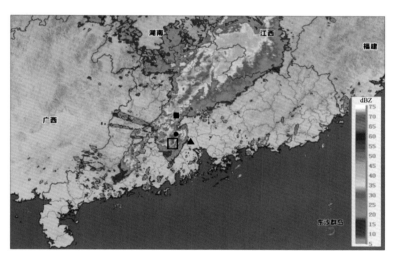

图 8.153　2022 年 6 月 19 日 06 时 30 分广东雷达网组合反射率因子
(黑色方框内为龙卷母风暴区域)

面到 1 km 高度形成强风切变,导致低层垂直风切变和风暴相对螺旋度较大。

　　从表 8.2 清远探空站环境参数变化可以看到,佛山附近大气环境朝着有利于超级单体风暴和龙卷发生的方向调整,尤其是 0~1 km 垂直风矢量差和风暴相对螺旋度明显增强对超级单体龙卷有较好的指示意义。18 日 20 时到 19 日 08 时,0~6 km 垂直风矢量差和 0~1 km 垂直风矢量差分别从 15 m/s 和 11 m/s 明显增加至 23 m/s 和 20 m/s,属于非常强的低层垂直风切变;风暴相对螺旋度(SRH)也由 109 m²/s² 增加至 195 m²/s²;同时抬升凝结高度从 171 m 降低至为 147 m。强的低层垂直风切变和风暴相对螺旋度为强对流风暴的触发提供了有利的动力条件,超级单体风暴的出现概率明显增加。可见当天产生超级单体和龙卷的风险

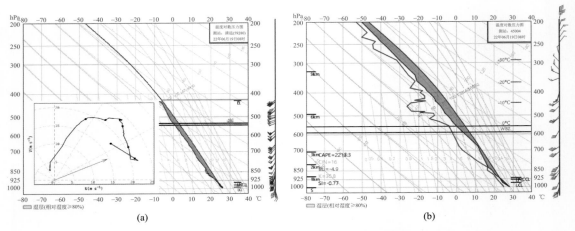

图 8.154　2022 年 6 月 19 日 08 时清远(a)和香港(b)$T\text{-}\ln P$ 图

较高。事实上,在有利的环境条件下,当天产生了超过 4 个超级单体风暴,但只有 1 个超级单体形成了龙卷。

表 8.2　2022 年 6 月 18 日 20 时-19 日 08 时清远探空站环境参数

时间	CAPE/ (J/kg)	$SRH_{0\text{-}1\ km}$/ (m^2/s^2)	$BWD_{0\text{-}6\ km}$/ (m/s)	$BWD_{0\text{-}1\ km}$/ (m/s)	LCL/ m	CIN/ (J/kg)
18 日 20 时	2636	109	15	11	171	15
19 日 08 时	501	195	23	20	147	6

(4)雷达回波演变特征

广州 CINRAD/SA 雷达反射率因子产品显示,6 月 19 日早晨,粤北到珠江三角洲西北部有一条东北西南向的飑线向东偏北方向移动靠近佛山。06 时前后(图略),位于飑线南端的江门鹤山市附近有对流单体发展,最强反射率因子为 50 dBZ,此时风暴还未发展成超级单体,未探测到中气旋。风暴单体向东北方向移动进入佛山禅城区西北角。07 时广州 CINRAD/SA 雷达 0.5°仰角反射率因子产品显示(图 8.155),风暴发展成超级单体,虽然低仰角雷达波束被遮挡,但仍可以看到钩状回波特征,回波强度达到 60 dBZ;径向速度图上开始探测到弱中气旋,旋转速度为 11.8 m/s,直径约为 2.2 km;同时刻的地面风场显示,速度对中心附近出现气旋性旋转。07 时 06 分至 07 时 24 分,钩状回波移入广州雷达被遮挡区域,因此分析 1.5°仰角产品。07 时 12 分钩状回波的形态更为明显,出现有界弱回波区,中气旋旋转速度略有增大至 13.7 m/s,直径为 2.5 km。07 时 18 分,中气旋旋转速度继续增大至 15.5 m/s,中气旋直径缩小至 2.2 km,底高约 750 m,此时距离广州雷达约 27 km。07 时 24 分风暴钩状回波特征有所减弱,但中气旋仍在加强,0.5°仰角负速度中心出现模糊,退模糊后旋转速度加大至 22.8 m/s,直径缩小至 1.8 km,在中气旋中心开始出现 TVS,切变值为 41.5 m/s,龙卷出现在钩状回波的弱回波区、中气旋中心及 TVS 附近。07 时 30 分,钩状回波略有减弱,中气旋维持在中等偏强的强度。07 时 36 分钩状回波特征减弱消失,低层中气旋减弱消失,中气旋维持时间约 30 分钟。随后风暴继续东北移动进入广州,直到 08 时 00 分左右风暴明显减弱被其他单体合并。

虽然通过广州 CINRAD/SA 雷达可以看到风暴主体发展的大致过程,但受分辨率和遮挡的影响,无法清晰展示对流系统内部结构的变化,尤其是台风龙卷发生位置附近的对流涡旋特

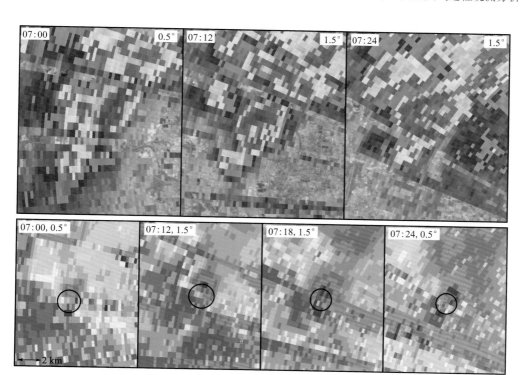

图 8.155　2022 年 6 月 19 日 07 时 00 分至 07 时 36 分广州 CINRAD/SA 雷达 0.5°仰角反射率因子和径向速度(黑色圆圈和白色圆圈分别表示中气旋和龙卷涡旋特征)

征,而南海 X 波段双偏振相控阵雷达凭借其高精度的观测在密集监测方面具有显著优势。利用南海 X 波段双偏振相控阵雷达重点分析龙卷影响前后风暴的发生发展。0.9°仰角反射率因子产品显示,07 时 06 分,钩状回波顶端附近开始出现 TVS(图 8.156 a1 和 a2),切变值在 25 m/s,距离雷达约 14 km,底高为 0.3 km,与典型超级单体龙卷易发位置一致,但经过调查无龙卷事件报告。07 时 14 分低层入流明显加强,负速度中心出现大范围模糊,上升气流区附近收缩形成弱回波洞(图 8.156b1),即有界弱回波区,与中气旋中心位置基本重合(图 8.156b2),回波洞相对地面高度约为 0.16 km,该回波洞向上伸展的高度达到 3.6°仰角 (0.63 km),弱回波洞的出现表明上升气流在加强。07 时 20 分至 07 时 30 分为龙卷的主要影响阶段。07 时 20 分,负速度中心再次加强,前侧下沉气流和后侧下沉气流交汇的辐合区强烈辐合,在中气旋中心旋转区再次形成清晰的有界弱回波区(图 8.156c1),0.9°仰角上有较弱回波区在垂直于雷达径向上的直径为 1.45 km;同时径向速度图上低层入流明显加强(图 8.156c2),出现速度模糊,强风速区集中在近地层,中气旋最大旋转速度出现在 0.9°仰角上,为 23.3 m/s,距离雷达约 10 km,强度达到强中气旋标准,中气旋缩小至 2.2 km,中气旋中心出现像素到像素的强切变,即 TVS,切变值达到 46 m/s,尺度仅约 500 m,而龙卷发生于 07 时 21 分,低层 TVS 出现对龙卷有一定的指示意义。07 时 21 分,有界弱回波区直径收缩至 1.2 km (图 8.156d1),龙卷位于钩状回波顶端和 TVS 附近(图 8.156d2)。07 时 22 分,回波洞迅速继续收缩至 240 m(图 8.156e1),位置更靠近 TVS(图 8.156e2),与前 2 个体扫弱回波洞位置与中气旋中心位置重合不同,这很有可能是龙卷涡旋本身。07 时 23 分至 07 时 30 分,钩状回波特征变得不明显(图 8.156f1),弱回波洞消失;径向速度图上强中气旋和 TVS 继续维持,但

TVS 位置向后移动到了后侧下沉气流区（图 8.156f2）。

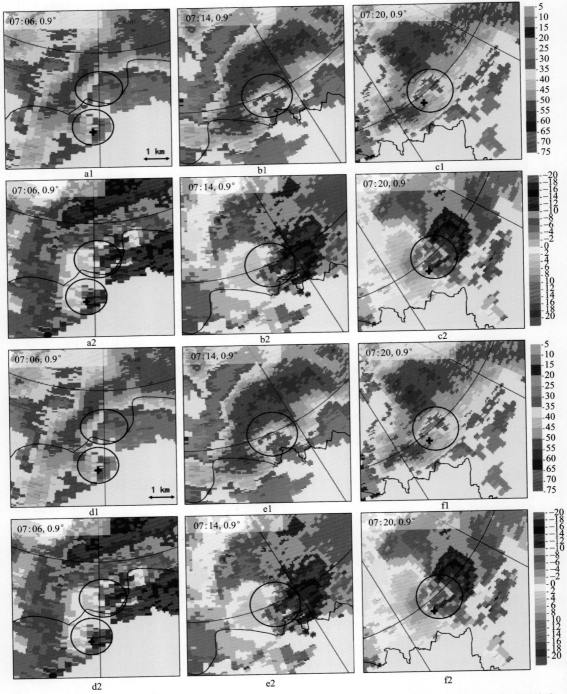

图 8.156　2022 年 6 月 19 日 07 时 06 分至 07 时 26 分南海相控阵 0.9°仰角反射率因子和径向速度演变
（黑色圆圈和黑色加号分别表示中气旋和龙卷涡旋特征）

（5）涡旋特征演变

中气旋旋转速度定义为最大正速度和最大负速度绝对值之和的一半，直径为最大正负速度中心的距离,统计了南海 X 波段双偏振相控阵雷达探测到的不同高度上旋转速度达到 10 m/s 以上且直径在 2~10 km 的中气旋随时间演变。图 8.157a 为 19 日 07 时 00 分至 07 时 35 分中气旋强度和直径随时间变化,龙卷发生前中气旋的强度不断加强,同时伴随直径的收缩,强中气旋(旋转速度大于 20 m/s)的伸展高度也呈波动加强的趋势。此外,结合中气旋的强度垂直结构随时间演变来看(图 8.157b),整个过程中气旋的发展高度较低,垂直范围小于 2.5 km(从 0.15 km 到 2.5 km),尺度较小,直径在 2~3 km。中气旋的强度和伸展厚度存在 2 个峰值。07 时 01 分首次在 1 km 高度以上观测到弱中气旋。07 时 01 分至 07 时 03 分和 07 时 07 分至 07 时 09 分,由于强降水回波的影响,导致低层强降水回波后方的径向速度探测

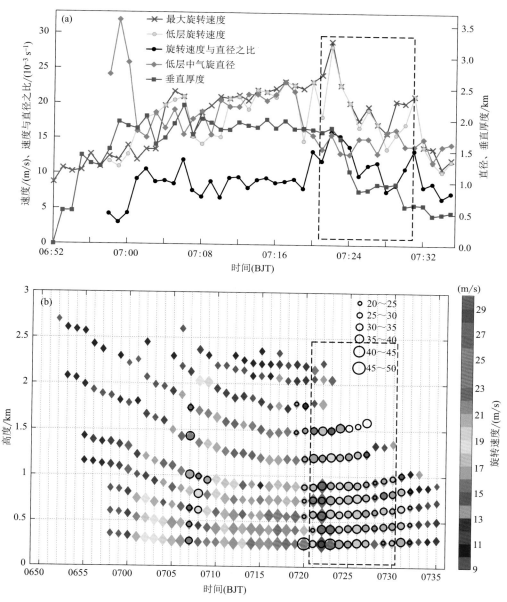

图 8.157　2022 年 6 月 19 日 07 时 00 分至 07 时 35 分中气旋旋转速度与直径变化时间演变(a)和旋转速度与 TVS 切变值垂直廓线随时间演变(b)

不全,中气旋在低仰角上的强度和直径无法确定。07时04分至07时05分,低层中气旋强度明显增大,旋转速度在0.9°和1.8°上增大至20 m/s以上,垂直厚度略有增大,同时旋转直径也有所缩小。07时05分至07时15分中气旋逐渐增强加深达到第一个峰值,旋转速度在15 m/s以上的中气旋垂直厚度逐渐增大,07时08分达到第一个峰值,表明上升气流在迅速增强;同时中气旋直径从3 km缩小至2 km。07时15分至07时20分强中气旋(20 m/s以上)中心高度逐渐下降至0.9°仰角,并伴随低层中气旋直径的明显缩(2.2~2.4 km),同时中等强度中气旋(15 m/s以上)的垂直厚度再次向上伸展至1.5 km高度附近。07时21分中等强度中气旋的垂直厚度达到第二个峰值,同时近地面中气旋直径继续收缩至最小2 km。07时22分至07时24分,维持中等强度以上中气旋。07时32分后,中气旋的强度和厚度明显减弱。

(6)偏振量特征

龙卷碎片特征(TDS)是由于龙卷将地面的碎片卷到空中,碎片尺度往往较大、处于米散射区、方向随机且介电常数高,从而导致高的反射率因子(Z_h)、低的差分反射率(Z_{dr})和异常低的相关系数(C_C)。强龙卷过程的龙卷碎片特征主要有以下几个参考指标:在钩状回波区和龙卷涡旋附近,相关系数<0.8,差分反射率<0.5 dB,反射率因子>45 dBZ,但对于弱龙卷,龙卷碎片特征没有那么明显或者甚至观测不到龙卷碎片特征。此次龙卷过程,南海双偏振相控阵雷达在07时21分、07时24分和07时27分多个时次观测到了清晰的龙卷碎片特征。07时27分(图8.158),在对应龙卷涡旋中心位置,反射率因子为44 dBZ、差分反射率为−0.38 dB和相关系数为0.57,为典型的TDS特征。另外,其他时次观测,零滞后相关系数低值的龙卷碎片特征非常清楚,而差分反射率低值的特征不明显。这可能与龙卷被雨区包裹的情况下、雨滴与龙卷卷起的杂物混杂有关,雨滴的存在导致差分反射率升高,从而导致Zdr不是很低。

8.4.5　2022年7月4日三水龙卷

(1)天气实况

受台风"暹芭"外围环流影响,2022年7月4日15时30分前后广东省佛山市三水区云东海街道出现龙卷(图8.159)。经现场灾情调查研判,此次龙卷尺度小,生命史短。龙卷持续时间约2 min,影响的长度约900 m,最大宽度约70 m,龙卷强度等级EF1级,造成树木折断,厂房工棚受损,2人受伤。15时29分前后距离龙卷最近的(约1 km)三水区云东海街道宝月小学自动气象站录得最大阵风9.0 m/s(5级)。

(2)环流形势与环境条件

2022第3号台风"暹芭"于2022年6月30日08时在南海海面上生成,6月30日23时加强为强热带风暴,7月2日08时加强为台风,7月2日15时以台风级在茂名电白沿海登陆,为2022年第一个登陆广东的台风,之后进入广西境内,7月4日08时在广西桂林减弱停编(图8.160)。

台风"暹芭"登陆后西行北上,进入广西壮族自治区后向正北方向移动,停编后其残留低压进入湖南境内,三水云东海龙卷发生在其残留低压南侧。广东省上空500 hPa、700 hPa、850 hPa、925 hPa各层均存在西南急流和气旋式弯曲(图8.161a),850 hPa为显著湿区,200 hPa上位于分流区内。佛山位于急流左前侧正切边涡度区,环境场上具有低层辐合、高层辐散且伴有东南急流的典型珠三角台风龙卷环境特征,有利于强对流过程的发生发展。

判断龙卷潜势的几个重要环境参数主要有:对流有效位能CAPE、对流抑制CIN、抬升凝

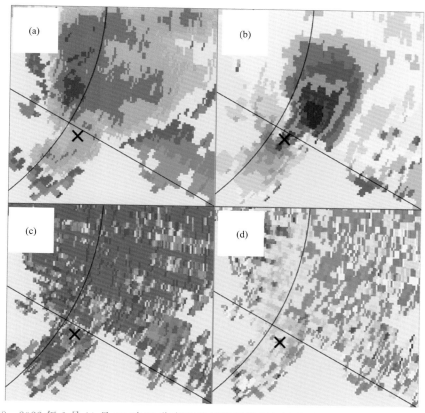

图 8.158　2022 年 6 月 19 日 07 时 26 分南海 X 波段双偏振相控阵雷达 0.9°仰角反射率因子(a)、
平均径向速度(b)、相关系数(c)和差分反射率(d)

图 8.159　2022 年 7 月 4 日三水云东海龙卷路径

图 8.160　2022 年 6 月 29 日 11 时—7 月 4 日 05 时台风"暹芭"路径图

结高度 LCL、垂直风切变和风暴相对螺旋度 SRH 等。图 8.161b 给出了 7 月 4 日 08 时距离龙卷发生地最近的清远站探空曲线。可以看出,对流有效位能呈现狭长形,整个对流层相对湿度都很大,基本处于饱和状态,CAPE 值约 1200 J/kg,达到中等大小,呈现出明显的对流不稳定;抬升凝结高度很低,为 139 m 左右;CIN 仅 1.9 J/kg,有利于深厚湿对流的发生。0～6 km 垂直风切变为 11 m/s,属于中等 0～6 km 深层垂直风切变;0～1 km 的垂直风切变为 9.6 m/s,属于较强的低层垂直风切变。环境条件符合珠三角台风龙卷的发生环境特征,较有利于超级单体风暴的产生。

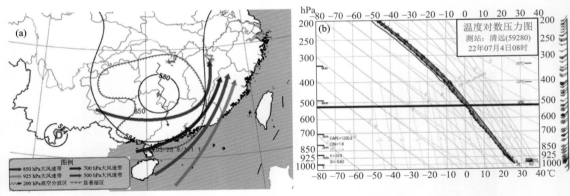

图 8.161　(a)2022 年 7 月 4 日 08 时高空环流形势分析和(b)同日 08 时清远 T-$\ln P$ 图

（3）雷达特征

广州 CINRAD/SA 雷达:受台风外围残留云系影响,7 月 4 日珠江三角洲仍有零散回波。15 时 00 分左右,有自西向东移动的分散回波由肇庆移入佛山。此后回波持续增强合并,形成类线状对流结构。15 时 12 分,位于三水最南侧的对流单体开始产生有界弱回波区(图 8.162),最强反射率因子超过 50 dBZ,二维剖面上呈悬垂结构(图略),此后回波继续发展。15 时 24 分的广州 CINRAD/SA 雷达反射率因子上可以看到,该对流单体出现明显的入流缺口,呈现类似钩状回波的形态,最大回波反射率为 53.5 dBZ。15 时 30 分,南侧回波强度继续加强,钩状回波形态趋于明显(图 8.162)。从相应的佛山南海 X 波段相控阵雷达反射率因子上可以看到,X 波段双偏振相控阵雷达能探测到更精细的回波结构,但同时也存在探测距离有限和回波衰减的情况,从 X 波段双偏振相控阵雷达反射率因子的图像中,可以更清楚地看到位于三水区南部回波的钩状回波结构。进一步用 CINRAD/SA 雷达对龙卷发生前后的速度场进行分析可以看到(图 8.163),15 时 12 分广州 CINRAD/SA 雷达在三水区南侧对流中探测到 TVS 特征,该 TVS 距离雷达约 47 km,旋转速度 12.5 m/s,但未探测到明显的中气旋结构。15 时 18 分,ROSE2.0 系统自动识别到 TVS 特征,旋转速度略有减弱,由这个时次起速度图上可以大致观测到中气旋特征。15 时 24 分,TVS 特征跟随风暴向东北方向移动,旋转速度再度加强,但这两个时次的中气旋特征依然不明显。15 时 30 分,TVS 旋转速度达到 12.5 m/s。对该回波进行剖面分析,可以看到入流缺口处存在界弱回波区,回波呈明显悬垂结构(图略)。风暴顶高在 10 km 左右,但 30 dBZ 以上的风暴主体在 5 km 以下,呈明显的低质心结构,符合珠三角地区频发的台风龙卷特征。

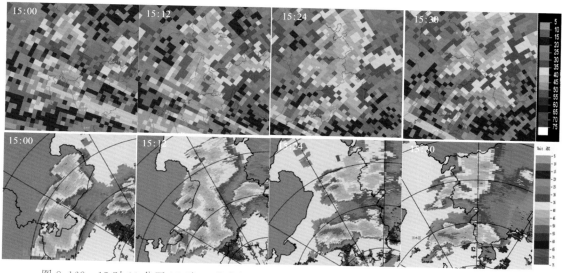

图 8.162　15 时 00 分至 15 时 30 分广州 CINRAD/SA 雷达(上)及南海 X 波段双偏振相控阵雷达(下)0.5°反射率因子

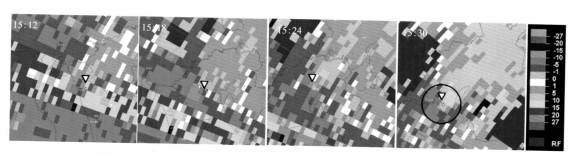

图 8.163　15 时 12 分至 15 时 30 分广州 CINRAD/SA 雷达 0.5°基本速度

　　佛山南海 X 波段相控阵雷达:7 月 4 日下午,珠三角北部回波活动频繁。14 时 20 分前后,X 波段双偏振相控阵雷达探测到位于肇庆市端州区境内有明显的钩状回波和弱中气旋,14 时 23 分起开始连续探测到 TVS,但该风暴单体并未造成龙卷(图略)。

　　15 时 04 分相控阵雷达再次在三水区西南侧探测到中气旋特征,其旋转速度不断加强且伴有 TVS 特征,速度场上存在速度模糊,TVS 旋转速度 16 m/s(图 8.164)。15 时 08 分起 TVS 特征消失,中气旋特征依然明显,其直径约 3.0～3.5 km,旋转速度略有减弱。15 时 13 分,中气旋强度增强,旋转速度增大至 15 m/s,直径缩小到 2 km 左右,但仅维持了 2 min。15 时 15 分,中气旋和 TVS 旋转强度趋于减弱。15 时 17 分,TVS 特征消失,中气旋减弱直径增大。此后该对流单体继续自西南向东北方向移动,中气旋旋转速度维持在 12 m/s,左右。龙卷触地前后,15 时 21 分中气旋旋转速度再次持续加强,且直径缩小到 2.3 km。15 时 23 分起再次探测到明显的 TVS 特征,旋转速度为 14 m/s。15 时 24 分,旋转速度达到 16 m/s。15 时 26 分起 TVS 旋转速度略有减弱,高于 10 m/s 的 TVS 旋转速度一直维持至 15 时 30 分。15 时 32 分起中气旋直径再次增大,TVS 特征消失,此后中气旋强度逐渐减弱直至消散。

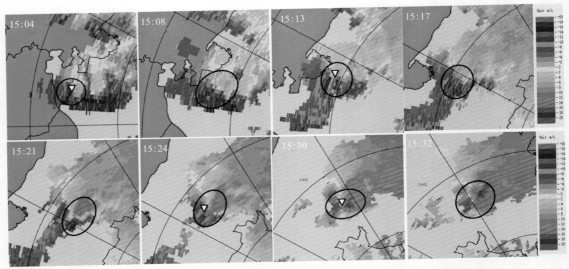

图 8.164　佛山南海 X 波段双偏振相控阵雷达 15 时 04 分至 15 时 32 分 0.9°基本速度

15 时 24 分南海 X 波段相控阵雷达观测到风暴发展的鼎盛时期,反射率因子 PPI 上可观测到明显的钩状回波特征,最强反射率达到 50.5 dBZ,速度图上存在明显的中气旋结构和 TVS 特征,中气旋直径约 2.2 km,TVS 旋转速度为 15 m/s。TVS 特征对应位置的偏振量 C_C 明显减小,仅为 0.47,相应 Z_{dr} 为 1.75dB(图 8.165)。从 15 时 24 分南海 X 波段雷达的剖面图(图 8.166)中可以看到,反射率因子上回波表现出明显的悬垂结构,强回波定高距地面 0～2 km,对应速度图存在中气旋旋转辐合,相关系数 C_C 和差分反射率因子 Z_{dr} 上存在相应的低值区,为典型的龙卷的相应雷达特征,但从预警角度上,相关系数和差分反射率这两个特征量更适合用于对龙卷的辅助判断。

综上可以确认,佛山三水龙卷发生在 2022 年 7 月 4 日 15 时 30 分前后,本次龙卷过程中 CINRAD/SA 雷达提前 18 min 左右可探测到龙卷 TVS 特征,但难以观测到直径较小的中气旋活动,中气旋特征表现不明显,且仅在 15 时 18 分自动识别到了 TVS 特征。X 波段双偏振相控阵雷达具有更精细的探测结果,提供了逐分钟的风暴演变信息,但探测范围较小且存在回波衰减的情况。在 CINRAD/SA 雷达观测到有回波发展并将移入佛山的前提下,能对 X 波段双偏振相控阵雷达特征进行更及时的追踪。X 波段双偏振相控阵雷达在此次龙卷过程中,提前 26 分钟探测到龙卷母体的中气旋和 TVS 活动,由于数据精度较高,X 波段双偏振相控阵雷达能够跟踪龙卷母体风暴的中气旋和 TVS 演变特征,及时跟进中气旋直径及中气旋和 TVS

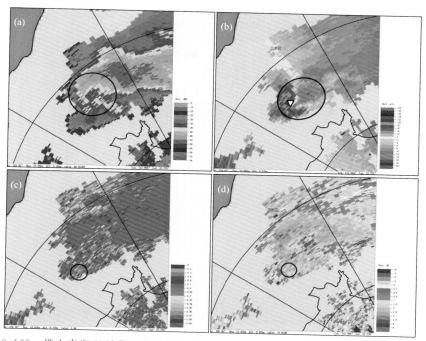

图 8.165　佛山南海 X 波段双偏振相控阵雷达反射率(a)、径向速度(b)、相关系数(c)和
差分反射率图(d)

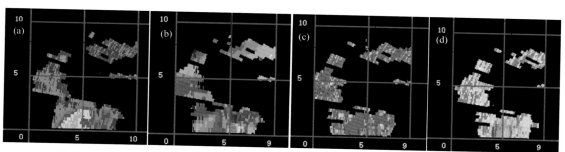

图 8.166　佛山南海 X 波段双偏振相控阵雷达反射率(a)、径向速度(b)、相关系数(c)和
差分反射率剖面(d)

强度的改变,对龙卷的监测和预警有更快更精确的指示意义。

第 9 章

X 波段双偏振相控阵雷达在
预警业务系统的应用

9.1　预警指标建立

9.1.1　强降水预警指标

粤港澳大湾区气象灾害频发，在诸多气象灾害中，短时强降水因突发性、局地性强造成的灾害和损失尤为严重。以广州为例，暴雨预警信号的发布始终也是一个难点。为了进一步发挥相控阵雷达超高时空分辨率优势，加强局地强降水监测预报预警服务，本小节基于短时强降水的相关定义以及广州市气象局印发的《广州市气象灾害预警信号发布细则(2022 年修订)》(后简称发布细则)中关于暴雨预警信号发布标准等业务需求，充分挖掘广州相控阵雷达数据资料，开展短时强降水预警研究，建立相关业务应用指标。

9.1.1.1　技术路线

技术方法利用个例中的强降水站点对应的雷达数据进行统计和相关分析，并研究重点特征值，通过多个雷达特征值的综合分析获得适用于广州的短时强降水预警指标。

主要技术路线如图 9.1 所示。

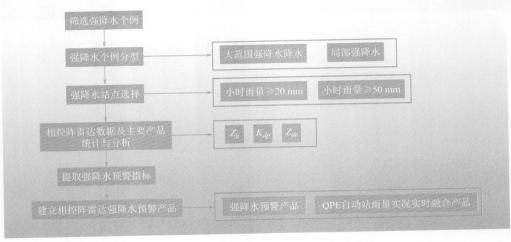

图 9.1　强降水预警指标与产品技术路线

9.1.1.2　数据与方法

本小节使用的数据主要包括:2021 年至 2022 年广州帽峰山相控阵雷达、广州花都相控阵雷达基数据,主要包括反射率因子 Z_h、差分相移率 K_{dp}、差分反射率 Z_{dr} 等,数据时间分辨率约 92 s,径向分辨率为 30 m。利用本书前述的方法对雷达观测数据进行了从极坐标向经纬度的转换处理,用以进行雷达数据和地面自动站数据的空间匹配。广州地面自动观测站雨量实况数据,包括逐小时雨量和逐 5 min 雨量。

根据《雷暴与强对流临近预报》一书中指出的:短时强降水(flash heavy rain)是指 1 h 雨量大于或等于 20 mm 的降水事件。为了分析短时强降水的极端性,俞小鼎等人进一步将 1 h 雨量大于或等于 80 mm 或 3 h 雨量大于或等于 180 mm 的降水事件称为极端短时强降水。短时强降水事件主要是由深厚湿对流产生,通常情况下稳定性降水上升气流速度比对流性降水要小 2 个数量级,几乎不可能发生大于 20 mm/h 的强降水,除非是在弱静力或近中性稳定度情况下地形强迫的稳定性降水小时雨强有可能达到 20 mm。形成短时强降水事件主要由雨强和降水持续时间决定,这也是短时强降水短临预报的主要问题。

强降水预警指标重点是利用雨强大小与雷达各变量之间的关系进行预警指标的计算。主要筛选了 2021—2022 年多个强降水个例,按照局地强降水、大范围强降水进行分类,并分别提取个例过程中地面自动气象站降水量超过 20 mm 的站点。利用强降水出现时各站的逐 5 min 雨量及相控阵雷达相关数据资料进行统计和相关分析,获取对出现强降水有指示意义的相控阵雷达重点特征值。

9.1.1.3　强降水 X 波段双偏振相控阵雷达探测特征

（1）反射率因子（Z_h）

雷达反射率因子随着云团性质的不同其强度和特征都有明显差异。《多普勒天气雷达原理与业务应用》指出:降水的反射率因子回波大致可分为三种类型:积云降水回波、层状云降水回波、积云层状云混合降水回波。同时,不同类型降水的雷达反射率因子垂直分布也有很大差异。以下将主要对小时雨强超过 20 mm 的积云降水雷达反射率因子进行统计分析。

图 9.2 给出局地强降水过程不同量级小时雨强对应的雷达反射率因子 Z_h 强度频率廓线图以及平均数和中位数廓线图,纵坐标为高度,横坐标为反射率因子 Z_h 的强度,数值代表各高度层上出现不同强度的 Z_h 频率。各强度中位数和平均数廓线可以看出 Z_h 强度随高度呈现略有增大后减小的变化特征。

小时雨强 20～50 mm 局地强降水的低层 Z_h 强度主要分布在 35～50 dBZ,其中 40～45 dBZ 出现的频率最大;强度峰值主要分布在 3 km 高度附近,35～55 dBZ 出现的频率最大。8 km 以上 Z_h 强度主要为 25～40 dBZ。小时雨强 50～80 mm 局地强降水的低层 Z_h 强度主要分布在 45～60 dBZ,其中 45～55 dBZ 出现的频率最大;强度峰值主要分布在 4 km 高度附近,45～60 dBZ 出现的频率最大。

图 9.3 给出大范围强降水过程不同量级小时雨强对应的雷达反射率因子 Z_h 强度频率廓线图以及平均数和中位数廓线图,形态与局地强降水分布有所差异。50 mm 以下小时雨强在 2 km 以下范围 Z_h 强度基本一致并呈大值,30～50 dBZ 出现的频率最大,3～6 km 的 Z_h 强度随高度下降,6 km 以上 Z_h 强度集中在 25～35 dBZ 区间。50 mm 以上小时雨强 Z_h 强度频率廓线在 7 km 以下都随高度的升高而降低,低层平均数较 50 mm 以下雨强偏大 5～10 dBZ,出现频率最高的强度为 45～55 dBZ。

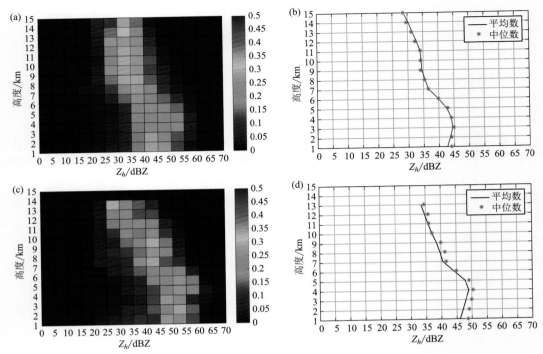

图 9.2　不同量级局地强降水相控阵雷达反射率因子强度频率廓线((a)20~50 mm,(c)50 mm 以上)及反射率因子强度中位数和平均数廓线图((b)20~50 mm,(d)50 mm 以上)

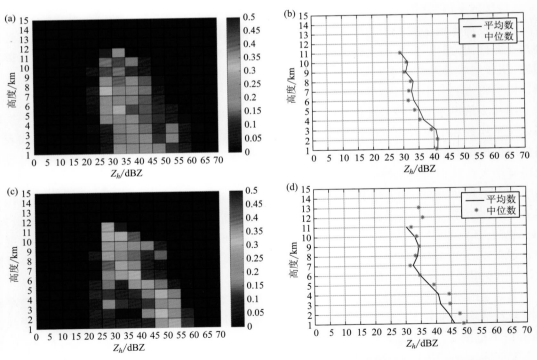

图 9.3　不同量级大范围强降水相控阵雷达反射率因子强度频率廓线((a)20~50 mm,(c)50 mm 以上)及反射率因子强度中位数和平均数廓线图((b)20~50 mm,(d)50 mm 以上)

对比两种类型降水可以看到雷达对于局地强降水的探测有效高度要高于大范围强降水。这可能因为降水会对雷达信号造成影响,污染数据,当雨强较大时可能出现数据缺失。

（2）差分相移率（K_{dp}）

传统单偏振雷达探测数据对于云团物理过程的指示意义较少。随着双偏振雷达技术的发展和应用,除了能够获得水平偏振反射率因子 Z_h 外,还可以获得差分相移率 K_{dp} 和差分反射率因子 Z_{dr} 等偏振参数,可以更好地描述降水粒子相态、空间分布等情况。

差分相移率 K_{dp} 的大小主要取决于液态水凝物的含量,对于划定强降水落区和定量降水估测都有非常好的作用,并且 K_{dp} 不受雷达绝对定标和波束阻挡的影响,即使在地形复杂的区域也能很好地进行降水估计。

图 9.4 给出局地强降水过程不同量级小时雨强的局地强降水对应的 K_{dp} 强度频率廓线图以及平均数和中位数廓线图,纵坐标为高度,横坐标为 K_{dp} 的强度,数值代表各高度层上出现不同强度的 K_{dp} 频率。各雨强段 K_{dp} 强度的中位数和平均数廓线都随高度先增大后减小,并且随着雨强的增大,低层范围 K_{dp} 强度和垂直变化率显著增大。小时雨强 20～50 mm 局地强降水的 K_{dp} 强度频率廓线可以看出整层 K_{dp} 值出现在 1～2 °/km 的频率最大,尤其在 6 km 以上高度,峰值主要出现在 2～4 km 高度层,7 km 以上变化率显著减小,说明该高度范围内的数据集中度高;超过 2 °/km 的 K_{dp} 主要集中在低层,尤其是 5 km 以下。小时雨强 50～80 mm 局地强降水低层的 K_{dp} 在 2 °/km 以上强度的频率明显增大,峰值主要出现在 4 km 附近高度,2～5 °/km 出现的频率最大,之后强度随高度快速下降,7 km 以上高度强度基本在 1 °/km 以下。

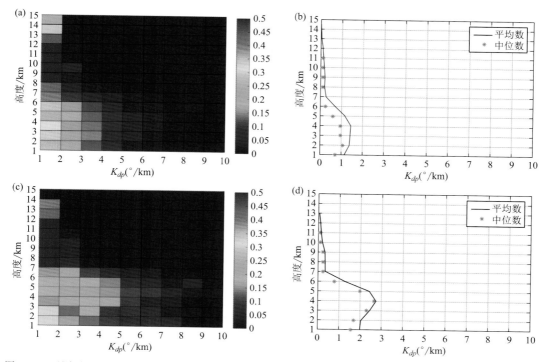

图 9.4　不同量级局地强降水 X 波段双偏振相控阵雷达 K_{dp} 频率廓线（(a)20～50 mm,(c)50 mm 以上）及 K_{dp} 中位数和平均数廓线图（(b)20～50 mm,(d)50 mm 以上）

图 9.5 给出大范围强降水过程不同量级小时雨强对应的雷达 K_{dp} 强度频率廓线图以及平均数和中位数廓线图。50 mm 以下小时雨强 K_{dp} 强度频率廓线分布形态与局地强降水类似，但 3~4 km 高度的 K_{dp} 强度快速下降；50 mm 以上小时雨强 K_{dp} 强度频率廓线中低层的 K_{dp} 更大，大范围强降水 50 mm 以下小时雨强大 1.8 °/km 左右，较局地强降水 50 mm 以上小时雨强大 0.7 °/km 左右，且出现 3~6 °/km 的频率最大。

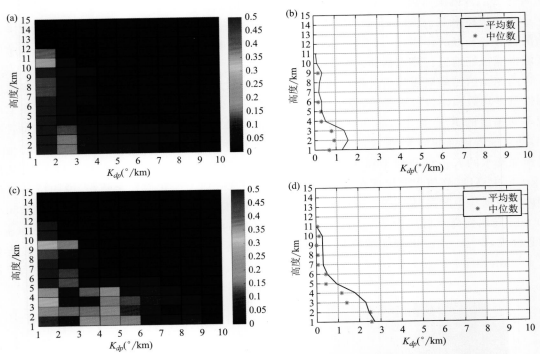

图 9.5 不同量级大范围强降水 X 波段双偏振相控阵雷达 K_{dp} 频率廓线((a)20~50 mm,(c)50 mm 以上)
及 K_{dp} 中位数和平均数廓线图((b)20~50 mm,(d)50 mm 以上)

K_{dp} 强度与强降水的发生有很好的对应关系，从垂直廓线可以看到水汽主要集中在中低层，并且雨强越大，K_{dp} 强度越强。但 6 km 以上的 K_{dp} 强度基本维持在小值，随降水类型和雨强的波动很小。

（3）差分反射率因子(Z_{dr}）

差分反射率因子 Z_{dr} 为水平反射率因子 Z_h 与垂直反射率因子 Z_v 的差值，其大小与粒子的尺寸和轴比有关，利用 Z_{dr} 可以分析强降水云团的动力特征。

图 9.6 给出局地强降水过程不同量级小时强降水对应的雷达 Z_{dr} 强度频率廓线图以及平均数和中位数廓线图，纵坐标为高度，横坐标为 Z_{dr} 的强度，数值代表各高度层上出现不同强度的 Z_{dr} 频率。各雨强段 Z_{dr} 强度的中位数和平均数廓线在 3 km 以下随高度基本不变并维持大值，之后快速减小，7 km 高度以上逐渐趋于稳定并保持小值。雨强越大，低层范围 Z_{dr} 强度越大。

小时雨强 20~50 mm 局地强降水低层的 Z_{dr} 主要强度范围在 2~5 dB，其中 3~4 dB 强度出现的频率最大；3~7 km 的 Z_{dr} 强度随高度下降，主要强度范围在 1~4 dB，其中 2~3 dB 强度出现的频率最大；7 km 以上 Z_{dr} 强度基本稳定在 1~2 dB。小时雨强 50~80 mm 局地强降水 3 km 以下的 Z_{dr} 3~5 dB 出现的频率有所增大，平均数和中位数较 20~50 mm 强降水增大约 0.5 dB，7 km 以上 Z_{dr} 强度差别不大。

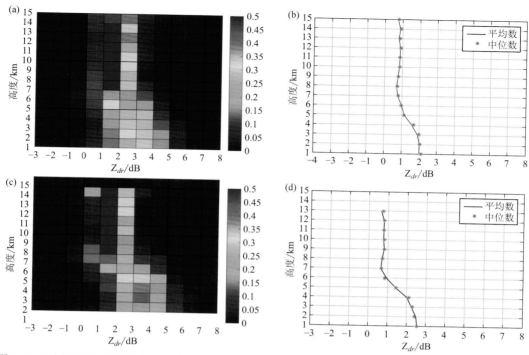

图 9.6　不同量级局地强降水 X 波段双偏振相控阵雷达 Z_{dr} 频率廓线((a)20～50 mm,(c)50 mm 以上)
及 Z_{dr} 中位数和平均数廓线图((b)20～50 mm,(d)50 mm 以上)

图 9.7 给出大范围强降水过程不同量级小时强降水对应的雷达 Z_{dr} 强度频率廓线图以及

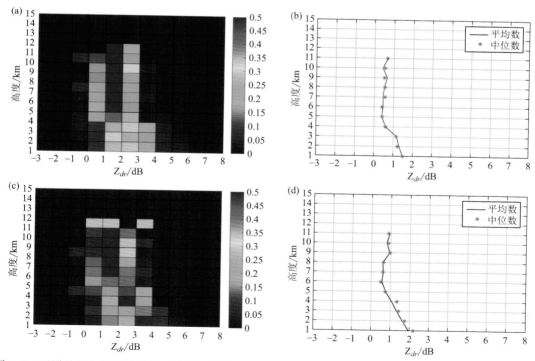

图 9.7　不同量级大范围强降水 X 波段双偏振相控阵雷达 Z_{dr} 频率廓线((a)20～50 mm,(c)50 mm 以上)
及 Z_{dr} 中位数和平均数廓线图((b)20～50 mm,(d)50 mm 以上)

平均数和中位数廓线图。从廓线来看大范围降水的 Z_{dr} 强度较局地强对流 Z_{dr} 强度整体偏小,50 mm 以下小时雨强低层 Z_{dr} 强度主要集中在 2～3 dB,50 mm 以上小时雨强低层 Z_{dr} 强度主要集中在 3～4 dB。

Z_{dr} 强度能够更好地指示强降水期间上升气流的发展。可以看到局地强降水上升气流较大范围强降水更加旺盛,但大范围强降水在持续时间和范围方面都更有优势。

9.1.1.4 强降水预警指标

统计结果显示,降水类型不同、雨强不同,雷达探测数据表现出来的特征值也有明显差异。结合业务需求,主要选择低层仰角 Z_h、K_{dp}、Z_{dr} 的特征值作为预警指标:

	局地强降水		大范围强降水	
	50 mm 以下 小时雨强	50 mm 以上 小时雨强	50 mm 以下 小时雨强	50 mm 以上 小时雨强
Z_h	40 dBZ	45 dBZ	35 dBZ	45 dBZ
K_{dp}	0.9°/km	1.5°/km	0.8°/km	2.5°/km
Z_{dr}	2 dB	2.5 dB	1.5 dB	2 dB

预警指标的建立基于有限的过程个例,需要在以后的业务和科研中不断优化和检验,才能获得更好的强降水预警指标。

9.1.2 雷雨大风预警指标

9.1.2.1 技术路线

为了利用相控阵雷达高时空分辨率的优势对地面大风进行监测和预警,本小节基于大风个例筛选和典型大风类型统计,统计相控阵雷达观测特征,提取有参考意义的预警指标。主要技术路线如图 9.8 所示。

针对前期统计结果和实际业务需要,目前主要针对局地强对流型大风进行统计分析。基于局地型大风统计数据,在该次大风过程中某站点出现大风时,基于对应时次的相控阵雷达数据,提取相应的雷达特征,包括雷达径向大风值、最大反射率强度和反射率梯度等。对多个过程出现大风站点的雷达观测特征进行统计分析,由于地面大风站点上空不一定有明显的雷达特征,因此以出现大风自动站的位置为原点,搜索一定距离范围内的雷达数据进行统计分析,得到相应的雷达相关特征。

9.1.2.2 数据与方法

本小节采用的数据为地面自动气象站采集的地面风速风向数据,时间分辨率为 5 min。使用的雷达数据为地面自动站出现大风时观测范围覆盖该站点的相控阵雷达的观测数据,包括回波反射率和径向速度等,数据时间分辨率约 90 s,径向分辨率为 30 m。

为了方便将雷达数据和地面自动站数据进行空间匹配,对雷达观测数据进行了从极坐标向经纬度的转换处理,具体的转换方法详见第 6 章数据质量控制中的相控阵雷达与 CIN-RAD/SA 雷达观测对比部分。

9.1.2.3 雷达径向风大值

雷达的径向风能够直观地反映大范围风速风向的分布情况,而地面的大风通常有高空的

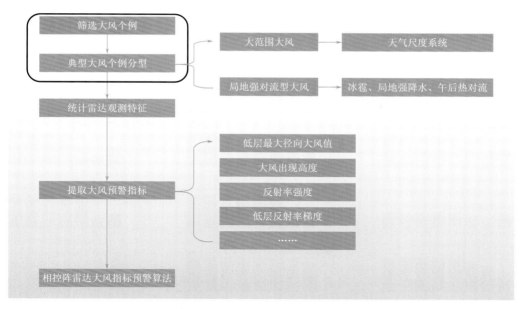

图 9.8　X 波段双偏振相控阵雷达大风监测技术路线图

大风相配合或者是由高层大风下传所导致。因此,对于地面大风的监测预报而言,雷达的径向风是比较好的预报因子之一。本节选取了 14 个局地型大风个例,提取自动站出现大风时其正上空以及不同距离范围内的雷达距离库的径向风数据进行统计,由于自动站正上方雷达不一定有观测数据,因此采用自动站 200 m 半径范围内最近的雷达观测数据作为自动站上空的雷达测风数据。

　　图 9.9 是统计的所有个例中出现大风时与自动站不同距离范围内雷达径向最大风速。由图可见,在所有局地性大风的个例中,当地面自动站出现大风时,约 79％的个例中在自动站上空雷达探测到了径向风,约 21％的雷达径向风速大于自动站风速;并且在所有个例中,只有约 40％的个例自动站正上方雷达径向风达到 6 级风。在自动站方圆 1 km 的圆柱体范围内,约 93％的个例出现雷达在自动站上方探测到了径向风,并且约 71％的雷达径向风速大于自动站风速;雷达探测到径向风的情况下,100％的径向风达到 6 级风。

　　由此可见,当地面自动站出现大风时,相控阵雷达不一定能探测到自动站上空出现径向大风,雷达探测到的最大风出现位置,与观测到地面大风的自动站有一定距离。

9.1.2.4　与自动站不同距离的雷达径向大风分布

　　由上节可知,地面自动站出现大风时,高空最大风出现的位置与自动站有一定的距离。为了了解径向风极大值出现位置与地面自动站距离的规律,统计了所有个例中距离自动站不同距离范围内的雷达径向风最大值的分布规律。

　　图 9.10 是所有个例中与自动站不同距离范围内雷达径向最大风速分布。由图可见,所有个例中,自动站测得的大风平均值为 14.6 m/s,自动站上空雷达径向风平均值 11.9 m/s,1 km 和 2 km 范围内雷达最大径向风平均值分别为 18.6 m/s 和 23.4 m/s。总体来说,随着与自动站距离的增加,雷达探测到的最大径向风增加,当把探测距离扩展到 2 km 范围时,径向风速在部分个例中有进一步的增大(平均增幅 4.8 m/s)。但是当进一步拓展搜索范围时,

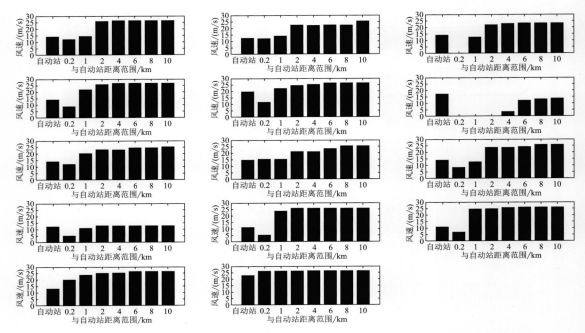

图 9.9　与自动站不同距离范围内雷达径向最大风速(每个子图代表 1 个个例的统计结果)

径向风速增幅不明显(0.3～1.2 m/s)。根据多个个例的数据分布表明,径向风警戒阈值选取距离自动站 1 km 范围的最大径向风的最低值 WIND_MAX=11.2 m/s,预警阈值选取 2 km 范围内最大径向风质控后的最低值 WIND_MAX=21.3 m/s。

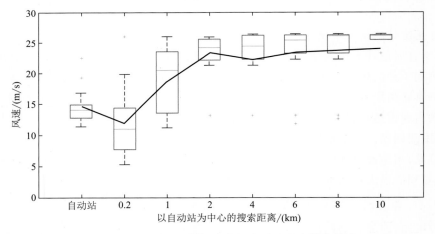

图 9.10　与自动站不同距离范围内雷达径向最大风速

9.1.2.5　地面大风时雷达径向风最大值出现高度和仰角

为了对地面大风进行预警,除了雷达径向大风与自动站的水平距离以外,雷达径向风最大值出现的高度和仰角也是非常重要的预警指标。图 9.11 是所有个例中与自动站不同距离范围内最大风速出现高度百分比的分布图。由图可见,在自动站 2 km 范围内,约 46%～55%雷达探测到的最大径向风出现在 1 km 高度以下,54%～72%在 2 km 高度以下,62%～77%出现在 3 km 以下。当自动站观测到大风时,最大风速较大概率出现在 3 km 高度以下尤其是

1 km 以下的低层。由上述分析可知,局地型地面大风出现时,雷达径向风主要出现在 3 km 以下尤其是 1 km 以下的高度,这可能是因为局地型大风都是对应小的对流单体,这类对流单体尺度小,质心普遍较低,无法发展到较高的高度。

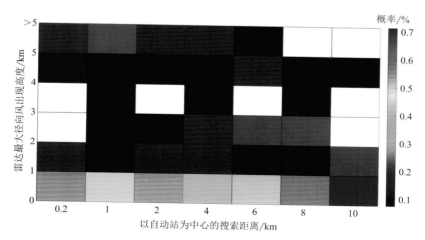

图 9.11 与自动站不同距离范围内最大风速出现高度分布百分比

图 9.12 是所有个例中与自动站不同距离范围内雷达径向最大风速出现仰角分布图。由图可见,由于局地对流与雷达位置的差异,最大径向风出现的仰角有一定的随机性,但是总体上来说,还是主要分布在较低的仰角。在最大径向风出现在雷达最低的三个仰角的概率超过 50%,在自动站出现大风时,2 km 范围最大风出现在 4.5°仰角以下的概率达到 76%。可见大风核多集中在雷达最低三个仰角,这与大风主要出现在 3 km 高度以下低层的结果较为吻合。因此,对于局地型大风的监测预警,雷达低仰角径向风具有较高的指示意义。

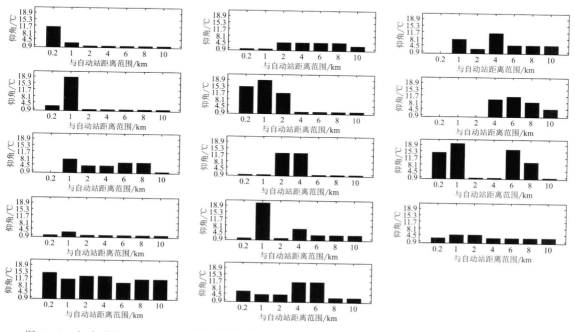

图 9.12 与自动站不同距离范围内雷达径向最大风速出现仰角(每个子图代表 1 个个例的统计结果)

9.1.2.6 雷达最大回波强度

雷达的回波强度直观地反映了天气的剧烈程度,因此对于地面大风的监测预警也具有非常重要的意义。参照径向大风的分析,本节选取了 14 个局地型大风个例,提取自动站出现大风时其正上空以及不同距离范围内的雷达距离库的回波强度数据进行统计,由于自动站正上方雷达不一定有观测数据,因此采用自动站 200 m 半径范围内最近的雷达观测数据作为自动站上空的雷达测风数据。

图 9.13 是所有个例中与自动站不同距离范围内最大回波强度的分布图。由图可见,在所有局地性大风的个例中,当地面自动站出现大风时,约 79% 的个例中在自动站上空雷达探测到了雷达回波。在雷达探测到的回波中,82% 的最大回波强度大于 35 dBZ,72% 大于 40 dBZ,但是 50 dBZ 以上的个例只有 18%。随着与自动站距离的增加,雷达探测到的回波的概率增加,回波强度整体增大。在距离雷达 2 km 范围内,93% 的个例探测到了回波。探测到的回波中 92% 最大回波强度大于 35 dBZ,85% 的最大回波强度大于 40 dBZ,同时 50 dBZ 以上的个例占比达到了 69%。雷达在出现大风自动站上空探测到的最大回波强度为 9~58 dBZ,当距离增加到自动站 2 km 范围内时,最大回波强度为 20~60 dBZ,当距离增加到自动站 6 km 范围内时,最大回波强度为 39~60 dBZ。

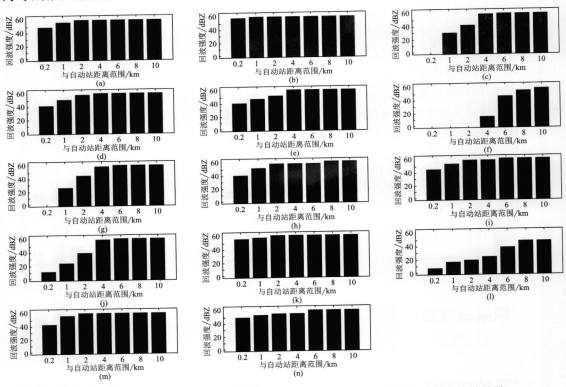

图 9.13　与自动站不同距离范围内最大回波强度(每个子图代表 1 个个例的统计结果)

由上述分析可知,局地型大风个例中,当地面出现大风时,其上空的回波强度普遍较强(大于 35 dBZ),同时最大的回波强度出现的位置与自动站也有一定的距离。

9.1.2.7 与自动站不同距离的雷达最大回波强度分布

由前一小节可知,自动站出现大风时雷达观测的最大回波强度出现的位置往往与自动站有一定的距离。为了了解回波强度极大值出现位置与地面自动站距离的规律,统计了所有个例中距离自动站不同距离范围内的雷达回波强度最大值的分布规律。

图 9.14 是所有个例中与自动站不同距离范围内雷达最大回波强度分布图。由图可见,最大回波强度在距离自动站 1 km 范围内变化范围较大,在 17~60 dBZ 之间。随后,随着距离的增加,回波强度出现范围迅速收敛,当距离增加到 4 km 以上时已经相当集中,当距离继续增加,平均强度增长在 2 dBZ 以内。

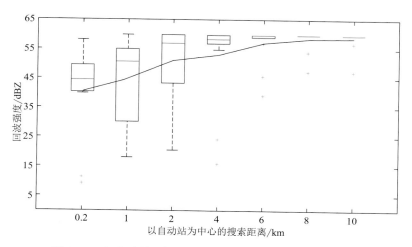

图 9.14　与自动站不同距离范围内雷达最大回波强度分布

根据多个个例的数据分析,回波强度警戒阈值选取距离自动站 1 km 范围的最大回波强度的 25％百分位 Z_MAX＝31 dBZ,回波强度的预警阈值选取 2 km 范围内最大回波强度质控后的最低值 Z_MAX＝39 dBZ。

9.1.2.8　地面大风时雷达回波强度最大值出现高度和仰角

要对地面大风进行监测预警,雷达最大回波强度出现的关键高度和仰角是非常重要的预报因子。因此,统计了所有局地型大风个例中雷达最大回波强度出现的距离-高度概率分布和仰角分布情况。由图 9.15 可知,在几乎所有的距离范围内,雷达最大回波强度基本都出现在 3 km 以下的高度,只有在 2 km 范围内才有少量出现在 4 km 以上的高度。当搜索距离超过 2 km 时,93％以上的最大回波强度出现在 3 km 以下,并且超过 50％出现在 1 km 以下的低层。

图 9.16 是所有个例中与自动站不同距离范围内最大回波强度出现仰角分布图。由图可知,最大回波强度出现的位置与径向风类似,由于局地对流与雷达位置的差异,最大回波强度出现仰角也表现出了一定的随机性,但还是主要出现在低层。最大回波强度出现在雷达最低的三个仰角的概率超过 50％,当搜索距离超过 2 km 时,64％的最大回波强度出现在 4.5°仰角以下,可见最大回波强度也较大概率集中在低仰角。

由此可见,对于局地型地面大风,3 km 以下雷达低仰角的回波强度和径向大风具有非常重要的指示意义。

9.1.2.9　雷达最大回波强度梯度

雷达回波的强度梯度能够较好地反映回波强度空间分布的差异性,当回波强度梯度较大时,对流系统的发展往往较为旺盛,从而导致大风的出现。通过统计地面自动站不同距离范围

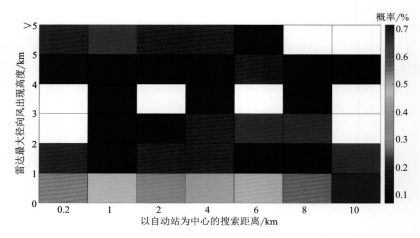

图 9.15 与自动站不同距离范围内最大回波强度出现高度分布概率图

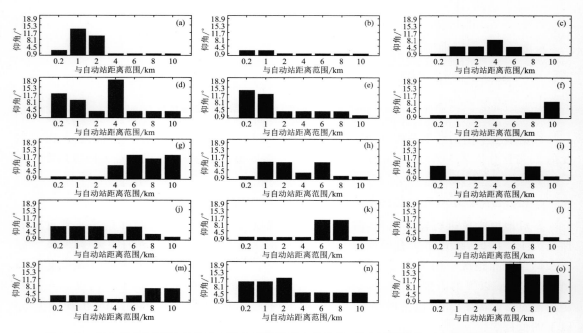

图 9.16 与自动站不同距离范围内最大回波强度出现仰角（每个子图代表 1 个个例的统计结果）

内的雷达最大回波强度梯度发现（图 9.17a），当雷达观测到自动站上空出现回波时，82％的个例中最大回波强度梯度大于 10 dBZ/km，63％的个例回波强度大于 20 dBZ/km。随着与自动站距离的增加，雷达探测到的最大回波强度梯度整体增加，平均值在 2 km 左右达到最大值（26 dBZ），随后略有降低并维持在 22～23 dBZ/km。根据多个个例的数据分析（图 9.17b），回波强度梯度警戒值选取 1 km 范围的最大回波强度梯度最低阈值 Z_GRADIENT＝14.5dB/km，预警阈值选取 2 km 范围最大回波强度梯度 25％百分位 Z_GRADIENT＝21 dB/km。

9.1.2.10 结论

通过对多个指标的相关特征的分析发现，雷达径向最大风、最大回波强度和回波强度梯度对于局地型地面大风的监测预警具有较好的指示意义。具体结论如下：

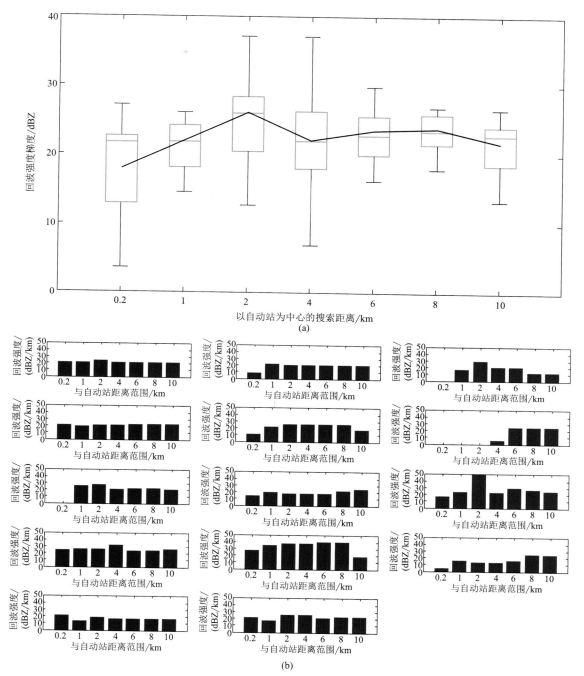

图 9.17　与自动站不同距离范围内雷达(a)最大回波强度梯度分布和(b)最大回波强度梯度
（每个子图代表 1 个个例的统计结果）

（1）当地面自动站出现大风时，相控阵雷达不一定能探测到自动站上空出现径向大风，雷达探测到的最大风出现位置，与观测到地面大风的自动站有一定距离。距离自动站 1～2 km 范围内的雷达径向大风值对地面大风往往具有较好的指示意义。同时，雷达径向最大风主要出现在 3 km 尤其是 1 km 以下的低层。在自动站 2 km 范围内，约 46%～55%雷达探测到的最大径向风出现在 1 km 高度以下,54～72％在 2 km 高度以下,62％～77％出现在 3 km 以下。雷达低仰角的径向大风对于地面大风具有较好的指示意义。

(2)地面出现大风时,自动站上空的回波强度普遍较强,82％的最大回波强度大于 35 dBZ,72％的大于 40 dBZ,但是 50 dBZ 以上的个例只有 18％。距离自动站 1～2 km 左右的最大回波强度对于地面大风具有较好的指示意义。地面出现大风时,93％以上的最大回波强度出现在 3 km 以下,并且超过 50％出现在 1 km 以下的低层,同时 64％的最大回波强度出现在 4.5°仰角以下。

(3)地面出现大风时,雷达观测的回波强度梯度普遍较大。当 82％的个例中最大回波强度梯度大于 10 dBZ/km,63％的个例回波强度大于 20 dBZ/km。随着与自动站距离的增加,雷达探测到的最大回波强度梯度整体增加,平均值在 2 km 左右达到最大值(26 dBZ),随后略有降低并维持在 22～23 dBZ/km。

综合多个个例的数据分析结果,选取距离自动站一定范围内雷达观测到的最大径向风、最大回波强度和回波强度梯度作为局地型地面大风的监测预警指标,具体如下:

径向风警戒阈值选取距离自动站 1 km 范围的最大径向风的最低值 WIND_MAX＝11.2 m/s,预警阈值选取距离自动站 2 km 范围内最大径向风质控后的最低值 WIND_MAX＝21.3 m/s。

回波强度梯度警戒阈值选取距离自动站 1 km 范围内雷达观测到的最大回波强度 25％百分位 Z_MAX＝31 dBZ,回波强度的预警阈值选取距离自动站 2 km 范围内最大回波强度质控后的最低值 Z_MAX＝39 dBZ;

回波强度梯度警戒值选取距离自动站 1 km 范围内的最大回波强度梯度最低阈值 Z_GRADIENT＝14.5 dB/km,预警阈值选取距离自动站 2 km 范围最大回波强度梯度 25％百分位 Z_GRADIENT＝21 dB/km。

9.1.3 冰雹预警指标

相控阵雷达更快的扫描频次,更高的径向分辨率可以更精细地追踪超级单体结构演变和中气旋演变特征。重点关注天气雷达上探测到伴有低层钩状回波或入流缺口特征的超级单体或微型超级单体风暴。在有利对流发生发展条件下,如满足以下特征之一,则发布冰雹预警:

(1)相控阵雷达受衰减明显,在超级单体后侧出现明显的"V"型缺口。

(2)垂直累积液态水含量 VIL 的大值区在相控阵雷达中亦是判断冰雹潜势的指标。

(3)超级单体低层观测到 C_C 谷,Z_{dr} 弧,中层观测到 Z_{dr} 环、C_C 环等特征对冰雹识别具有预警意义;

(4)Z_{dr} 柱高度的演变对于超级单体的发展具有预示性,其高度的增加预示风暴将进一步发展增强,Z_{dr} 柱高度极值相对于降雹具有一定的提前量。

9.1.4 龙卷预警指标

相控阵雷达对龙卷的预警作用主要体现在低层的高空间分辨率优势,尤其是对于微型超级单体和龙卷涡旋等中小尺度特征做预警分析。重点关注天气雷达上探测到伴有低层钩状回波或入流缺口特征的超级单体或微型超级单体风暴。

在热带气旋影响时,环境背景满足 0～1 km 垂直风切变矢量≥8 m/s,抬升凝结高度≤1000 m 的条件下,满足基本条件,可重点监测:

(1)回波强度≥50 dBZ,地面出现 7 级以上阵风,存在较大的风暴螺旋度 SRH;

（2）雷达观测到关键特征：钩状回波、入流缺口、弱回波区或有界弱回波区，中气旋；

（3）雷达三维风场存在强垂直上升气流；

（4）地面自动站观测上对应有清晰的辐合线和小尺度涡旋。

如满足以下特征之一，则发布龙卷警报：

（1）如果径向速度图上微型超级单体对应低层明显中气旋，其旋转速度达到 12 m/s 或以上，底高小于 1 km，若中气旋强度增强，直径紧缩，底高持续下降，维持时间超过 12 min，立即发布龙卷预警；

（2）存在明显龙卷涡旋特征 TVS（直径 2 km 以下涡旋，速度切变 $\geqslant$ 24 m/s），或者对应有龙卷碎片特征 TDS，立即发布龙卷预警。

9.2　中气旋识别产品

中气旋的出现通常意味着对流风暴的强度与组织程度都发展到了一个较高的水平，并且常常伴随着短时大风、强降水和冰雹等强对流天气，因而，中气旋是判断强对流的重要参考指标之一。理论上，相控阵雷达的时空分辨率高，能观测到的中气旋内部结构更加精细，相应能连续追踪的中气旋生命史应当更长，且识别的中气旋正负速度对差值应当更大，但由于相控阵雷达波长较短，因此与 CINRAD/SA 雷达相比衰减严重，且容易发生速度模糊。因此需要对其中气旋识别产品做一定的对比评估。

中气旋识别算法方面，相控阵雷达沿用 CINRAD/SA 雷达业务所适用的美国中气旋探测算法（Zrnić et al.，1985），该算法是为了美国下一代多普勒天气雷达投入使用而被开发出的。其中中气旋被模拟为一个兰金组合涡旋，即在中气旋核区内，切向速度正比于涡旋半径；而在中气旋核区外，切向速度则反比于涡旋半径。该算法第一步是寻找在距雷达同一距离的顺时针方位上多普勒速度的递增。满足该条件会被记录下该点的“模式矢量”。“模式矢量”包含七个分量：距雷达距离、矢量两端的方位角、与方位角相对应的多普勒速度、切向方向的切变量和角动量。其中如果该模式矢量的切变量和角动量均不符合一个固定阈值，则说明形成的中气旋旋转速度达不到典型中气旋的要求，因此将其舍弃。其余的模式矢量被合并成“特征”，“特征”是一组在很近的距离内的模式矢量。若该特征区域范围太小，不满足中气旋直径要求，则将其舍弃；如果特征直径满足要求但不对称，则将其标记为风切变；如果该特征直径足够大且对称，则将其标记为二维中气旋。将所有特征标记完毕后，对所有仰角层识别出的所有特征进行统计，将垂直方向上位置接近的特征归类进同一三维涡旋内，若一个三维涡旋内含有的被标记为二维中气旋的特征数量大于或等于 2，则该三维涡旋被标记为三维中气旋；若一个三维涡旋内含有的被标记为二维中气旋的特征数量小于 2 但含有的特征总数大于或等于 2，则该三维涡旋被标记为风切变；其余三维涡旋则被标记为非相关切变。

2022 年 3 月 26 日 15 时前后长时间维持的超级单体风暴自佛山移入广州境内，在广州 CINRAD/SA 雷达 30 km 观测范围内，与番禺相控阵雷达的观测距离差距不大，低层仰角密度差异不大，二者的观测优势主要在水平空间和时间分辨率上，因为可作为比较两种雷达的中气旋探测能力的典型个例。

9.2.1　识别结果对比

对流单体在 14 时前后于肇庆境内生成，靠近佛山时迅速加强，14 时 12 分出现中气旋，最大反射率超过 65dBZ,形成超级单体风暴,而后稳定地向东偏北方向移动,并于 15 时 12 分前后进入广州荔湾,降雹后强度略有减弱,15 时 30 分进入黄埔境内再次加强,17 时则彻底移出广州。

在此过程中,CINRAD/SA 雷达最早识别出中气旋的时刻为 14 时 12 分,距离雷达 68 km,且与风暴 C_0 相对应,在 16 时 42 分最后识别出中气旋,距离雷达 49.4 km;对照番禺 X 波段双偏振相控阵雷达在 15 时 02 分第一次识别出该中气旋个例,距雷达 32 km,15 时 55 分为最后一次识别出该中气旋的时刻,距雷达 15 km。

9.2.2　生命史差异

从生命史来看,CINRAD/SA 雷达仅有 7 个时刻识别出中气旋:14 时 12 分、14 时 24 分、14 时 30 分、14 时 36 分、16 时 24 分、16 时 36 分、16 时 42 分。其中,在超级单体加强靠近广州的时段(14 时 48 分至 15 时 24 分),基本没有识别到中气旋,产品识别最强的是非相关切变,且这种识别是不连续的,而这个阶段又是广州发布冰雹预警的关键决定期,因而 CINRAD/SA 雷达对中气旋的识别效果具有明显的局限性。

重点对比观察 14 时 50 分至 15 时 30 分超级单体风暴在接近广州区域的 X 波段双偏振相控阵雷达表现情况。以番禺雷达的观测为例,14 时 50 分至 15 时 08 分之前位于番禺雷达西北方向遮挡明显的 30 km 范围以外的区域,相控阵基本没有识别出中气旋产品,这段时间从 CINRAD/SA 雷达的观测来看也是弱的旋转为主,二者相比没有明显优势。而在 15 时 09 分越过遮挡区域后靠近荔湾区的过程中,番禺 X 波段双偏振相控阵雷达连续识别出涡旋产品,并且一直持续到 15 时 55 分,当超级单体再次减弱远离雷达后就无法识别出涡旋产品了。整体来看,相控阵雷达对超级单体的观测生命史要更长。

9.2.3　中气旋参数差异

从中气旋参数方面来看,在 15 时至 16 时之间 CINRAD/SA 雷达 11 个时刻共有 5 个时刻识别出非相关切变,而相控阵雷达同一时期中 58 个时刻有 4 个时刻识别出中气旋,30 个时刻识别出非相关切变,相对来说非相关切变的识别率更高,对于更强的中气旋也有更高的识别率。

15 时 12 分两者均识别出了涡旋产品(图 9.18),CINRAD/SA 雷达识别的是非相关切变,仅在一层 4.2 km 高度上有识别结果,旋转直径为 4.5 km,而相控阵雷达识别出中气旋产品,垂直伸展自 1.1 到 4.5 km,旋转直径为 2.9 km。对比同时刻相近仰角的反射率因子和径向速度场可以看到,二者均能较清晰地显示出超级单体的钩状回波特征,但由于遮挡及观测距离的影响,CINRAD/SA 雷达低层的旋转特征部分被破坏,导致雷达只能观测到较高仰角处的旋转特征,而 X 波段双偏振相控阵雷达由于距离和观测角度适宜,能在多个角度观测到涡旋特征,因而识别结果较为清晰。

但相控阵雷达对中气旋的识别也存在一定的问题。首先是相控阵雷达的最大有效距离观测是较小的,如果是长生命史的超级单体可能会出现在中气旋识别在观测空间上的不连续问题,需要通过更好地组网算法进行订正。其次是衰减问题带来的强回波后侧和边缘信息的缺失问题,将会导致对流系统的中气旋识别时间上不连续,同时在空间上显示出一定的位置跳动情况。因此,数据质量控制以及雷达组网是完善中气旋识别算法的两个努力方向。

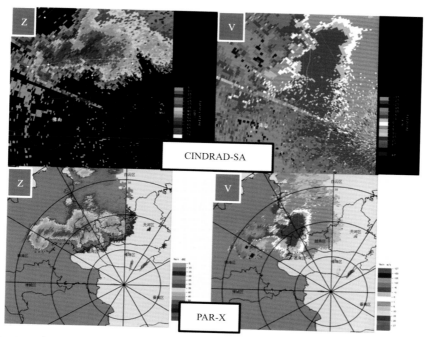

图 9.18　2022 年 3 月 26 日 15:12 广州 CINRAD/SA 雷达 4.3°仰角(上)和番禺相控阵雷达 4.5°
仰角(下)反射率因子和径向速度

9.3　X 波段双偏振相控阵雷达应用模块设计

利用前述雷达资料质量控制方法、雷达组网拼图方法,根据相控阵雷达产品建立的预警指标,广州市气象局研制了 X 波段双偏振相控阵雷达监测预警子系统,并集成到广州市气象局市区一体化短临监测预警平台中。该系统从业务结构上划分为两个独立的模块:(1)X 波段双偏振相控阵雷达监测预警产品处理子系统模块;(2)X 波段双偏振相控阵雷达监测预警显示模块。相控阵雷达应用如图 9.19 所示。

(1)X 波段双偏振相控阵雷达监测预警产品处理子系统模块:实时读取南沙、番禺、帽峰山、花都、南海等广州市多部相控阵雷达的基数据,按照数据结构解码出每条径向数据,并对雷达资料质量控制方法进行质量控制,基于仰角对每部相控站雷达进行 PPI 投影,以及基于等高面的 CAPPI 投影和组网,生成 $0.9° \sim 20.7°$ 共 12 个仰角,以及 $0.5 \sim 19 \text{ km}$ 高度的 Z_h、V_r、Z_{dr}、K_{dp}、C_C、HDROS 等相控网雷达基础产品,并通过二次运算,生成 CR、MTOP、VIL 等组合产品,通过定量降水估测和强降水、大风、冰雹、龙卷等识别模型,生成 QPE、风暴路径、强降水、大风和冰雹等产品,入库保存。

(2)X 波段双偏振相控阵雷达监测预警产品显示模块:在 WebGIS 地图上实现 Z_h、V_r、Z_{dr}、K_{dp}、C_C、HDROS、CR、MTOP、VIL、QPE、风暴路径、强降水、大风和冰雹等产品的检索、可视化、缩放、漫游、动画播放和剖面分析等功能。

9.3.1　雷达监测预警产品处理子系统

X 波段双偏振相控阵雷达体扫周期短、空间分辨率高、产品丰富(大约 11 种数据)、站点密

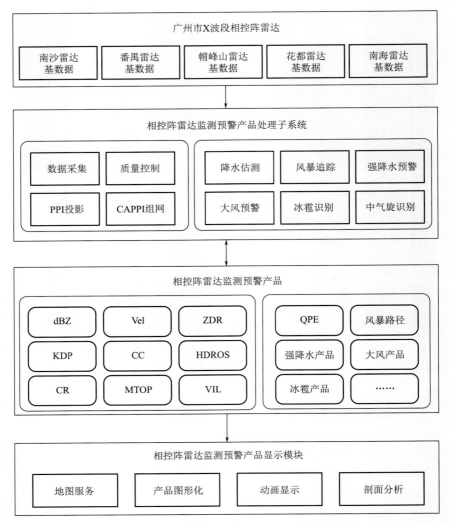

图 9.19　X 波段双偏振相控阵雷达应用总体框架图

集(广州范围内有 7 部 X 波段双偏振相控阵雷达),如何在尽可能短(通常在 5 min 之内)处理完海量基数据,是本子系统的巨大挑战。

本子系统借助广州市气象局大数据库云平台的可弹性伸缩计算资源池,以及相控阵雷达网格产品的特点,采用多进程(线程)以及并行运算技术,实现 5 min 内完成相控阵雷达基数据的采集、解码、质量控制、PPI 投影、CAPPI 投影、组网拼图和告警识别,生成各种 Z_h、V_r、Z_{dr}、K_{dp}、C_C、HDROS、CR、MTOP、VIL、QPE、风暴路径、强降水、大风和冰雹等产品,入库保存。

X 波段双偏振相控阵雷达监测预警产品处理子系统结构如图 9.20 所示。

(1)网格预运算:每部相控阵雷达进行 PPI 和 CAPPI 投影时,均需要利用基数据的仰角、方位角和距离库进行插值,为了减少过程运算量,提供运算速度,根据每部 X 波段双偏振相控阵雷达的中心位置,设定好网格的行列数和空间分辨率,按照 0.9°~20.7°共 12 个仰角,分别生成基于方位角、距离库和高度的三种网格数据。

(2)数据处理:通过对各部相控阵雷达数据文件路径的实时扫描,发现新生成数据文件后,

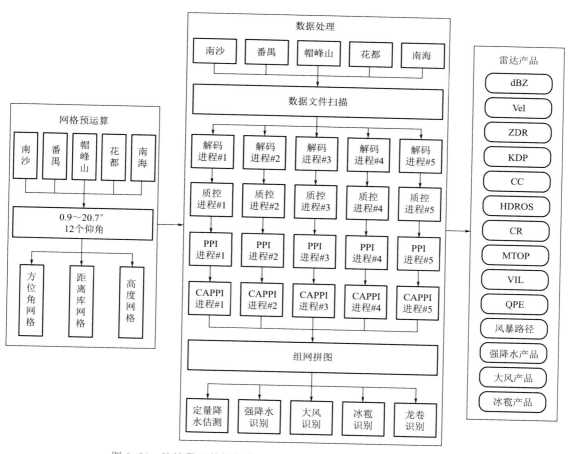

图 9.20　X波段双偏振相控阵雷达监测预警产品处理子系统结构

创建对应的解码进程,利用雷达资料质量控制方法进行质控后,启用 PPI 和 CAPPI 投影生成,生成单部雷达的 Z_h、V_r、Z_{dr}、K_{dp}、C_C、HDROS 等网格产品,同一时间的多部相控阵雷达产品生成完毕后,进行组网拼图,从而得到覆盖广州范围的各种精细化相控阵雷达产品,启动定量降水估测、强降水识别、大风识别、冰雹识别和龙卷识别,生成 QPE、强降水、大风、冰雹等产品。

9.3.2　雷达监测预警产品显示模块

基于广州市气象局市区一体化短临监测预警平台中,研发 X 波段双偏振相控阵雷达监测预警产品显示模块,实现各种相控阵雷达产品的显示和分析,如图 9.21 所示。

X 波段双偏振相控阵雷达监测预警产品显示模块包括了强天气告警、基础产品、融合产品、监测预警产品、风暴追踪、外推产品、动画播放等功能。

9.3.2.1　强天气告警

为加强对上游地区天气的实况监测,根据强对流天气的生消和移动速度,设置了 50 km 警戒区,以及 100 km 和 150 km 戒备区,当警戒区或戒备区内自动站或相控阵雷达监测到强对流天气时,在相应位置上进行闪烁,提醒预报员该地区出现强对流天气,如图 9.22 所示。

图 9.21 广州市区一体化短临监测预警平台 X 波段双偏振相控阵雷达应用模块

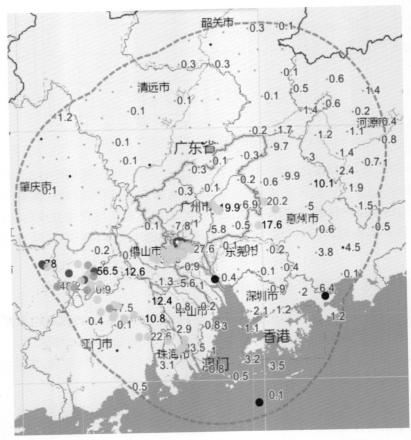

图 9.22 广州市区一体化短临监测预警平台强天气实况告警

图 9.22 中红色、橙色、黄色、蓝色圆点是根据气象自动站的实况监测数据,设置过去 1 h 累计降水、过去 3 h 累计降水、过去 1 h 极大风等要素的阈值,当实况监测值超过阈值时,按照严重程度进行红色、橙色、黄色和蓝色告警提醒。

同时利用相控阵雷达的反射率因子、云顶高度、垂直液态含水量 VIL、差分反射率因子 Z_{dr} 等数据,识别出强降水和大风的区域,并绘制该区域,如图 9.23 所示。点击右下角的告警图标,可以控制不同强天气告警在地图上的显示。

图 9.23　广州市区一体化短临监测预警平台基于 X 波段双偏振相控阵雷达的强天气告警

9.3.2.2　X 波段双偏振相控阵雷达基础产品显示

X 波段双偏振相控阵雷达基础产品包括 C_R、K_{dp}、CK_{dp}、C_C、Z_{dr}、TOPS、Z 等产品,通过时间、产品等控制选项,选中要显示的产品,系统根据产品名称列出该产品对应的高度层并显示(图 9.24)。

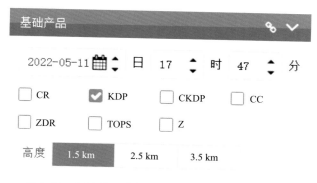

图 9.24　X 波段双偏振相控阵雷达基础产品选项卡

同时系统根据选中的产品、时间和高度层,从数据库中检索相应时刻的产品,按照"值-色标"映射关系,将产品渲染成色斑图后,叠加在 WebGIS 地图上显示,并随地图实现缩放和漫游。图 9.25 中 a—f 分别为 C_R、K_{dp}、C_C、Z_{dr}、TOPS 和 Z。

9.3.2.3　X 波段双偏振相控阵雷达融合产品显示

X 波段双偏振相控阵雷达融合产品是将各个垂直高度层的 C_R 按照规则融合为一个平面上的反射率产品。选中要 C_R 产品,系统从数据库中检索相应时刻的产品,按照"值-色标"映射关系,将产品渲染成色斑图后,叠加在 WebGIS 地图上显示,并随地图实现缩放和漫游。

MCR 融合产品的显示如图 9.26 所示。

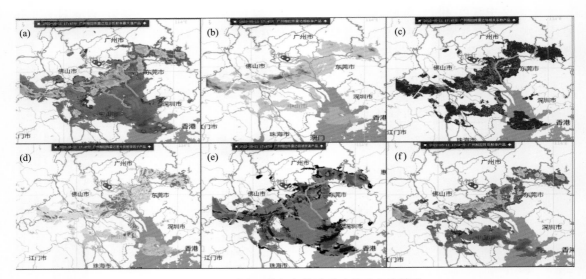

图 9.25　X 波段双偏振相控阵雷达基础产品展示

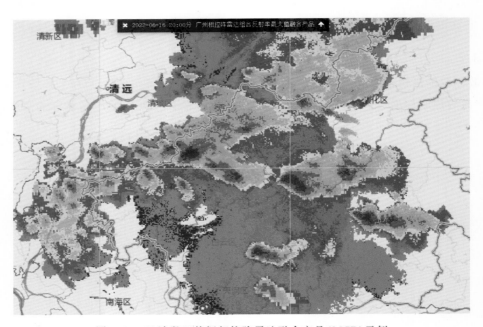

图 9.26　X 波段双偏振相控阵雷达融合产品（MCR）示例

9.3.2.4　X 波段双偏振相控阵雷达监测预警产品显示

X 波段双偏振相控阵雷达监测预警产品包括了强降水、冰雹和大风三大类产品。

（1）强降水

强降水监测预警产品包括了瞬时雨强，逐 5 min、逐 10 min、逐 15 min、逐 30 min 和逐小时的定量降水产品，已经通过强降水预警指标识别出来的暴雨告警产品。

选中相应时长的强降水产品，系统从数据库中检索相应时刻的产品，按照"值-色标"映射关系，将产品渲染成色斑图后，叠加在 WebGIS 地图上显示，并随地图实现缩放和漫游。图

9.27 中 a—f 分别为瞬时雨强、5 min 累计定量降水估测产品（QPE 10M）、10 min 累计定量降水估测产品（QPE 10M）、15 min 累计定量降水估测产品（QPE 15M）、30 min 累计定量降水估测产品（QPE 30M）和 1 h 累计定量降水估测产品（QPE 1H）

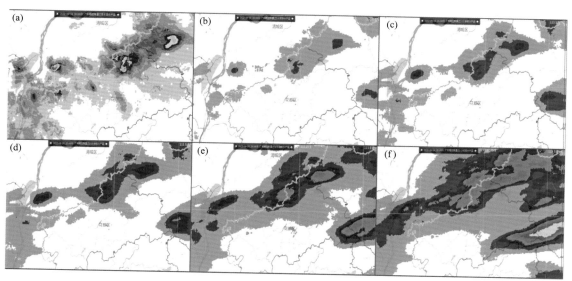

图 9.27　X 波段双偏振相控阵雷达定量降水估测产品示例

　　利用 X 波段双偏振相控阵雷达定量降水估测产品，结合 C_R、K_{dp} 等 X 波段双偏振相控阵雷达探测产品，研发了暴雨告警产品，实时识别出强降雨区域，并在地图上绘制出现强降雨的位置（图 9.28a），还可叠加其他 X 波段双偏振相控阵雷达产品进行综合分析，如 MCR 产品（图 9.28b）。

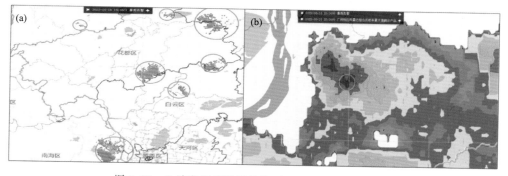

图 9.28　X 波段双偏振相控阵雷达暴雨告警产品示例

　　暴雨告警产品各指标的阈值可以动态修改（图 9.29），管理员通过该界面设置新的阈值后，将阈值保存到数据库中，系统将根据新的阈值进行暴雨告警识别。

　　（2）冰雹

　　在"监测预警"栏目中选中"冰雹"，出现时间、产品和高度层选项，如图 9.30 所示。

　　选中 HYDROS 产品和对应的高度层，系统从数据库中检索相应时刻的产品，从水凝物分类产品中过滤出冰雹粒子对应的值，按照"值-色标"映射关系，将产品渲染成色斑图后，叠加在 WebGIS 地图上显示，并随地图实现缩放和漫游（图 9.31）。

图 9.29　暴雨告警产品阈值修改

图 9.30　冰雹识别产品选项卡

（3）大风

大风监测预警模块包含了单雷达 PPI 投影、多雷达拼图、过滤值设置和大风告警等选项。

单雷达（PPI）包括了帽峰山、番禺、南沙、花都和南海等 5 部相控阵雷达，将每部 X 波段相控阵雷达不同仰角的径向速度数据进行 PPI 投影和融合，生成精细化网格产品。选中要显示的相控阵雷达（例如帽峰山），系统从数据库中检索出该部雷达在该时刻的融合 V_r 网格数据，按照"值-色标"映射关系，将产品渲染成色斑图后，叠加在 WebGIS 地图上显示，并随地图实现缩放和漫游（图 9.32a）。

大风拼图将帽峰山、番禺、南沙、花都和南海等 5 部相控阵雷达的径向速度产品进行组网后，取 1～5 km 垂直高度下的最大径向速度值，生成精细化网格产品。选中大风拼图后，系统从数据库中检索出该时刻的 V_r 拼图网格数据，按照"值-色标"映射关系，将产品渲染成色斑图

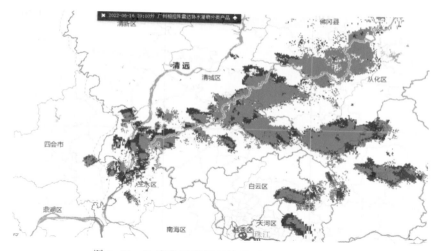

图 9.31　X波段双偏振相控阵雷达冰雹识别产品

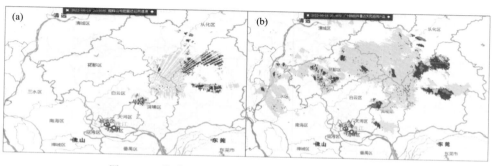

图 9.32　单雷达融合 V_r 产品(a)和大风拼图产品(b)

后,叠加在 WebGIS 地图上显示,并随地图实现缩放和漫游(图 9.32b)。

　　阈值过滤。通过设置径向速度的阈值,对 PPI 或大风拼图中的值进行过滤,例如设置高度层为 3 km,过滤值为 15 m/s,则系统从数据库中检索出 0.5～3 km 高度的网格数据,融合成单一平面的 V_r 数据后,过滤出大于 15 m/s,按照"值-色标"映射关系,将产品渲染成色斑图后,叠加在 WebGIS 地图上显示,并随地图实现缩放和漫游。过滤值设置后的大风拼图如图9.33 所示。

　　大风告警。大风告警产品是根据大风指标(CR、VIL、TOPS、Z_{dr} 和 V_r)实时识别出来的产品,在地图上绘制出现大风的位置(图 9.34a)。大风告警还可叠加其他相控阵雷达产品进行综合分析,如(图 9.34b)为叠加了 MCR 产品之后的效果。

　　大风告警产品各指标的阈值可以动态修改(图 9.35),管理员通过该界面设置新的阈值后,将阈值保存到数据库中,系统将根据新的阈值进行大风告警识别。

9.3.2.5　风暴路径追踪

　　风暴路径追踪是将当前时刻的风暴单体与过去 1 h 的风暴单体进行关联,形成风暴单体的移动路径,并对风暴单体进行未来 1 h 的预报,形成风暴单体的移动路径。风暴路径追踪提供时间、筛选和过滤条件等控制选项。

　　选中风暴追踪后,系统从数据库中检索出该时刻的风暴单体移动路径,绘制成黑色的实况

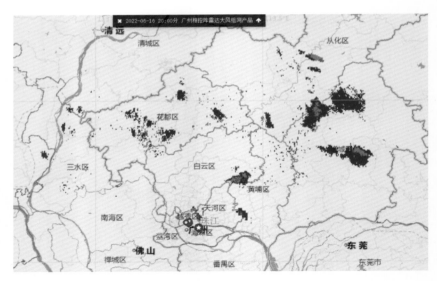

图 9.33　阈值过滤后大风产品示例

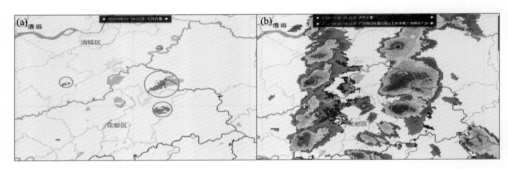

图 9.34　大风告警产品示例

路径和蓝色的预报路径(图 9.36a)。风暴单体包括了过去 1 h 和未来 1 h 的逐 10 min 路径点,鼠标移入这些路径点,显示风暴单体的各个物理量(图 9.36b)。

　　系统支持按照风暴属性参数对风暴进行筛选,设置筛选条件后,点击"进行过滤"按钮,页面上只显示符合条件的风暴路径(图 9.37a)。设定大风的阈值条件后,系统在大风概率满足设置阈值的雷波单体上进行标识(图 9.37b)。

9.3.2.6　产品动画播放

　　对相控阵雷达基础产品、融合产品、监测预警产品等进行显示时,系统根据选择的时间和产品,往前查找连续时间的产品文件,生成产品动画播放控制器(图 9.38)。点击播放按钮后,系统加载该对应时刻的产品数据,渲染成色斑图后叠加在地图上显示,形成产品的动画播放效果。同时播放按钮会变成停止播放按钮,点击后停止动画播放。鼠标移入每一帧时,会加载该时刻的相控阵雷达产品图。

9.3.2.7　雷达剖面分析

　　选中"剖面图"按钮后,鼠标在地图上左键点击作为剖面图的起点,移动鼠标到新位置后,点击鼠标左键,作为剖面图的截至位置,系统根据起始位置从三维雷达立体数据中读取数据

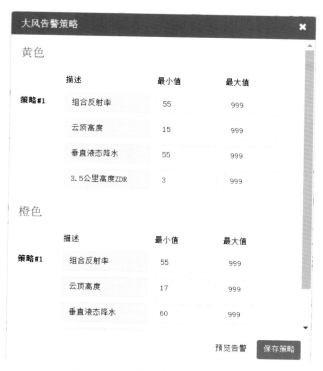

图 9.35　大风告警产品阈值修改

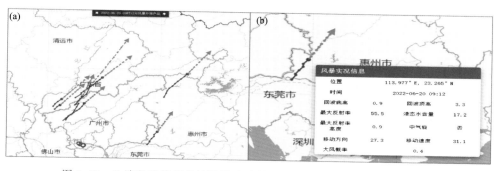

图 9.36　X 波段双偏振相控阵雷达风暴追踪产品(a)及风暴属性参数(b)

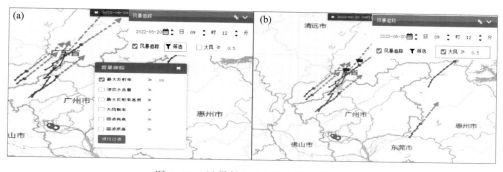

图 9.37　风暴筛选(a)和大风标识(b)

图 9.38　产品动画播放控制

后,按照"值-颜色"映射关系,绘制成色斑图,如图 9.39 所示。

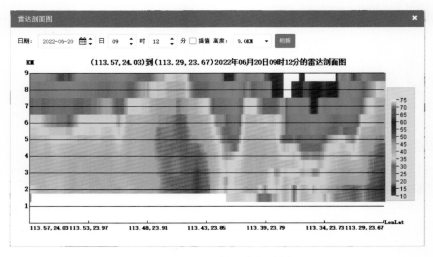

图 9.39　雷达剖面分析示例

9.4　本章小结

本章介绍了基于天气个例,从海量 X 波段双偏振相控阵雷达数据中凝练出来的强降水、雷雨大风、冰雹、龙卷等强对流天气的预警关键因子和重要指标,初步实现强对流天气的智能识别和自动提醒,成果集成到广州市气象局市区一体化短临监测预警平台中应用,为强对流天气监测预警提供了有力支撑。

自 X 波段相控阵雷达组网建设及应用以来,暴雨、雷雨大风和冰雹等强对流天气预警提前量由 50 min 提前到 63 min。X 波段相控阵雷达对龙卷监测预警能力的提升尤为显著,据 2021—2023 年统计数据,S 波段雷达 TVS 命中率为 38%,X 波段相控阵雷达 TVS 命中率为 50%,如 2022 年台风"暹芭"影响下的广州市花都区龙卷天气过程,基于 X 波段相控阵雷达网的快速融合观测,当地气象局成功捕捉到龙卷涡旋特征,提前 43 min 成功对龙卷进行预警,通过强联动实现危险区域人员及时转移,成功避免了人员伤亡。

第 10 章

应用案例

10.1　2018 年横渡珠江服务

10.1.1　服务概况

2018 年横渡珠江活动期间,受强盛的西南急流影响,天气不稳定,活动现场雷雨频密。当天上午以多云到阴天天气为主,间中出现短时阵雨。从 12 时起陆续有雷雨云团从东方移近,比赛现场以雷阵雨天气为主,并伴有 6～7 级短时大风。

13 日 12 时 15 分,黄埔区有局地生成的雷雨云团逐渐向东移动,并发展加强。此时组委会临时决定 12 时 50 分前后鸣枪下水,提前开始活动。现场气象保障组通过研判回波发展动态,得出结论:预计雷雨云团将在 13 时前后会影响比赛现场,建议暂时停止下水。并立即向组委会汇报最新天气结论,出于降低风险的考虑,建议将下水时间往后推迟 20～30 min。组委会听取了建议后,果断决定推迟下水,避开了这一时段的雷阵雨和短时大风。13 时 30 分左右,雷雨云团移出比赛现场,组委会于 13 时 32 分鸣枪,正式开始下水横渡珠江。然而,此时比赛现场东南方向有南、中、北三块雷雨云团不断靠近,中间雷雨云团较大可能影响比赛现场。经推断,对活动会产生较大影响的雷电将发生在活动现场以北的 1 km 以外,对活动的影响较小。通过高分辨率的 X 波段双偏振相控阵雷达追踪实况雷雨云团动态,雷雨云团从珠江北面的天河区、越秀区移过,并出现了闪电和打雷,江面并没有出现大雨和大风,活动得以正常进行。14 时 40 分左右,最后一支方队上岸。而相控阵雷达显示 15 时起仍有中雷雨和 6 级左右阵风,对后续撤场工作有一定影响。15 时 10 分横渡珠江活动结束,气象保障任务圆满完成(图 10.1)。

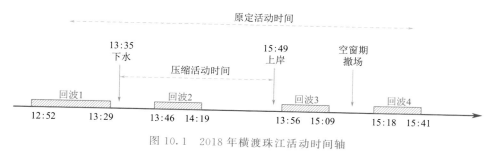

图 10.1　2018 年横渡珠江活动时间轴

10.1.2　短期预报服务

在短期预报方面,提前通过《重大气象信息快报》明确提出横渡珠江当天可能有雷雨天气。

10日的气象快报中指出"预计,横渡珠江当天,出现中雷雨概率较大。如在活动期间,出现雷电、短时大风等强对流天气"。

12日下午通过分析研判:认为13日活动举行期间,雷雨频繁,但仍有间歇,可以举行活动的可能性,并向市领导及横渡珠江活动组委会提供了以下服务信息:【2018年广州横渡珠江天气】根据目前各家数值预报模式综合研判,预计受东南急流加强影响,7月13日上午9时至14时,活动地点附近有中到强雷雨,累计雨量20~40 mm,最大小时雨强可达10~20 mm,雷雨时伴有雷电和6~8级短时大风;活动期间14时至17时,雷雨有减弱的趋势,会出现有利于活动举办的窗口期。但强降雨具体时段和强度的预报还有不确定性,我局明天一早会派出工作组到现场,加强监测,加强分析研判和预报,加密向组委会信息报告的次数。

13日9时发布了以下服务信息:【2018年广州横渡珠江天气】目前番禺、南沙有分散雷雨云团缓慢向西北方向移动,对活动现场暂无明显影响;活动现场目前多云到阴天,气温28 ℃,体感温度30 ℃,偏东风2级,相对湿度85%,紫外线指数2(很弱)。预计09—11时,活动现场阴天,有(雷)阵雨,累计雨量5~15 mm,最大小时雨强可达10 mm左右,可能伴有雷电和6级左右短时大风。活动期间13时至16时,雷雨有减弱的趋势,会出现有利于活动举办的窗口期。但强降雨具体时段和强度的预报还有不确定性,请各单位还需做好最不利气象条件的各项准备。

10.1.3　短临预报服务的雷达应用

活动当天香港站08时探空资料分析结果显示,上游地区湿层深厚,垂直风切小,有利于强降水的发生,局地有大风和雷电(俞小鼎 等,2020)(图10.2)。

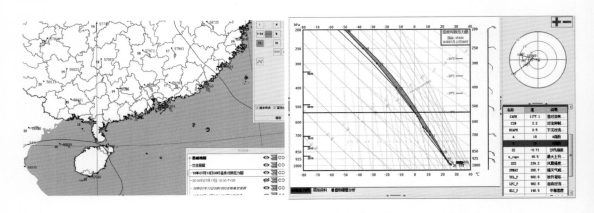

图 10.2　7月13日08时850 hPa风场和香港探空 T-ln$P$ 图

活动过程中,第一段雷雨发生在12时52分至13时29分。X波段双偏振相控阵雷达和一体化短临预警平台的风暴跟踪产品情况(图10.3)显示,广州的东部有降水回波生成,并快速发展、向西偏北方向移动。对降雨回波进行分析研判后,现场保障小组口头紧急通知指挥部推迟下水,并在微信群发服务信息。

第二段雷雨发生在13时46分至14时19分。X波段双偏振相控阵雷达、雷暴跟踪和QPE产品显示,黄埔、番禺、海珠区三块区域回波发展。预计雷雨将持续约15 min,雷雨时最大阵风6级左右,对比赛有一定影响(图10.4)。

雷雨云团从珠江南北两侧移过,珠江两岸出现了雷电,江面并没有出现大雨和大风,活动

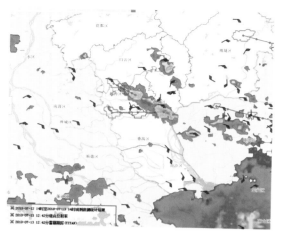

图 10.3　X 波段双偏振相控阵雷达 12 时 41 分组合反射率及风暴追踪

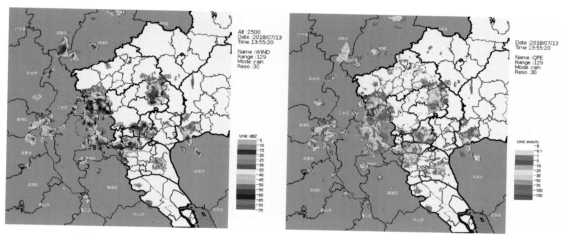

图 10.4　X 波段双偏振相控阵雷达 13 时 55 分分组反射率（左）和 1 h QPE（右）

正常进行。现场保障组发布了以下服务信息：

【2018 年广州横渡珠江天气】目前有雷雨云团自东向西影响活动现场，预计雷雨将持续约 15 分钟，雷雨时最大阵风 6 级左右，对比赛有一定影响，请注意安全（广州市气象台现场气象服务保障组 2018 年 7 月 13 日 14 时）。

13 时 30 分左右，雷雨云团移出比赛现场，组委会于 13 时 32 分鸣枪，正式开始下水横渡珠江。

14 时 06 分比赛现场东南方向有南、中、北三块雷雨云团不断靠近，为了安全以防万一，在微信群中发布"建议暂时停止下水，下水的请加快横渡"，另外通过处领导向指挥部报告了情况。

第三段雷雨发生在 14 时 56 分至 15 时 09 分（图 10.5）。14 时 30 分现场预报员根据监测与研判，东边的强对流云团（图 10.5 中的黑圈）将于 14 时 55 分前后影响到横渡江面，此时给出指挥部的意见是 14 时 50 分前全部方队要上岸。

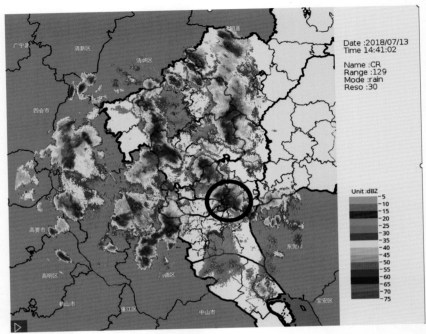

图 10.5　X 波段双偏振相控阵雷达 14 时 41 分组合反射率

10.1.4　小结

横渡珠江活动多在广东的后汛期举行,午后强对流天气变化剧烈,局地性强,在短期预报时效中很难给出定点定时定量的精准预报,所以活动的保障服务主要依靠雷达进行监测和预警。对于重大活动保障,全球模式的分辨率难以满足服务需求,虽然 CMA-GD(3 km)和 CMA-GD(1 km)能提供一定的支撑,但实际的预报效果仍不尽人如意。在本次保障过程中,高时空分辨的 X 波段双偏振相控阵雷达发挥了巨大的优势,扫描时间的减少,为现场保障的预报员精确地抓住时间、范围和强度,提供强有力的支撑,特别是利用相控阵雷达为组委会活动临时调整提供精细到分钟级决策支撑,为活动的举办腾出了宝贵的时间窗口。

10.2　2021 年花都山火气象雷达监测

10.2.1　概况

2021 年 1 月 17 日 13 时 34 分左右,花都区狮岭镇红崩岗汾水岭善德园公墓墓地附近发生山林火情,市森林防火指挥部迅速启动Ⅲ应急响应,现场明火于 1 月 19 日上午 7 时被全部扑灭,火情未造成人员伤亡和重要设施建筑损毁。

1 月 17 日至 19 日,受到中等偏强冷空气影响,狮岭镇红崩岗汾水岭善德园公墓墓地附近以晴天为主,无降水,气温 1.3~20.4 ℃,昼夜温差极大;17 至 18 日阵风 4~6 级,主导风向以东北风为主;19 日风力减弱为 1~3 级,无固定主导风向;相对湿度介于 23%~99%。花都区气象局于 2020 年 12 月 14 日 9 时发布森林火险黄色预警信号,29 日 9 时升级为橙色预警,30

日 15 时升级为红色预警。火灾发生前,森林火险预警信号已生效 30 余天。

10.2.2　X 波段双偏振相控阵雷达监测识别

本次过程中,花都区的相控阵雷达离火点仅 15 km 左右,广州市气象台首次尝试用相控阵雷达对林火进行监测和识别,为气象保障服务提供支撑。

图 10.6 给出了 2021 年 1 月 17 日花都 X 波段双偏振相控阵雷达 13 时 50 分(a)、13 时 55 分(b)和 14 时(c)的组合反射率 CR 图。可以看出,火点初始位置回波形成强度较强,能达到 35 dBZ 以上。回波往南偏西方向传播,这是其下风向,回波强度向下风方由强到弱传递。根据(张深寿 等,2017)的研究,雷达探测大火或爆炸的基本原理是间接探测,有两种回波形成机制:一是燃烧的枝叶或爆炸时有导电介质的物质粒子对雷达电磁波的散射,它是雷达电磁波后向散射的主要因素;二是持续燃烧产生的大气湍流对雷达电磁波的散射。两种散射机制在雷达探测林火回波时一般都同时存在,而且第一种机制占据主导地位,湍流产生的回波强度在爆炸初期及林火热对流柱上空可以忽略不计;当爆炸一段时间后或者林火对流柱下风方,颗粒粒子浓度稀释及较大粒子的坠落,而高的温度梯度引起的湍流还在持续,第二种机制的作用就会更明显,和第一种机制一起,产生一些较弱的回波。林火发生时,在合适(如晴空、干燥等)的天气条件下,一般迅速发展,在地面产生局部高温然后形成热对流柱,把燃烧和未完全燃烧的树叶及小枝等抬升到较高的空中,到达雷达所能探测到的最低高度后,雷达能接收到由于林火抬升未被完全燃烧能被电磁极化的散射物的后向散射而形成回波。

从前述可知,17 至 19 日当地天气晴朗干燥,适宜利用相控阵雷达对林火进行监测。花都林火体呈现出类似的特征:林火产生的烟尘、树叶等漂浮物在受热经对流升空后受 850—700 hPa 高度的高空气流的影响,往其下风方扩散,热对流的湍流也向下风方由强到弱传递。另外,与降水回波不同,林火燃烧期间回波整体一般不会移动,但会以扩散的方式向低空的下风方发展变化。

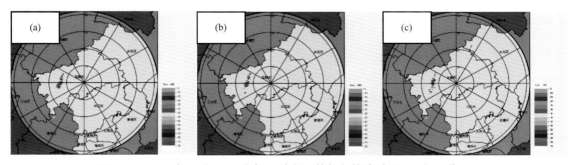

图 10.6　2021 年 1 月 17 日花都 X 波段双偏振相控阵雷达 13 时 50 分(a)、
13 时 55 分(b)和 14 时(c)组合反射率 CR 图

图 10.7 给出了 2021 年 1 月 17 日花都 X 波段双偏振相控阵雷达 13 时 50 分(a)、13 时 55 分(b)和 14 时(c)的相关系数 C_C 图。可以看出,林火和鸟、昆虫均为非气象回波,形状变化复杂,返回的 C_C 值基本都在低于 0.8。这是因为林火产生的漂浮物形状极不规则,是条形(小枝)、面型(小叶)等,而不是雷达方程里假设的典型的球形物体,水平和垂直脉冲变化不一致,C_C 低。

通过分析 2021 年 1 月 17 日花都 X 波段双偏振相控阵雷达 13:50(a)、13:55(b)和 14:00

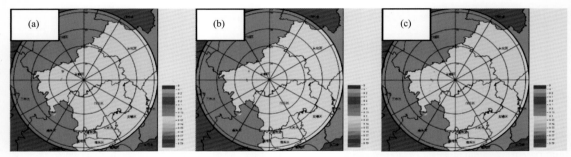

图 10.7　2021 年 1 月 17 日花都 X 波段双偏振相控阵雷达 13 时 50 分(a)、
13 时 55 分(b)和 14 时(c)相关系数 C_C 图

(c)水凝物识别 HYDROS(图 10.8)。可见林火的回波 HYDROS 值在 0～1 左右,识别为小雨和中雨。有研究(疏学明等,2006)分析认为废旧木材和生活区化学材料的混燃,会使初始碳黑颗粒凝并成大颗粒凝团。花都林火火场与环境大气迅速形成对流补偿机制,火区外围的水汽或空气中的气溶胶被碳黑凝团吸附使碳黑凝团进一步增大,从而被 X 波段双偏振相控阵雷达降水模式清晰接收。

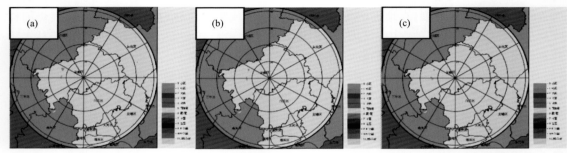

图 10.8　2021 年 1 月 17 日花都 X 波段双偏振相控阵雷达 13 时 50 分(a)、
13 时 55 分(b)和 14 时(c)HYDROS 图

2021 年 1 月 17 日花都 X 波段双偏振相控阵雷达 13:50(a)、13:55(b)和 14:00(c)差分相移率 K_{dp}(图 10.9)显示,K_{dp} 值基本为负值,这说明雷达回波中不存在液态水含量。另外,林火回波的差分相移率非常噪,这主要归因于后向散射差分相移效应。对于非气象回波,如鸟和地物杂波等,会有明显的后向散射差分相移。后向散射差分相移的总量因物体的形状和尺寸不同而不同。基于这些原因,差分相移率 K_{dp} 在因地物和鸟回波等影响而导致 C_C 值低于0.90 的情况,并不计算和输出结果。

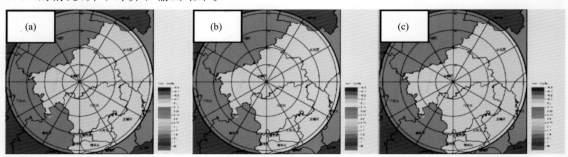

图 10.9　2021 年 1 月 17 日花都 X 波段双偏振相控阵雷达 13 时 50 分(a)、
13 时 55 分(b)和 14 时(c)差分相移率 K_{dp} 图

差分反射率 Z_{dr} 监测显示(图 10.10),林火回波的差分反射率噪声特征明显,值可以很大,也可以很低。林火回波与降水回波不同(杨祖祥 等,2019),因其形状和尺寸变化更大所以其 Z_{dr} 值的变化也大。如前所述,这是因为林火产生的漂浮物形状极不规则,多为条形(小枝)、面型(小叶)等。由于 Z_{dr} 提供关于雷达回波粒子中值形状的信息,对于球形粒子(如毛毛雨),水平和垂直通道的反射率基本相等,这样水平和垂直反射率的差接近 0,即 Z_{dr} 约 0dB。水平方面排列的水凝物如雨滴会有正的 Z_{dr} 值,而垂直排列的水凝物如垂直排列的冰晶会有负的 Z_{dr} 值(图 10.11)。

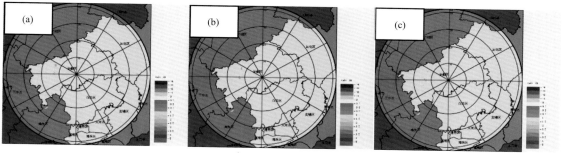

图 10.10 2021 年 1 月 17 日花都 X 波段双偏振相控阵雷达 13 时 50 分(a)、
13 时 55 分(b)和 14 时(c)差分反射率 Z_{dr} 图

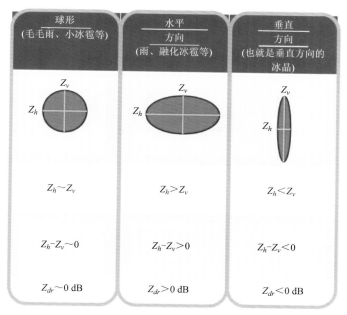

图 10.11 差分反射率(Z_{dr})揭示了脉冲体积中物体的形状

10.2.3 小结

根据雷达探测的特点,利用 X 波段双偏振相控阵雷达来探测林火的优点主要有:

(1)高时间分辨率,根据林火回波得出林火发展趋势信息对于森林防火扑火指挥有较好的参考与支撑;

（2）高空间分辨率,对探测林火的空间分辨率比卫星和 CINRAD/SA 雷达要高;

（3）相控阵雷达的灵敏度高,对林火起火初期就能有所反应;

雷达探测林火也有明显的缺点:

（1）林火的雷达回波尺度小、强度弱,混杂在残余地物、弱降水（或云雾）之中,难以分辨;

（2）由于地球曲率和雷达探测方式的影响,离雷达距离越远雷达所能探测最低高度越高,而林火热对流发展有限,所以雷达探测林火有效的距离有限制。

第 11 章

小结及展望

11.1 广东省相控阵雷达未来组网计划

广东省相控阵天气雷达网计划由 108 部 X 波段双偏振相控阵雷达组成(图 11.1),其中 39 部为粤港澳大湾区雷达网规划站点,69 部为粤东西北市精准预警 X 波段双偏振相控阵天气雷达网规划站点。截至 2023 年 4 月已建雷达 46 部,其中广州市 6 部、佛山市 3 部、珠海市 4 部、中山市 2 部、深圳市 2 部、江门市 5 部、东莞市 3 部、惠州市 4 部、肇庆市 6 部、清远市 4 部、河源市 4 部、汕头市 1 部、茂名市 1 部、湛江市 1 部。

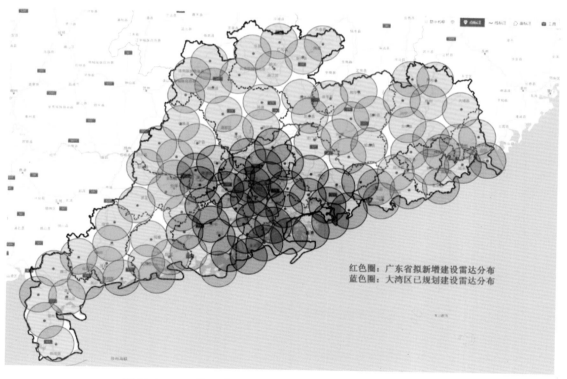

图 11.1　108 部 X 波段双偏振相控阵雷达(计划)位置示意图

详细地址见表 11.1,表中站址已经过初步选址论证,需要指出的是,后期建设时仍可能根据实际情况进行修正。

表 11.1   X 波段双偏振相控阵雷达选址规划

地市	名称	海拔/m
广州(7)	广州市气象局	34
	花都区气象天文科普馆	35
	农业气象试验站	18
	白云区帽峰山	515
	从化区灯盏架山	154.8
	增城区荔城街棠村	30.7
	南沙区黄山鲁森林公园	392
深圳(4)	求雨坛气象雷达基地	343
	西涌	160
	深汕百安岭	25
	深圳罗湖区	14
珠海(4)	珠海市唐家湾镇	180
	珠海市高栏港区	390
	珠海市斗门区	586
	珠海市横琴区	446
东莞(3)	麻涌	6
	清溪	106
	松山湖	7
中山(2)	中山市新安村	135
	中山市阜沙镇	1
江门(7)	江门蓬江区雷达楼	51
	台山市村元山	34
	开平市开平大道	29.3
	恩平市大田镇	69.3
	新会区崖门镇	0
	鹤山市双合镇	/
	上川岛	/
佛山(2)	三水金本江	30
	都宁岗森林公园	60
惠州(6)	博罗气象观测站站址	50
	惠东观测站站址	85
	大亚湾螺岭公园	70
	白盆珠水库站址	91
	惠东县尖峰顶	267
	龙门县	

续表

地市	名称	海拔/m
肇庆（6）	四会贞山观测站	40.1
	肇庆市高要区	60
	封开县	/
	德庆县	/
	怀集县	/
	广宁县	/
香港（2）	香港离岛区	235
	香港西贡区	208
湛江（6）	徐闻	/
	雷州市	/
	遂溪县	/
	湛江市区	/
	廉江市	/
	吴川市	/
茂名（5）	化州市	/
	茂名市区	/
	电白区（海洋基地）	/
	高州市	/
	信宜市	/
阳江（5）	阳春市	/
	阳西县	/
	阳江市区	/
	阳东县	/
	阳江海陵岛（海洋基地）	/
云浮（5）	云浮市区	/
	罗定市	/
	新兴县	/
	郁南县	/
	云安县	/
清远（8）	清远清新区	/
	清远佛冈县	/
	清远阳山县	/
	清远连南自治县市	/
	清远清新区	/
	清远英德市	/
	清远连山壮族瑶族自治县	/
	清远连州市	/

地市	名称	海拔/m
河源（7）	河源市区	/
	连平县	/
	和平县	/
	紫金县1	/
	紫金县2	/
	龙川县	/
	东源县	/
梅州（7）	梅州市区	
	五华县	/
	丰顺县	/
	大埔县	/
	蕉岭县	/
	平远县	/
	兴宁市	/
汕尾（4）	汕尾市区	/
	陆丰市	/
	海丰县	/
	陆河县	/
揭阳（4）	揭阳市区	/
	普宁市	/
	揭西县	/
	惠来县（海洋基地）	/
潮州（2）	潮州市区	/
	饶平	/
汕头（2）	汕头市区	/
	南澳（海洋基地）	184
韶关（8）	韶关市区	/
	乳源瑶族自治县	/
	翁源县	/
	乐昌市	/
	始兴县	/
	南雄市	/
	仁化县	/
	新丰县	/

注：表中"/"表示缺数据

11.2　粤港澳大湾区组网雷达运行效果

在中国气象局和广东省委、省政府的大力支持下,截至 2022 年底,广东省 X 波段相控阵雷达探测示范网已在珠海、中山、广州、佛山、清远、肇庆、江门、东莞、惠州和深圳等市总计布设雷达 46 部,构成的协同式精细化天气观测系统,是国内首个区域性协同式精细化相控阵天气雷达网,也是目前全球覆盖区域面积最大的协同式精细化相控阵天气雷达网。

在已部分建成的粤港澳大湾区 X 波段雷达组网业务运行过程中,其在灾害性天气监测、弥补低空盲区以及三维风场反演等方面取得一定的成果:

(1)科学合理地部署 X 波段双偏振相控阵天气雷达站点,补足粤港澳大湾区低空覆盖能力。按照空间范围、观测时效、服务需求等三个维度对广东省相控阵天气雷达监测网进行科学布局,通过大力布设站点,目前广东省近地层 1 km 覆盖面由 60%～70% 提升为 99%,大范围灾害性天气监测率与中小尺度突发性灾害性天气监测率显著提升,基本实现对龙卷、台风、暴雨等强对流天气的初生和发展的无盲区监测,提高了对气象预报预警的支撑力度。

(2)通过对强对流过程中相控阵雷达探测产品的分析与总结,对单体的发生发展特征进行凝练,初步建立了基于相控阵雷达的强对流分类(短时强降水、雷雨大风、冰雹)的预警指标。通过基于 WebGIS 的 SWIFT(Severe Weather Integrated Tools)3.0 短临预报系统,将相关的研究成果以预警产品的形式展现,边用边改进。广州市气象局在这方面先行先试,针对龙卷、冰雹、短时强降水等中小尺度强对流天气的监测、自动预警,融合新型探测资料、自动站观测以及相控阵雷达最新产品,推动省级 SWIFT 本地化(广州)试验,对功能进行完善和优化,成熟后将逐步推广到大湾区各市局。

(3)X 波段双偏振相控阵天气雷达监测网整体数据质量高,设备运行初步具备自动化与智能化属性。利用相控阵天气雷达组网的三维拼图和数据融合处理机制,获取多种雷达的三维拼图数据,构建高精度空间分辨率的三维拼图产品,目前观测网可提供 9 大类 74 种精细化双偏振相控阵雷达服务产品。通过建成智能化协同观测系统,可根据强对流类型、范围、发展趋势等信息实现 X 波段雷达网的最优化协同自适应观测,增强观测的针对性和有效性,提供监测预警服务中需求迫切的精细化、多要素、高时空分辨率的雷达资料。

(4)X 波段双偏振相控阵天气雷达形成的三维精确风动力场。通过合理布局双偏振相控阵天气雷达站点,使得多雷达交叠范围足够大,从而构建起了粤港澳大湾区的精细化三维风场产品,极大地改善了对中小尺度天气系统生消演化机理的研究认识。相比以前只能获得一个方向上的径向速度场而言,精细化实时的三维风场对局地大风预警、龙卷以及冰雹预警有一定的改善效果。

11.3　未来发展方向

(1)大小雷达融合应用

S 波段和 X 波段雷达由于功率与波长的差别,在中小尺度天气系统监测方面是互补而非替代关系。广东已业务运行多年的 12 部 CINRAD/SA 天气雷达在强对流监测上起到了非常重要的作用,其具有衰减小、看得远的优势。而 X 波段相控阵雷达的特点是精细观测,两者正好互补,短程及精细探测将是 X 波段相控阵雷达极为重要的一点。美国与日本在下一代天气雷达网络部署计划上也认为互补融合是最理想的方式。未来应遵循"S 波段雷达发现目标, X 波段雷达精细追踪"的原则——CINRAD/SA 雷达因为衰减小能更早地发现目标, 将目标(强对流云团)位置通知 X 波段雷达, X 波段雷达调整观测模式, 对目标进行快速精细扫描, 以监测其发生发展的趋势。目前两个雷达网是独立运行, 没有发挥相应的协同效益。实现此方案的两个关键是雷达网间的信息通信交互和 X 波段雷达自适应观测模式。

(2)组网雷达协同观测

X 波段雷达在部署上重点考虑了 CINRAD/SA 雷达低空盲区和静锥区"灯下黑"两个问题, 但实际选址和建设时, 会受到地形、遮挡、电磁环境、用地规划等问题的限制, 问题不能很好地解决。对于某一个特定目标的观测, 可以充分考虑各雷达的位置与海拔高度, 通过多雷达协同, 调整雷达的扫描仰角、方位角和探测距离, 对云团进行全方位扫描。X 波段雷达所采用的相控阵技术, 扫描仰角的调整可以通过软件来实现, 更加高效快速。前期广州市气象局已经设计了日常模式、警戒模式、快速模式、精细模式、高山模式(负仰角)、RHI 模式等, 并验证了可行性, 后期将探索强对流分类探测模式, 包括龙卷模式、冰雹模式、雷雨大风模式等等。开发一套基于图形化、可交互式的协同观测控制平台, 实现雷达运行状态监测、观测扫描模式切换、大小雷达协同观测等功能。

(3)完善管理制度, 化整为零

相控阵雷达区别于传统 CINRAD/SA 天气雷达的主要特点: 数据量大、更密的组网、雷达间更高效的协同, 由此而导致数据存储空间和网络带宽剧增, 也带来管理上的各种问题。实践证明, 传统 CINRAD/SA 天气雷达很多的管理制度都出现水土不服的现象。如先将数据传到上级信息中心, 再进行组网、输出二次产品并下发, 目前的网络与存储都有点力不从心。而相控阵雷达最大特点就是快速与精细, 雷达应用应该"化整为零", 首先服务于地市级台站, 根据当地的气候特点和服务需求, 通过雷达集成服务器输出相应的特色定制产品, 从而能快速为预报员提供第一手的支撑。省级气象部门大范围监测的需求 CINRAD/SA 天气雷达已可以满足, 再去苛求相控阵雷达传输到省级的及时性与到报率反而侵占了本地应用的计算资源与网络带宽。因此, 管理制度上的更新应为相控阵雷达快速和精细这两个特点而服务。

(4)海量数据, 人工智能/大数据分析应用

X 波段雷达的高时空分辨率带来的海量数据, 是传统 S 波段雷达几十倍, 一台雷达一天就产生 100 GB 左右的数据。同时, 每一部雷达每分钟也为预报员提供多达 50 多种、数百张的图片产品。根据使用经验, 预报员无法在短时间内对所有产品进行浏览与分析, 此外, 相控阵雷达的中气旋、TVS 等产品虚警率较高, 需要综合其他雷达产品进行人工二次判定。以上都说明, 图像识别、大数据分析等技术在海量雷达数据综合分析中是未来一个重要的发展方向。在这点上有两方面工作可以开展: 一是对雷雨大风、冰雹乃至龙卷的识别技术, 基于联防机制, 可为下游台站提供预警。二是寻找上述强对流天气的发生发展的指标。相控阵雷达的高时空分辨率与偏振量为人们更好地认识强对流天气打开了新的一扇窗, 广东的气象工作者在部分个例分析中也的确发现了新的科学事实, 但要在实际业务中发挥作用, 仍需要进行大量的分析、凝练和总结。

(5)产学研共同发力

相控阵雷达在国内是相对较新的技术, 业务组网运行更是凤毛麟角。广东气象部门在业务运行中暴露出很多问题, 在解决问题过程中, 发现仅靠气象部门是远远不够的。比如有些数据质量问题, 除了质控, 还涉及到硬件的调试与优化; 又比如在 TVS 识别算法上, 相控阵雷达

高分辨率的数据如果沿用旧有 CINRAD/SA 雷达的,会导致识别效果大打折扣。甚至在最简单的径向速度色标的设定上,因为探测技术的不一样,X 波段相控阵雷达与 S 波段雷达也应有所区别。以上种种的完善及优化,硬件需要厂家的深度介入,算法需要高校和科研院所的支撑,业务应用细节需要预报员的意见,因此预报一线业务人员、高校/科研院所和厂家三方联合的产学研融合发展,是必需的,且会起到事半功倍的效果。雷达的观测是为预报预警服务,建立高效的"预报-科研"正反馈机制与管理制度,对雷达在预报业务上的发展显得十分必要。

参考文献

毕永恒,刘锦丽,段树,等,2012.X波段双线偏振气象雷达反射率的衰减订正[J].大气科学,36(3):495-506.

蔡奕萍,汪博炜,冼星河,2018.微波辐射计资料在降水临近预报中的应用[J].广东气象,40(5):31-34.

陈超,胡志群,胡胜,等,2019.CINRAD-SA双偏振雷达资料在降水估测中的应用初探[J].气象,45(1):113-125.

程元慧,傅佩玲,胡东明,等,2020.广州相控阵天气雷达组网方案设计及其观测试验[J].气象,46(6):823-836.

段鹤,夏文梅,苏晓力,等,2014.短时强降水特征统计及临近预警[J].气象,40(10):1194-1206.

冯晋勤,张深寿,吴陈锋,等,2018.双偏振雷达产品在福建强对流天气过程中的应用分析[J].气象,44(12):1565-1574.

冯亮,肖辉,罗丽,2019.T矩阵散射模拟双偏振测雨雷达偏振及衰减特性[J].计算物理,36(2):189-202.

冯璐,陆海琦,李丰,2020.广东地区一次飑线过程的地面雨滴谱特征分析[J].热带气象学报,36(05):626-637.

傅新姝,顾问,彭杰,等,2020.2020年梅雨期上海一次强降水过程垂直结构的综合观测分析[J].暴雨灾害,39(6):658-665.

高美谭,廖菲,周芯玉,等,2021.基于微波辐射计的短时强降水潜势预报[J].广东气象,43(2):1-4.

高晓梅,孙雪峰,秦瑜蓬,等,2018.山东一次强对流天气的环境条件和对流风暴特征[J].干旱气象,36(03):447-455.

高晓梅,俞小鼎,王令军,等,2018.鲁中地区分类强对流天气环境参量特征分析[J].气象学报,76(2):196-212.

高玉春,陈浩君,步志超,等,2020.从第39届国际气象雷达会议看相控阵天气雷达发展[J].气象科技进展,10(6):14-18.

郭圳勉,黄先伦,陈洁雯,等,2012.广东阳江一次强降水过程的成因分析[J].暴雨灾害,31(3):272-279.

郝莹,陶叶青,郑媛媛,等,2012.短时强降水的多尺度分析及短临预警[J].气象,38(8):903-912.

胡志群,刘黎平,楚荣忠,等,2008.X波段双线偏振雷达不同衰减订正方法对比及其对降水估测影响研究[J].气象学报,66(2):251-251.

黄晓莹,毛伟康,万齐林,等,2013.微波辐射计在强降水天气预报中的应用[J].广东气象,5(3):50-53.

雷卫延,路永平,王明辉,等,2021.X波段双极化天气雷达金属球定标技术[J].广东气象,(06):68-71.

李柏,2011.天气雷达及其应用[M].北京:气象出版社.

李德俊,唐仁茂,熊守权,等,2011.强冰雹和短时强降水天气雷达特征及临近预警[J].气象,37(04):474-480.

李桂英,王文波,同明伟,等,2021.延安市短时强降水天气多普勒雷达特征及临近预警指标[J].现代农业科技,14:201-203.

李国翠,刘黎平,张秉祥,等,2013.基于雷达三维组网数据的对流性地面大风自动识别[J].气象学报,71(06):1160-1171.

李怀宇,何如意,胡胜,等,2015.近10年广东冰雹的统计特征及天气形势[J].气象科技,43(02):261-269.

李良序,李柏,2020.新型地基遥感设备[M].北京:气象出版社.

李彦良,石绍玲,郭婧芝,等,2019.风廓线雷达资料产品在冰雹天气过程中的特征分析[J].气象灾害防御,36(1):19-24.

林文,张深寿,罗昌荣,等,2020.不同强度强对流云系S波段双偏振雷达观测分析[J].气象,46(1):63-72.

刘红亚,徐海明,胡志晋,2007.雷达反射率因子在中尺度云分辨模式初始化中的应用Ⅰ.云微物理量和垂直速度的反演[J].气象学报(06):896-905.

刘黎平,2002.双线偏振多普勒天气雷达估测混合区降雨和降雹方法的理论研究[J].大气科学,26(6):

761-772.

刘黎平,胡志群,吴翀,2016. 双线偏振雷达和相控阵天气雷达技术的发展和应用[J]. 气象科技进展,6(3):28-33.

刘黎平,钱永甫,王致君,1996. 用双线偏振雷达研究云内粒子相态及尺度的空间分布[J]. 气象学报,54(5):590-599.

龙柯吉,康岚,罗辉,等,2020. 四川盆地雷暴大风雷达回波特征统计分析[J]. 气象,46(02):212-222.

马舒庆,陈洪滨,王国荣,等,2019. 阵列天气雷达设计与初步实现[J]. 应用气象学报,30(1):1-12.

潘佳文,蒋璐璐,魏鸣,等,2020. 一次强降水超级单体的双偏振雷达观测分析[J]. 气象学报,78(1):86-100.

疏学明,方俊,申世飞,等,2006. 火灾烟雾颗粒凝并分形特性研究[J]. 物理学报(09):4466-4471.

苏德斌,马建立,张蔷,等,2011. X波段双线偏振雷达冰雹识别初步研究[J]. 气象,37(10):1228-1232.

孙思雨,沈永海,霍苗,等,2013. 双线偏振雷达在一次强降雹过程中的初步应用[J]. 暴雨灾害,32(3):249-255.

陶岚,管理,孙敏,等,2019. 双线偏振多普勒雷达对一次降雹超级单体发展减弱阶段的演变分析[J]. 气象科学,39(5):685-697.

王福侠,俞小鼎,裴宇杰,等,2016. 河北省雷暴大风的雷达回波特征及预报关键点[J]. 应用气象学报,27(03):342-351.

王洪,吴乃庚,万齐林,等,2018. 一次华南超级单体风暴的S波段偏振雷达观测分析[J]. 气象学报,76(1):92-103.

王硕甫,麦文强,炎利军,等,2017. 广东一次冰雹过程中X波段双偏振雷达的特征分析[J]. 广东气象,39(2):12-16.

王兴,闵锦忠,张露萱,等,2019. 雷达数据外推与特征识别的下击暴流预警方法[J]. 气象科学,39(03):377-385.

王一童,王秀明,俞小鼎,2022. 产生致灾大风的超级单体回波特征[J]. 应用气象学报,33(02):180-191.

魏庆,胡志群,刘黎平,2014. 双偏振雷达差分传播相移的五种滤波方法对比分析[J]. 成都信息工程学院学报,29(6):596-602.

吴翀,刘黎平,张志强,2014. S波段相控阵天气雷达与新一代多普勒天气雷达定量对比方法及其初步应用[J]. 气象学报,72(02):390-401.

吴丹,王静岩,郭佰汇,2021. 基于雷达产品的朝阳地区短时强降水短临预警指标研究[J]. 农业灾害研究,11(5):78-79.

肖柳斯,胡东明,陈生,等,2021. X波段双偏振雷达的衰减订正算法研究[J]. 气象,47(6):703-716.

肖柳斯,张华龙,张旭斌,等,2021. 基于CMA-TRAMS集合预报的"5·22"极端降水事件可预报性分析[J]. 气象学报,79(6):956-976.

肖艳姣,刘黎平,2006. 新一代天气雷达网资料的三维格点化及拼图方法研究[J]. 气象学报,64(05):647-657.

肖艳姣,万玉发,王珏,等,2012. 一种自动多普勒雷达速度退模糊算法研究[J]. 高原气象,31(004):1119-1128.

肖艳姣,王斌,陈晓辉,等,2012. 移动X波段双线偏振多普勒天气雷达差分相位数据质量控制[J]. 高原气象,31(1):223-230.

肖艳姣,王珏,王志斌,等,2021. 基于S波段新一代天气雷达观测的下击暴流临近预报方法[J]. 气象,47(08):919-931.

徐道生,陈德辉,张邦林,等,2020. TRAMS_RUC_1 km模式初始场和侧边界方案的改进研究[J]. 大气科学,44(03):625-638.

徐道生,张艳霞,张诚忠,等,2016. 华南区域高分辨率模式中不同雷达回波反演技术方案的比较试验[J]. 热带气象学报,32(01):9-18.

徐琼芳,岳阳,杜燕妮,等,2018. 潜江市中小尺度强降水短临预警指标技术研究[J]. 湖北农业科学,57(22):

43-48.

徐泉丽,于保安,张勇,等,2010. 利用新一代天气雷达资料反演云体含水量[J]. 气象与环境科学,33(2):
72-77.

许敏,丛波,张瑜,等,2017. 廊坊市短时强降水特征及其临近预报指标研究[J]. 暴雨灾害,36(3):243-250.

杨璐,陈明轩,孟金平,等. 2018. 北京地区雷暴大风不同生命期内的雷达统计特征及预警提前量分析[J]. 气
象,44(06):802-813.

杨祖祥,谢亦峰,项阳,等,2019. 2018年1月初安徽特大暴雪的双偏振雷达观测分析[J]. 暴雨灾害,38(01):
31-40.

易笑园,孙晓磊,张义军,等,2017. 雷暴单体合并进行中雷达回波参数演变及闪电活动的特征分析[J]. 气象
学报,75(6):981-995.

俞小鼎,2007. 多普勒天气雷达原理与业务应用[M]. 北京:气象出版社.

俞小鼎,王秀明,李万莉,等,2020. 雷暴与强对流临近预报[M]. 北京:气象出版社:111-162.

俞小鼎,姚秀萍,熊廷南,等,2006. 多普勒天气雷达原理与业务应用[M]. 北京:气象出版社:90-91.

俞小鼎,周小刚,王秀明,2012. 雷暴与强对流临近天气预报技术进展[J]. 气象学报,70(03):311-337.

曾琳,张羽,李浩文,等,2023. 2020年5月22日广州强降水超级单体的S波段双偏振雷达回波分析[J]. 气象
科学,43(2):235-244.

曾智琳,谌芸,王东海,2020. 2018年8月华南超历史极值降水事件的观测分析与机理研究[J]. 大气科学,44
(4):695-715.

詹棠,龚志鹏,郑浩阳,等,2019. 使用气象目标物验证珠海-澳门双偏振雷达的差分反射率标定[J]. 气象科技,
47(1):10-18.

张诚忠,薛纪善,冯业荣,2017. 雷达反演潜热在华南区域数值模式汛期短时临近降水预报的应用试验[J]. 热
带气象学报,33(05):577-587.

张兰,徐道生,胡东明,等,2019. 雷达反演资料的Nudging同化对华南暴雨过程短临预报的影响[J]. 高原气
象,38(06):1208-1220.

张培昌,2001. 雷达气象学[M]. 北京:气象出版社:243-246.

张深寿,魏鸣,赖巧珍,2017. 两次火情的新一代天气雷达回波特征分析[J]. 气象科学,37(03):359-367.

张艳霞,陈子通,蒙伟光,2012. 用多普勒雷达资料调整GRAPES模式云参数对短临预报的影响[J]. 热带气象
学报,28(06):785-796.

张羽,陈炳洪,曾琳,等,2023. 基于X波段双偏振相控阵雷达的超级单体风暴观测分析[J]. 热带气象学报,39
(2):218-229.

张羽,吴少峰,李浩文,等,2022. 广州X波段双偏振相控阵天气雷达数据质量初步分析及应用[J]. 热带气象学
报,38(1):23-34.

张志强,刘黎平,2011. 相控阵技术在天气雷达中的初步应用[J]. 高原气象,30(4):1102-1107.

周芯玉,廖菲,孙广凤,2015. 广州两次暴雨期间风廓线雷达观测的低空风场特征[J]. 高原气象,34(2):
526-533.

朱毅,周红根,赵宇,等,2021. CINRAD/SA-D雷达差分反射率金属球标定试验[J]. 气象科技,49(4):517-523.

ADACHI A T, KOBAYASHI H, YAMAUCHI, et al, 2013. Detection of potentially hazardous convective
clouds with a dual-polarized C-band radar[J]. Atmos Meas Tech,6:2741-2760.

ADACHI A, T KOBAYASHI, H YAMAUCHI, 2015. Estimation of raindrop size distribution and rainfall rate
from polarimetric radar measurements at attenuating frequency based on the self-consistency principle[J]. J
Meteor Soc Japan,93:359-388.

BREWSTER K,1996. Application of a Bratserth analysis scheme including Doppler radar data[C]// 15th Con-
ference on Weather Analysis and Forecasting. Amer Meteor Soc,Norfolk,VA:92-95.

BRINGI V N,CHANDRASEKAR V,BALAKRISHNAN N,et al,1990. An examination of propagation effects in rainfall on radar measurements at microwave frequencies [J]. J Atmos Oceanic Techno,7 (6):829-840.

BROTZGE J,BREWSTER K,CHANDRASEKAR V,et al,2007. CASA IP1:Network Operations and Initial Data[C]// Preprint,23rd Conference on IIPS. San Antonio,TX.

CHARLES KUSTER,2021. Observations and Understanding Phased Array Radar R&D Meteorological R&D [C]// NSSL Laboratory Review 2021 Conference.

CHEN D,J XUE,X YANG,et al,2008. New generation of multi-scale NWP system (GRAPES):general scientific design[J]. Chinese Science Bulletin,53:3433-3445.

DANIEL WASIELEWSKI,2021. Observations and Understanding Phased Array Radar R&D Advanced Technology Demonstrator[C]// NSSL Laboratory Review 2021 Conference.

DAVIES-JONES R,1984. Streamwise Vorticity:The Origin of Updraft Rotation in Supercell Storms[J]. J Atmos Sci,41(20):2991-3006.

DAVOLIO S,F SILVESTRO,T GASTALDO,2017. Impact of rainfall assimilation on high-resolution hydrometeorological forecasts over Liguria,Italy[J]. Journal of Hydrometeorology,18:2659-2680.

DENG A,D R STAUFFER,2006. On improving 4-km mesoscale model simulations[J]. J Appl Meteor Climatol,45:361-381.

DERBER,J C,WU W S,1998. The use of TOVS cloud-cleared radiances in the NCEP SSI analysis system[J]. Mon Wea Rev,126:287-2299.

DING,Y H,1989. Diagnostic analysis methods in synoptic dynamics[M]. Beijing:Science Press:575.

DIXON M,Z LI,H LEAN,et al,2009. Impact of data assimilation on forecasting convection over the United Kingdom using a high-resolution version of the Met Office Unified Model [J]. Mon Wea Rev,137:1562-1584.

D S ZRNIĆ,BURGESS D W,HENNINGTON L D,1985. Automatic Detection of Mesocyclonic Shear with Doppler Radar[J]. J Atomos Oceanic Tech,2(4):425-438.

FABRY F,V MEUNIER,2020. Why are radar data so difficult to assimilate skillfully[J]. Mon Wea Rev,148:2819-2836.

FANG X,SHAO A,YUE X,LIU W,2018. Statistics of the Z-R relationship for strong convective weather over the Yangtze-Huaihe River Basin and its application to radar reflectivity data assimilation for a heavy rain event[J]. J Meteor Res,32:98-611.

FORSYTH D E,J FKIMPEL,2002. The national weather radar testbed(phased array) [C]//Preprints,18th international conference on interactive information and processing systems(IIPS),Orlando,Fla,AMS.

GAO J,XUE M,SHAPIRO A,et al,1999. A variational method for the analysis of three-dimensional wind fields from two Doppler radars[J]. Mon Wea Rev,127:2128-2142.

GAO J,M XUE,K BREWSTER,et al,2004. A three-dimensional variational data analysis method with recursive filter for doppler radars[J]. J Atmos Oceanic Technol,21:457-469.

GAUTHIER M L,PETERSEN W A,CAREY L D,2010. Cell mergers and their impact on cloud-to-ground lightning over the Houston area[J]. Atmos Res,96(4):626-632.

HONG S,LIM J,2006. The WRF single-moment 6-class microphysics scheme (WSM-6) [J]. Journal of Korean Meteorological Society,42:129-151.

HU M,XUE M,BREWSTER K,2006. 3DVAR and cloud analysis with WSR-88D level-II data for the prediction of Fort Worth,Texas,tornadic thunderstorms. Part I:Cloud analysis and its impact[J]. Mon Wea Rev,134:675-698.

HUANG Y,Y LIU,M XU,et al,2018. Forecasting severe convective storms with WRF-based RTFDDA radar data assimilation in Guangdong,China[J]. Atmosphere Research,209:131-143.

JACQUES D,D MICHELSON,J CARON,et al,2018. Latent heat nudging in the Canadian regional deterministic prediction system[J]. Mon Wea Rev,146:3995-4014.

KALNAY E,S C YANG,2010. Accelerating the spin-up of ensemble Kalman filterin[J]. Quart J Roy Meteor Soc,136:1644-1651.

KESSLER E,1969. On the distribution and continuity of water substance in a atmospheric circulation[J]. Meteor Monogr Amer Meteor Soc,32:1-84.

KURTHONDL,2021. Observations and Understanding Phased Array Radar R&D Future Plans[C]//NSSL Laboratory Review 2021 Conference.

KURTHONDL,2021. Observations and Understanding Phased Array Radar R&D Overview[C]//NSSL Laboratory Review 2021 Conference.

LEE M S,Y H KUO,et al,2006. Incremental Analysis Updates Initialization Technique Applied to 10-km MM5 and MM5 3DVAR[J]. Mon Wea Rev,134:81-84.

LEI L,J P HACKER,2015. Nudging,ensemble,and nudging ensembles for data assimilation in the presence of model error[J]. Mon Wea Rev,143:2600-2610.

LESLIE R LEMON,2003. The U. S. national weather radar testbed (phased array):potential impact on aviation[C]// 31st International Conference on Radar Meteorology. Boo-ton:American Meteorological Society.

LIN E,YANG Y,QIU X,et al,2021. Impacts of the radar data assimilation frequency and large-scale constraint on the short-term precipitation forecast of a severe convection case[J]. Atmosphere Research,257:105590.

LIOU Y,H B BLUESTEIN,M M FRENCH,Z B WIENHOFF,2018. Single-doppler velocity retrieval of wind field in a tornadic supercell using mobile,phased-array,Doppler radar data[J]. Journal of Atmospheric and Oceanic Technology,35:1649-1663.

LIU Y,COAUTHORS,2008. The operational mesogamma-scale analysis and forecast system of the US Army test and evaluation command. Part II:Interrange comparison of the accuracy of model analyses and forecasts [J]. J Appl Meteorol Climatol,47:093-1104.

MAESE T,2001. Dual use shipborne phased array radar technology and tactical environmental sensing[C]// Proceeding of the IEEE National Radar Conference,Arlanta.

MANDAPAKA,P V,U GERMANN,L PANZIERA,et al,2012. Can Lagrangian extrapolation of radar fields be used for precipitation nowcasting over complex alpine orography[J]. Wea Forecasting,27:28-49.

MCLAUGHLIN D J,CHANDRASEKAR V K,DROEGEMEIER K,et al,2005. Distributed Collaborative Adaptive Sensing(DCAS) for Improved Detection, Understanding, and Prediction of Atmospheric Hazards [C]// Ninth Symposium on Integrated Observing and Assimilation System for the Atmosphere,Oceans,and Land Surface. American Meteorological Society.

MITCHELL E D,VASILOFF S V,STUMPF G J,et al,1998. The national severe storms laboratory tornado detection algorithm[J]. Weather Forecast,13:352-366.

PAN Y,M WANG,2019. Impact of the assimilation frequency of radar data with the ARPS 3DVar and cloud analysis system on forecasts of a squall line in southern China[J]. Adv Atmos Sci,36:60-172.

PAN Y,M WANG,M XUE,2020. Impacts of humidity adjustment through radar data assimilation using cloud analysis on the analysis and prediction of a squall line in southern China[J]. Earth and Space Science,7.

PARK S G,BRINGI V N,CHANDRASEKAR V,et al,2005. Correction of radar reflectivity and differential reflectivity for rain attenuation at X band. Part I:Theoretical and empirical basis [J]. J Atmos Oceanic Technol,22 (11):1621-1632.

POTVIN C K,SHAPIRO A,XUE M,2012. Impact of a vertical vorticity constraint in variational dual-doppler wind analysis:Tests with real and simulated supercell data [J]. J Atmos Oceanic Technol,29:32-49.

QIU X,XU Q,QIU C,et al,2013. Retrieving 3D wind field from phased array radar rapid scans[J]. Advances in Meteorology.

RASMUSSEN E N, RICHARDON S, STRAKA J M, et al, 2000. The association of significant tornadoes with a baroclinic boundary on 2 June 1995[J]. Mon Wea Rev, 128:174-191.

SCHROEDER A J, STAUFFER D R, N L SEAMAN, et al, 2006. Evaluation of a high-resolution, rapidly relocatable meteorological nowcasting and prediction system[J]. Mon Wea Rev, 134:1237-1265.

SEBASTIAN TORRES, 2021. Observations and Understanding Phased Array Radar R&D Engineering R&D [C]// NSSL Laboratory Review 2021 Conference.

SHAO A, C QIU, G NIU, 2015. A piecewise modeling approach for climate sensitivity studies: tests with a shallow-water model[J]. Journal of Meteorological Research, 29:35-746.

SHAPIRO A, POTVIN C K, GAO J, 2009. Use of a vertical vorticity equation in variational dual-doppler wind analysis[J]. J Atmos Oceanic Technol, 26:2089-2106.

SUN J, CROOK N A, 1997. Dynamical and microphysical retrieval from Doppler radar observations using a cloud model and its adjoint. Part I: model development and simulated data experiments[J]. Mon Wea Rev, 54:1642-1661.

SUPINIE T A, YUSSOUF N, JUNG Y, et al, 2017. Comparison of the analysis and forecasts of tornadic supercell storm from assimilating phased-array radar and WSR-88D observations [J]. Wea Forecasting, 32: 1379-1401.

TONG C, 2015. Limitations and potential of complex cloud analysis and its improvement for radar reflectivity data assimilation using OSSEs[D]. (Ph. D. Dissertation), University of Oklahoma.

YAMAUCHI H, A ADACHI, O SUZUKI, et al, 2012. Precipitation estimate of a heavy rain event using a C-band solid-state polarimetric radar[C]// The 7th European conference on radar in meteorology and hydrology.

YANG Y, QIU C, GONG J, et al, 2009. The WRF 3DVar system combined with physical initialization for assimilation of doppler radar data[J]. J Meteor Res:129-139.

ZHANG G, DOVIAK R J, ZRNIC D S, et al, 2009. Phased array radar polarimetry for weather sensing: a theoretical formulation for bias corrections[J]. IEEE Trans Geosci Remote Sens, 47(11):3679-3689.

ZHANG YU, LIU XIANTONG, CHEN BING HONG, et al, 2023. Application of X-band polarimetric phased-array radars in quantitative precipitation estimation[J]. Journal of Tropical Meteorology, 29(1):142-152.

ZHAO Q, COOK J, XU Q, et al, 2008. Improving short-term storm predictions by assimilating both radar radial-wind and reflectivity observations [J]. Wea Forecasting, 23:373-391.

ZHAO Q, COOK J, XU Q, et al, 2006. Using radar wind observations to improve mesoscale numerical weather prediction [J]. Wea Forecasting, 21:502-522.

ZHONG S, CHEN Z, XU D, et al, 2020. A review on GRAPES-TMM operational model system at Guangzhou regional meteorological center [J]. J TropMeteor, 26:495-504.

ZRNIC D S, KIMPEL J F, FORSYTH D E, et al, 2007. Agile-beam phased-array radar for weather observations[J]. Bull Amer Meteor Soc, 88:1753-1766.